电子硬件工程设计系列丛书

电子硬件 DFX 工程设计手册

黄春光 编著

电子工业出版社
Publishing House of Electronics Industry
北京·BEIJING

内 容 简 介

面向产品生命周期设计（DFX）也称作卓越设计。通常将 DFX 定义为面向产品生命周期各环节或产品竞争力要素的设计。本书结合作者在华为二十余年的硬件工程开发经验，系统整理了产品环境适应性、硬件器件选型、电子结构设计、热设计、可靠性设计与实验、刚性 PCB 设计、FPC 设计等 DFX 设计指南，并详述了 DFX 工具的实战演练。

本书适合电子硬件技术人员参考，也可作为电子信息工程、机械电子一体化、电气工程、自动化、电子装联、电子材料等专业的教学参考用书。

未经许可，不得以任何方式复制或抄袭本书之部分或全部内容。
版权所有，侵权必究。

图书在版编目（CIP）数据

电子硬件 DFX 工程设计手册 / 黄春光编著. -- 北京：电子工业出版社，2025.5. --（电子硬件工程设计系列丛书）. -- ISBN 978-7-121-50094-7

Ⅰ. TN602-62

中国国家版本馆 CIP 数据核字第 2025FZ1243 号

责任编辑：白雪纯
印　　刷：三河市华成印务有限公司
装　　订：三河市华成印务有限公司
出版发行：电子工业出版社
　　　　　北京市海淀区万寿路 173 信箱　邮编：100036
开　　本：787×1092　1/16　印张：13.5　字数：345.6 千字
版　　次：2025 年 5 月第 1 版
印　　次：2025 年 5 月第 1 次印刷
定　　价：75.00 元

凡所购买电子工业出版社图书有缺损问题，请向购买书店调换。若书店售缺，请与本社发行部联系，联系及邮购电话：(010) 88254888，88258888。
质量投诉请发邮件至 zlts@phei.com.cn，盗版侵权举报请发邮件至 dbqq@phei.com.cn。
本书咨询联系方式：(010) 88254590。

前　　言

自 2000 年初，我便加入了华为，我当时在深圳石岩湖温泉度假村接受了入职培训，培训的主要内容是 IPD（集成产品开发），这次培训在我心中播下了一颗研发并行设计的种子。进入研发部门工作后公司开始试点推广 IPD，我被分配到数通产品线，与硬件开发人员一起开展产品的 DFX 工程设计。同时，部门聘请行业的资深顾问开展 DFM、DFR 等方面的培训。可以说，我是在国内最早接触 IPD 理念，并在电子产品上实施 DFX 工程设计的第一批专业人士，到了 2020 年初，我转型成为华为的顾问，此时有时间沉下心来将以往的工程设计经验总结并提炼成书。

DFX 是 Design for X 的缩写，是一种面向产品生命周期的设计方法论，其中 X 代表产品生命周期中的任何一个环节，如制造、装配、测试、服务、可靠性、采购等。DFX 的目标是确保在产品设计阶段就考虑产品整个生命周期的需求和限制，以提高产品的可制造性、可装配性、可测试性、可服务性等，最终实现产品的高质量、低成本、快速上市等目标。在华为推行 DFX 前，很多项目都要经过多次改版才能进入量产，某个产品硬件的高复杂电路板改版了 13 次才进入量产，而推行 DFX 后各产品在 2006 年就实现了产品线硬件开发一版成功。DFX 的核心在于跨部门协作，要求研发、设计、生产、采购、服务等多个部门在产品开发过程中并行工作，共同考虑和解决产品在不同生命周期阶段可能遇到的问题。DFX 有助于减少设计后期的修改，缩短产品开发周期，降低成本，并提高产品的市场竞争力。DFX 是构建质量和成本优势的重要实践。苹果、华为、海尔、特斯拉等公司均采用 DFX 提高产品品质，降低成本，提高效率。

在华为工作的 20 多年中，我担任过数通产品开发工程师、硬件系统工程师、网络产品工程 TMG 主任，主持过高复杂板级工程的重大技术项目，并拥有多项发明专利。2015 年，我担任公司级数字化变革项目特性组组长，并构建了通信电子工业互联网样板线。我是 IPC（国际电子工业联接协会）专家组成员，主导开发完成了 CFX（互联工厂数据交换）标准，积累了丰富的产品硬件工程开发经验和研发管理体系落地经验。

通信产品 DFX 工程设计的推进离不开运营商的直接推动。例如，运营商应在标书中明确提出可用度达到 99.999% 的要求，提出服务寿命、重要模块冗余、双归属、异地容灾、设备重启时间、软件升级时间等要求，按照早期、中期、长期返还率，以及特殊运行环境等需求，提出能耗监测、HVDC 高压直流供电、未用端口关断、风扇调速、碳足迹报告、产品使用能效、产品可循环设计等要求，并提出预防性维护等可服务性要求。运营商应对流程中的 DFX 活动、交付产品、产品质量标准提出明确要求。

本书基于我在华为 20 余年的 DFX 工程设计实践，基于实战案例，图文并茂地进行讲解，注重读者综合能力的培养，理论与实践相结合，由浅入深，从易到难，按照 IPD 流程化思路系统分析电子硬件 DFX 各专业领域，包括产品环境适应性系统工程、硬件器件选型、电子结构设计、热设计、可靠性设计、刚性 PCB 设计、柔性 FPC 设计、电子产品可靠性实验与筛选、DFX 工具实战演练等。

  本书适合电子硬件技术人员参考，也可作为电子信息工程、机械电子一体化、电气工程、自动化、电子装联、电子材料等专业的教学参考用书。若条件允许，可以开设 DFX 工具实操课程，以缩小书本知识和工程应用实践的差距，我曾在西安电子科技大学开设了此类工程实践课程，获得了机电工程学院师生的一致好评。为推动电子产品硬件工程技术的进步，在电子制造产业联盟的组织下，自 2021 年起上海望友信息科技有限公司连续四年举办了"望友杯"全国电子制造行业 PCBA 设计大赛。本书详细讲述了 DFX 工具实战演练，此工具以望友 DFX 设计执行系统为产品原型。望友秉承"让设计&制造好产品成为常态"的企业愿景，深挖行业痛点，为企业、院校、科研院所及相关机构提供包含自身产品架构和技术内涵在内的全面支持，始终专注于为工业软件发展与革新贡献力量。

  由于电子科技发展日新月异，作者水平有限，书中难免存在纰漏，敬请读者批评指正。为了解决读者在阅读过程中的疑问，欢迎各位读者通过电子邮件（2488318084@qq.com）、微信（hcg_001）等方式实时与我互动交流。

编著者
2024 年 10 月

目　　录

第1篇　DFX是什么 1
 1.1　科学、技术与工程的定义 1
 1.2　DFX系统工程演进 1
 1.3　DFX的意义 3
 1.4　DFX与设计流程再造 3

第2篇　产品环境适应性系统工程 6
 2.1　总则 6
  2.1.1　湿度的影响及要求 6
  2.1.2　温度的影响及要求 6
  2.1.3　沙尘的影响及要求 7
  2.1.4　静电的影响及要求 7
  2.1.5　海拔高度的影响要求 7
 2.2　运输 8
  2.2.1　结构设计要求 8
  2.2.2　运输环境温度要求 10
  2.2.3　防静电要求 10
 2.3　存储 10
  2.3.1　存储的结构设计 10
  2.3.2　存储环境 10
  2.3.3　温度影响 10
  2.3.4　有害气体（物质）的影响 10
  2.3.5　设备运行环境 11
  2.3.6　运行环境中振动、冲击的影响 11
  2.3.7　长期高温的影响 11
  2.3.8　长期低温的影响 12
  2.3.9　温度循环的影响 12
  2.3.10　湿度的影响 12
 2.4　腐蚀的影响及要求 13
  2.4.1　PCB腐蚀及防止措施 13
  2.4.2　器件的腐蚀及防止措施 14
  2.4.3　摩擦侵蚀及防止措施 15
  2.4.4　防止腐蚀设计的其他要求 15

第3篇　电子硬件 DFX 总体设计指南 ·· 17

3.1　可靠性设计 ·· 17
3.2　故障管理设计 ··· 19
3.3　可维护性设计 ··· 19
3.4　EMC 设计要点 ··· 20
3.5　安规设计要点 ··· 21
3.6　环境适应性设计 ·· 22
3.7　防护设计 ··· 22
3.8　可测试性设计 ··· 23
3.9　热设计及温度监控 ··· 23
3.10　工程总体设计 ·· 24
3.11　器件工程需求分析 ·· 25
3.12　电路信号完整性分析 ··· 27
3.13　结构设计要求 ·· 28

第4篇　电子硬件可靠性设计指南 ·· 29

4.1　温湿度适应性设计 ··· 29
4.1.1　结构设计要求 ··· 29
4.1.2　器件及材料应用要求 ··· 29
4.1.3　PCBA 工艺设计 ·· 31
4.2　低气压适应性设计 ··· 33
4.3　三防适应性设计 ·· 33
4.3.1　结构设计要求 ··· 33
4.3.2　材料及器件应用要求 ··· 35
4.3.3　PCBA 工艺设计 ·· 36
4.4　防机械振动、冲击设计 ··· 37
4.4.1　结构设计要求 ··· 37
4.4.2　器件应用要求 ··· 37
4.4.3　PCBA 工艺设计 ·· 39
4.5　防碰撞设计 ·· 40
4.5.1　结构设计要求 ··· 40
4.5.2　PCBA 工艺设计 ·· 41
4.6　ESD 防护设计 ··· 42
4.6.1　结构设计要求 ··· 43
4.6.2　器件应用要求 ··· 43
4.6.3　PCB 工艺设计要求 ·· 43

第5篇　电子结构设计指南 ··· 45

5.1　结构件可靠性设计要求 ··· 45
5.1.1　机械固定 ··· 45
5.1.2　冲击与振动 ·· 45

5.1.3　污染与腐蚀 ·· 46
5.2　PCB 组件工艺结构设计 ··· 46
　　5.2.1　拉手条 ··· 46
　　5.2.2　扣板 ·· 48
　　5.2.3　加强板与加强筋 ·· 49
5.3　背板工艺结构设计 ·· 50
　　5.3.1　布局 ·· 50
　　5.3.2　导向 ·· 51
　　5.3.3　防误插 ··· 52
　　5.3.4　中间背板 ·· 52
5.4　插框工艺结构设计 ·· 53
5.5　盒体工艺结构设计 ·· 54
　　5.5.1　盒式产品 ·· 54
　　5.5.2　组合与模块 ··· 54
5.6　钣金结构件设计 ··· 55
　　5.6.1　冲裁 ·· 55
　　5.6.2　折弯 ·· 56
　　5.6.3　成形 ·· 59

第6篇　电子硬件热设计指南 ··· 62

6.1　整机热设计指南 ··· 62
　　6.1.1　热设计基本知识 ·· 62
　　6.1.2　整机热设计基本原则 ·· 62
　　6.1.3　材料热膨胀匹配考虑点 ··· 63
　　6.1.4　器件的热设计考虑 ··· 63
　　6.1.5　PCB 设计阶段的热设计原则 ·· 64
　　6.1.6　散热器设计要求 ·· 64
6.2　板级热设计基本原则 ··· 66
6.3　PCB 热设计优选方式 ·· 66
6.4　PCB 热设计输入条件 ·· 68
6.5　PCB 热设计与系统散热方式 ··· 68
6.6　器件选型及其应用 ·· 69
6.7　PCB 基材 ··· 71
6.8　PCB 设计 ··· 71
　　6.8.1　器件布局 ·· 71
　　6.8.2　PCB 布线及散热过孔设计 ··· 72
6.9　散热器组装及导热介质选用要求 ·· 73
　　6.9.1　散热器组装 ··· 73
　　6.9.2　SMT 组装工艺 ·· 74
　　6.9.3　导热介质选用要求 ·· 74

6.9.4 返修要求 ······ 75

第7篇 电子元器件选型要求 ······ 76

7.1 器件选择总原则 ······ 76
7.2 器件通用要求 ······ 77
- 7.2.1 器件引脚材料 ······ 77
- 7.2.2 器件引脚或端子表面涂层 ······ 77
- 7.2.3 器件封装材料 ······ 78
- 7.2.4 器件的耐温性与承受温度应力 ······ 79
- 7.2.5 静电敏感器件与潮湿敏感器件 ······ 79

7.3 分类器件的特殊要求 ······ 79
- 7.3.1 电阻 ······ 80
- 7.3.2 电容 ······ 81
- 7.3.3 半导体器件 ······ 81
- 7.3.4 光电类器件 ······ 82
- 7.3.5 射频类器件 ······ 82
- 7.3.6 其他器件 ······ 82

7.4 器件选型要求 ······ 83
- 7.4.1 可焊性要求 ······ 83
- 7.4.2 电子元器件潮湿敏感要求 ······ 84
- 7.4.3 电子元器件静电敏感要求 ······ 84
- 7.4.4 存储条件和存储期限 ······ 85
- 7.4.5 器件耐受机械应力与应变测试要求 ······ 85
- 7.4.6 器件耐受高温的要求 ······ 86
- 7.4.7 非优选插座器件要求 ······ 86
- 7.4.8 器件封装、外观等要求 ······ 86
- 7.4.9 器件在表贴工艺中的应用要求 ······ 87
- 7.4.10 锡膏印刷工艺对器件的要求 ······ 88
- 7.4.11 回流焊接工艺对器件的要求 ······ 92
- 7.4.12 THT 工艺器件工艺要求 ······ 94
- 7.4.13 插件前对 THT 器件的要求 ······ 95
- 7.4.14 插装对 THT 器件的要求 ······ 95
- 7.4.15 常规波峰焊接对 THT 器件的要求 ······ 96
- 7.4.16 压接对器件的要求 ······ 97
- 7.4.17 涂覆对器件选型要求 ······ 105
- 7.4.18 返工、修理对器件选型要求 ······ 106

第8篇 器件 PCB 封装库设计指南 ······ 108

8.1 总体要求 ······ 108
- 8.1.1 面阵列封装器件焊盘设计 ······ 108
- 8.1.2 有引脚封装器件焊盘设计 ······ 108

目 录

  8.1.3 无引脚封装器件焊盘设计 ································· 108
  8.1.4 通孔器件焊盘设计 ····································· 108
 8.2 封装焊盘设计原则 ··· 109
  8.2.1 封装设计基本要求 ····································· 109
  8.2.2 出线和过孔 ··· 110
  8.2.3 焊盘公差计算要求 ····································· 111
  8.2.4 PCB 封装库设计的密度等级 ······························· 111

第 9 篇　刚性 PCB 设计指南 ·· 114

 9.1 基于可靠性的材料选择 ··· 114
  9.1.1 潮湿 ··· 114
  9.1.2 热膨胀系数 CTE ······································· 114
  9.1.3 玻璃化转化温度 ······································ 114
 9.2 PCB 设计 ··· 115
  9.2.1 PCB 布局设计要求 ····································· 115
  9.2.2 PCB 走线设计 ·· 120
  9.2.3 线宽、线距及走线安全性要求 ····························· 121
  9.2.4 出线方式 ··· 122
  9.2.5 PCB 孔设计 ··· 123
  9.2.6 PCB 半孔板设计 ······································ 124
  9.2.7 PCB 的阻焊设计 ······································ 129
 9.3 PCB 热设计 ··· 129
 9.4 PCB 结构设计 ··· 130
 9.5 PCB 的表面处理 ··· 131
  9.5.1 热风整平 ··· 131
  9.5.2 化学镍金 ··· 131
  9.5.3 有机可焊性保护层 ····································· 131
  9.5.4 选择性电镀金 ······································· 131
 9.6 PCB 制作要求 ··· 132
  9.6.1 PCB 过孔 ··· 132
  9.6.2 PCB 阻焊 ··· 132
  9.6.3 PCB 表面处理 ·· 133
  9.6.4 PCB 枝晶、CAF 及其他可靠性难点 ·························· 133

第 10 篇　FPC 设计指南 ··· 134

 10.1 FPC 尺寸设计总则 ·· 134
  10.1.1 FPC 尺寸范围 ······································· 134
  10.1.2 FPC 外形要求 ······································· 134
  10.1.3 FPC 弯曲半径要求 ···································· 134
  10.1.4 FPC 板材利用率 ····································· 135
 10.2 FPC 叠层设计指南 ·· 136

  10.2.1 材料对设计的要求 ·· 136
  10.2.2 叠法设计要求 ·· 136
 10.3 孔设计 ·· 137
 10.4 走线设计 ·· 138
 10.5 焊盘设计 ·· 138
 10.6 阻焊设计 ·· 139

第 11 篇 PCBA 组装过程 ··· 141

 11.1 组装焊接 ·· 141
  11.1.1 器件对组装焊接的热要求 ···································· 141
  11.1.2 PCB 对组装焊接的热要求 ··································· 142
  11.1.3 组件对组装焊接的热要求 ···································· 142
  11.1.4 特殊器件的焊接要求 ·· 143
  11.1.5 波峰焊接 ·· 143
  11.1.6 返修 ·· 143
 11.2 来料 ·· 144
 11.3 印锡 ·· 145
 11.4 涂覆 ·· 146
 11.5 操作 ·· 146
 11.6 成型 ·· 147
 11.7 清洗 ·· 147
 11.8 质量控制 ·· 149

第 12 篇 电子材料选用 ··· 150

 12.1 焊料的使用原则 ·· 150
 12.2 助焊剂的使用原则 ·· 150
 12.3 清洗剂的使用原则 ·· 150
 12.4 涂覆工艺的使用原则 ··· 151

第 13 篇 电子产品可靠性试验与筛选 ································ 153

 13.1 可靠性试验 ·· 153
  13.1.1 过孔可靠性试验 ·· 153
  13.1.2 焊点可靠性试验 ·· 153
 13.2 筛选试验 ·· 154
  13.2.1 老化 ·· 154
  13.2.2 ESS ··· 155
  13.2.3 高加速寿命试验（HALT）和高加速应力筛选（HASS） ······· 155
 13.3 环境应力筛选方案设计 ·· 156
  13.3.1 设计原则 ·· 156
  13.3.2 设计依据 ·· 156
  13.3.3 试验剖面的确定 ·· 160
  13.3.4 无故障筛选 ·· 163

第 14 篇 DFX 工具实战演练 ········· 164

14.1 系统登录 ········· 164
14.2 DFX Station ········· 165
14.2.1 适用范围 ········· 165
14.2.2 配置要求 ········· 165
14.2.3 系统登录 ········· 166
14.2.4 DFX Station 安装 ········· 166
14.3 任务目标 ········· 171
14.4 数据要求 ········· 171
14.5 提交 DFX 任务 ········· 172
14.5.1 进入页面 ········· 172
14.5.2 上传数据 ········· 172
14.6 填写 PCB 信息 ········· 174
14.7 选择规则集和检查对象 ········· 174
14.8 提交任务 ········· 175
14.9 导出报告 ········· 175
14.10 查看工程 ········· 176
14.11 DFX 规则集说明 ········· 178
14.12 DFX 规则类说明 ········· 180
14.13 DFX 工具典型案例 ········· 182
14.14 DFX 工程设计助力电子行业高质量发展 ········· 185

第 15 篇 案例：挑战硬件工程三高极限 ········· 188

15.1 新员工成长实践 ········· 188
15.2 高密用户板：DFX 工程打造高质量低成本"印钞机" ········· 190
15.3 高复杂线卡：挑战 PCB "三高"硬件工程极限 ········· 190
15.4 数字化 PCB：探索工业大数据 AI，走向智能 ········· 191

附录 A 术语和定义 ········· 192
附录 B 机械冲击的实验条件 ········· 194
附录 C 机械振动的实验条件 ········· 195
附录 D 空气污染等级 ········· 196
附录 E 可以承受回流工艺的常用材料 ········· 198
附录 F 电子装联设备对器件尺寸的限制要求 ········· 199
附录 G 不同潮湿敏感等级器件拆封后烘烤要求 ········· 200
附录 H 压接设备的基本性能参数 ········· 202
附录 I 高碳钢、低碳钢对应的常用材料牌号列表 ········· 203

第1篇 DFX是什么

1.1 科学、技术与工程的定义

1986年，美国国家科学研究委员会首次提出STEM的教育概念，STEM是科学（science）、技术（technology）、工程（engineering）、数学（mathematics）四门学科英文首字母的缩写，旨在强调在科学、技术、工程和数学领域综合发展。

科学源于拉丁文scientia，是知识和学问的意思。科学以探索发现为核心，发现、探索、研究事物运动的客观规律。科学活动由好奇心驱使，最典型的活动形式是基础科学研究，包括科学实验和理论研究。进行科学活动的主要社会角色是科学家。科学活动的成果即科学知识，其主要形式是科学概念、科学定律、科学理论、科学假说，科学知识与其本身是否有用、能否带来经济效益和道德上的善恶无关。科学的成果形式是论文、著作。

技术以发明革新为核心，着重解决做什么和怎么做的问题。技术活动由问题驱使，最典型的活动方式是技术开发，其主要的社会角色是技术员、发明家。技术的基本形式是技术原理和操作方法，技术的成果形式主要包括专利、图纸、配方、诀窍等。

工程以集成建造为核心、以新的存在物为标志，强调改造客观世界的实际效果。工程活动由产品驱使，主要社会角色是工程师。工程的成果形式主要包括工程原理、设计和施工方案等。

科学、技术与工程既相互依存，又相互独立。科学重在探索和发现，技术重在创新与发明，工程重在集成与构建。科学是技术的理论基础，技术是科学应用的载体，技术的创新也推动了科学的更进一步发展。例如，显微镜是一种光学仪器，是基于透镜的物理原理而发明的一种技术，它的出现大大推进了物理学与生物学的发展。工程是科学与技术的集成应用，同时会激发技术的革新，并为科学发展提供新的条件。例如，在贵州建造的世界最大的"天眼"射电望远镜就是一项重大的工程，将大大推动人类天文学的发展。

科学、技术与工程这种相互依存又相互促进的关系，栾恩杰院士称其为"无首尾"逻辑。栾院士指出，三者的关系似乎像鸡生蛋、蛋生鸡式的"无首尾逻辑"一样，因为在这个逻辑中找不到何处是始发点。在分析"工程-技术-科学-技术-工程"的不断循环中，可以强烈地感受到工程在其中所起的"扳机"作用和基础性载体地位。因此，工程既是人类改造客观世界的集中体现，也是促进技术和科学发展的重要抓手。作为工程指导方法的系统工程方法论，其地位尤为重要。

1.2 DFX系统工程演进

系统工程的出现可以追溯至20世纪初，这时的系统工程分为规划、研究、开发、应用、通用工程等五个阶段,之后又提出了排队论原理,并将该理论应用到电话通信网络系统中,推动了通信事业的飞速发展。

DFX 是 Design for X 的缩写,通过设计手段,保证产品满足成本、质量、进度等要求,具体分为如下两个方面。

(1)面向产品生命周期的设计,这里的 X 指产品生命周期中的任一环节,如产品的制造、装配、测试、服务、维修等,也可以代表决定产品竞争力的因素,如可靠性、节能减排、网络安全性、易用性等。

(2)面向各种要求的设计,包括满足客户或消费者对产品的易用性、外观、质量、可装配性等要求。

DFX 方案解决流程如图 1-1 所示。

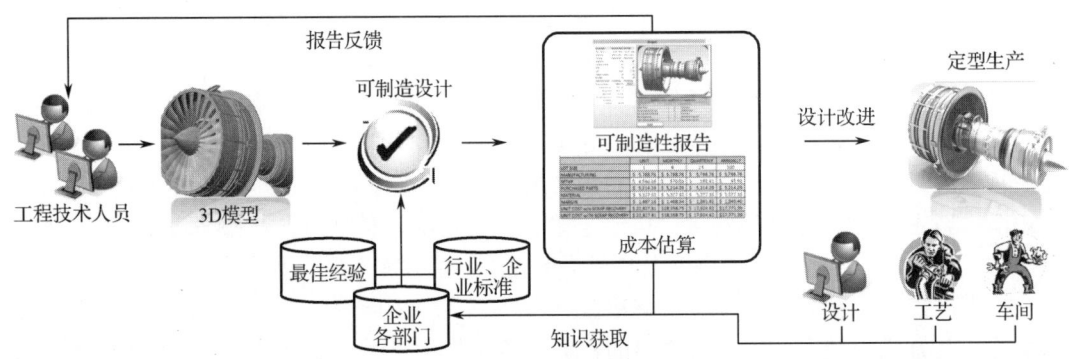

图 1-1　DFX 方案解决流程

DFX 架构图如图 1-2 所示。

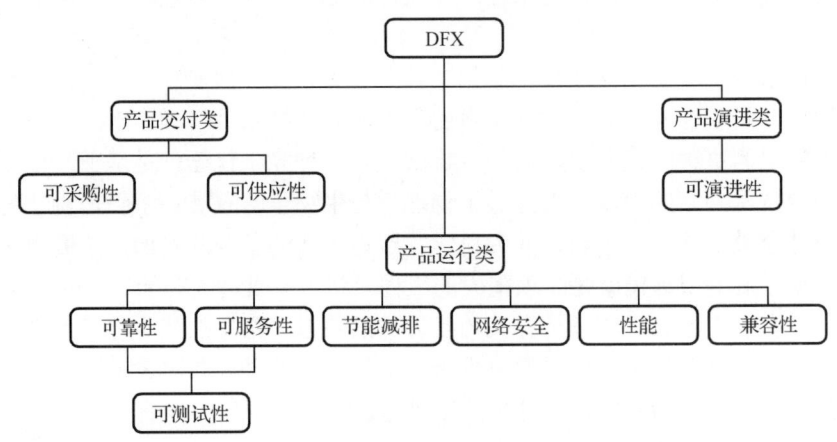

图 1-2　DFX 架构图

DFX 不仅用于改进产品本身,也用于优化与产品相关的各种过程,强调在产品设计的同时进行过程设计,以实现两者的同步优化。在产品设计阶段,考虑产品的各种非功能需求,应提高设计质量,满足客户需求,并增强产品的综合竞争力。

早期,人们将 DFX 称为 DFM(Design for Manufacturing)。随着市场竞争的加剧和设计质量要求的提高,DFM 逐渐扩展到更多维度,逐步发展成为 DFX。DFX 的核心理念是在设计阶段就考虑产品全生命周期的所有合理需求,力求一次做对,从而减少返工,并提高效率。DFX 可以应用于多个行业。

钱学森在《组织管理的技术——系统工程》一书中提到,导弹武器系统是现代最复杂的工程系统之一,要靠成千上万人的大力协同工作才能研制成功。研制这样一种复杂工程系统,所面临的基本问题是:怎样把比较笼统的初始研制要求,逐步地变成成千上万个研制任务参加者的具体工作,以及怎样把这些工作最终综合成一个技术上合理、经济上合算、研制周期短、能协调运转的实际系统,并使这个系统成为它所属的更大系统的有效组成部分。

1957 年,美国的哈里·古德和霍尔合作出版了第一本完整的系统工程教科书《系统工程》。1965 年,霍尔又出版了《系统工程手册》。这两本书以丰富的军事素材,论述了系统工程的原理和方法。1962 年,霍尔出版了《系统工程方法论》,其内容涉及系统环境、系统要素、系统理论、系统技术、系统数学等方面。1969 年,霍尔提出著名的霍尔三维结构,又称霍尔的系统工程,这是一种系统工程方法论。霍尔三维结构和相关书籍的出现标志着系统工程方法论的成形,为工程过程提供了更为规范化的指导。

1990 年,系统工程国际委员会(INCOSE)成立,该组织是非营利性的会员组织,致力于发展系统工程和提高系统工程师的地位。越来越多的企业代表和学校研究者加入系统工程的研究,并出版了《系统工程手册》。系统工程领域还有一个研究代表,就是 NASA,《NASA 系统工程手册》是系统工程标准领域的重要代表作之一。

1.3 DFX 的意义

20 世纪 70 年代以来,全球制造业经历了以下转变。
- 全球竞争日益加剧。
- 市场由长期的卖方市场转变为买方市场。
- 产品的生命周期变得越来越短。

为了推动产品开发,寻求新的思路和方法,并将新的思路和方法应用于开发具有竞争力的产品,美国在 20 世纪 80 年代提出了"并行工程"这一概念,这对制造业的振兴起到了重要的推动作用。在这样的背景下,DFX 作为并行工程的一个关键实现工具应运而生。DFX 体现了并行工程的如下特点。
- 在产品需求分析和设计阶段,尽早考虑各个阶段和领域的各种要求,尽早发现并解决相关技术问题,优化设计,从而提升产品的市场竞争力。
- DFX 强调团队合作的重要性。由于技术的复杂性,产品设计人员需要与其他专业人员协同工作,在产品需求分析和设计阶段进行充分的沟通与交流,确保产品能满足 DFX 的各种要求。

1.4 DFX 与设计流程再造

DFX 包括如下内容。

DFM:Design for Manufacture,可制造设计。

DFA：Design for Assembly，可组装设计。
DFT：Design for Test，可测试设计。
DFR：Design for Repair，可维修性设计。
DFU：Design for User，可用性设计。
DFP：Design for Procurement，可采购设计。
DFD：Design for Diagnosability，可诊断分析设计。
DFE：Design for Environment，可环保设计。
DFS：Design for Serviceability，可服务设计。
DFR：Design for Reliability，可靠性设计。
DFC：Design for Cost，为成本而设计。

下面介绍几个案例。

1. 产品驱动的集成创新模式

埃隆·马斯克的项目有一个共同点，他并没有实现过基础技术突破，只是做了跨界整合。通过整合成熟技术去攻克那些长期无法突破的行业，如火箭发射、汽车、人机接口。特斯拉将成熟的服务器集群管理和 18650 锂电池技术进行整合，创造出强大的 BMS 电池管理系统。这里所说的整合不仅是技术的整合，也包括人才、资金的整合。马斯克的成功应用了大量的系统工程创新方法，如第一性原理、高效敏捷迭代、数字孪生等。更重要的是，他应用了一个非常关键的概念，那就是产品驱动的集成创新模式——综合即创造。

苹果公司是典型的产品驱动型集成创新模式的代表。该公司采用的创新策略是将多种成熟的新技术进行整合，以此创造突破性的产品，从而重新定义某一产品类别。例如，iPod 重新定义了 MP3 播放器，iPhone 重新定义了手机，Apple Watch 重新定义了手表，AirPods 重新定义了蓝牙耳机。

传统的串行工程在后续阶段发现并验证前一阶段的设计是否合理，这存在一个问题：一旦发现问题，就需要反复修改，这使得项目周期节点难以控制。相比之下，DFX 是一种典型的并行工程。通过引入 DFX，每个设计阶段可以解决当前阶段的设计问题，避免在后续阶段发现问题后需要回溯到前一阶段进行修改。这种分阶段推进的方式能有效地控制项目的周期节点，保障项目按时完成，并提升设计质量。

2. 设计好的硬件：HUAWEI Mate 60 背后的系统工程能力

2019 年 5 月，美国将包括华为在内的 70 家关联企业列入"实体清单"，这意味着如果没有美国政府的批准，则华为无法向美国企业购买器件。软件方面，华为自研的鸿蒙系统被用于替代安卓。硬件层面，华为自主供应链逐步成形，但一些核心器件仍然难以替代。

2020 年，华为被禁止获取在美国境内外开发和生产的技术和软件。芯片供应中断，手机业务首当其冲，公司整体营收也受到严重影响。从华为 2021 年上半年的财报来看，华为的销售收入同比下降 29%，其中消费者业务下降 46%。至此，华为不得不重新开始寻找新的增长点。对于供应难题，任正非曾表态，不仅不能放弃高端器件的研究，也要帮助合作伙伴实现从三流器件变为一流器件。

受供应链危机影响，2020 年 11 月，华为宣布出售互联网手机品牌荣耀，由深圳市国有企业和 30 余家荣耀代理商、经销商等联合收购荣耀。2021 年 1 月 22 日，荣耀举办了独立后的首个产品发布会，终端 CEO 赵明在会上表示，包括高通在内的几乎所有核心供应伙伴已经和荣耀签署了协议，这意味着荣耀的供应风险已经基本解除。2023 年 8 月，HUAWEI Mate 60 系列开启先锋计划，广受消费者喜爱，持续火热，甚至出现"一机难求"现象。华为手机的国产率正变得越来越高，HUAWEI Mate 60 Pro（简称 Mate 60 Pro）中的中国产零件价值占比达到了 47%，比三年前同价位的 HUAWEI Mate 40 Pro（简称 Mate 40 Pro）高出 18 个百分点。

从单价最高的 OLED 显示屏来看，Mate 40 Pro 所合作的厂商是韩国 LG Display，而 Mate 60 Pro 的合作伙伴变更为京东方。京东方以高品质著称，其高端产品的品质和 LG、三星不相上下。Mate 60 Pro 的电源管理芯片由华为海思自主研发，其搭载的卫星通信芯片、射频芯片由中国本土供应商供应。三年前，Mate 40 Pro 触摸屏组件由美国的 Synaptics 供应，而 Mate 60 Pro 转向了中国厂商，这也是国产率提升的主要因素之一。

在供应商的选择上，市场上大部分企业的做法是依据 TQRDC 特征工程（技术能力、质量、响应速度、交付、成本）等标准进行衡量。国内供应商的水平参差不齐，文化统一性上也存在差异，在选择供应商时应看重供应商的价值观和文化是否符合未来的增长模式。

21 世纪初期，华为是英国电信 300 家设备供应商中份额较小的后备供应商之一。但基于对华为技术实力、发展潜力和综合性价比等方面的考量，英国电信选择扶持华为，使其成为富士通和西门子等国外巨头的竞争对手，并最终培养成自己的战略合作伙伴。在扶持过程中，英国电信组织了对华为全面的现场考察和评估，针对供应、交付、安全、质量、技术、风险管理等方面发现了上千个问题。双方共同组建团队，并制订了详细的全面改进计划，由英国电信安排专家进行过程指导和监控，并定期审视改进效果。

3. 品类管理：既要低头干活，也要抬头看路

卫星通信功能成为华为 Mate 60 Pro 的一大卖点，为其他手机厂商树立了标杆，并推动了卫星通信技术的发展。国内其他手机厂商也将陆续在其产品中支持卫星通话功能。小米、OPPO、vivo、一加等手机厂商正在积极探索卫星通话技术，这些厂商希望通过自己的努力，提供更稳定和高效的卫星通话体验，为用户带来更多便利和可能性。

企业要不断地去洞察业界前沿技术。例如，企业可以安排采购人员定期参加行业峰会，与业界领袖进行交流，深入了解产业链、行业和技术发展趋势。

如今，供应商关系已不再是简单的买卖双方关系，而是发展成为一种真正的互信互助关系。未来的竞争也是供应商关系管理能力的竞争。要做到这种供应商关系，需要企业具有专业的供应商关系管理能力，包括评估、筛选、维护、提升等能力。在处理供应商关系时，高层供应商关系管理的重要性不言而喻。同时，企业间的文化和愿景融合也是关键因素。

第 2 篇　产品环境适应性系统工程

2.1　总则

2.1.1　湿度的影响及要求

避免产品长时间处于较高的环境湿度中。运输和存储包装材料时，必须考虑防潮要求。例如，机柜包装材料应使用防潮袋进行包装。对于 PCB 包装，包装袋内应放入干燥剂。

基材会吸收水分，这会降低系统的绝缘性、表面绝缘电阻（SIR）以及湿气绝缘电阻（MIR）。

- 聚合物基材在湿度较高的环境下暴露数天至数周就会吸收水汽，基板吸收水汽达到自身质量的 1%～3%时，会显著提高导体之间的电介质常数及其电容值，达到平衡的时间取决于基板的厚度和导体材料的几何形式。水的相对介电常数是 80，常用的基材介电常数的范围是 3～5。
- 绝缘体的表面吸收水分，加上水解性污染物的溶解，会导致表面绝缘电阻降低。例如，聚乙二醇通过吸收水分或在高湿度环境下形成单层的水膜，可以显著地降低表面绝缘电阻。
- 绝缘体的内部吸收水分，加上水解性污染物的溶解，会导致体积湿气绝缘电阻的降低，这个特点对于印制板、电介质薄膜电容器和塑封电子元器件来说表现尤为明显，如集成电路（IC）、阵列和混合电路。
- 某些塑料和密封材料吸水（水分的质量达到 1%以上）会膨胀。湿度的周期性变化可以导致塑料或密封材料"蠕变"。非常低的相对湿度（RH）会导致静电释放时的电压升高。在有水和营养物质的情况下，真菌的生长会加速，并释放出具有腐蚀性的有机酸。水被吸收进聚合物（如塑封材料）的化学吸收作用会导致玻璃转化温度显著降低，总热膨胀增加。

> **备注**　一些高玻璃化温度的材料比低玻璃化温度的材料更易吸收水汽，如 BT（双马来聚酰亚胺）和 PI。如果电容内部的绝缘膜吸收了水分，则会造成漏电流的增加。如有必要，产品应通过相关湿度试验进行验证。

2.1.2　温度的影响及要求

本文低温和高温界限是以 23℃划分的，23℃以下属于低温，23℃以上属于高温。

（1）应避免将产品置于温度热冲击环境中，尤其是温度变化速率不小于 30℃/min 的情况。快速的温度变化（达到或超过 30℃/min）可能导致印制电路板（PCBA）发生曲翘。

当 PCBA 被置于一个新的热环境中，温度的急剧变化会产生大的温度瞬变梯度，从而导致 PCBA 曲翘。曲翘会引起拉应力和剪切应力，这些应力远超过材料在稳态膨胀不匹配时所能承受的应力。即便是热膨胀系数相同的组件，在热冲击中也可能出现焊点失效。

（2）在产品的整个寿命周期中，环境因素是影响 PCBA 疲劳寿命的最重要的因素之一，温度是 PCBA 设计中需要考虑的最重要环境因素之一。温度对焊点的可靠性有着显著影响。在产品开发周期中，通常在最终制造之前，会进行样机制作，此过程需要考虑温度的影响。

（3）热膨胀会导致 PCBA 和器件之间的热膨胀系数（CTE）不匹配。焊料作为系统中的柔性部分，需要适应不同材料之间的热膨胀系数。

2.1.3 沙尘的影响及要求

（1）产品暴露在沙尘环境中可能会导致一系列问题。例如，磁盘、磁带驱动器的配合面摩擦力增大，电气连接配合面上的接触可能出现暂时或永久失效，润滑剂被污染且摩擦力增大，气体减振器的排气孔、空气滤清器被堵塞导致冷却效率降低。

（2）办公室和工厂中的粉尘通常含有氯化物。水与灰尘的混合物是电的良导体。造纸厂的气体含有硫化物和硫酸盐。未过滤的冷却空气可能导致产品外围设备系统过早出现故障。

（3）即使是含有少量导电成分的沙尘也会降低绝缘电阻，并在潮湿环境下引起水解性污染。曾在被认为是"干净"的工厂中，发现防尘盖上有高导电性的沙尘。

2.1.4 静电的影响及要求

设备和 PCB 应考虑设置静电释放电路，如通过可靠接地或隔离等措施来防范静电。所有包含导电或绝缘薄膜的电子元器件都对静电损害敏感，包括 MOS、双极型、GaAs、薄膜技术（电阻、集成电路、磁头），以及未来的晶圆规模集成电路和多芯片模块（MCM）。静电可能通过传导或辐射的方式影响设备和 PCB。

2.1.5 海拔高度的影响要求

（1）当产品安装在海拔 1800 米以上的地区时，可能需要配备额外的冷却装置，并且必须提供详细的安装指导。这是因为在高海拔地区，空气较为稀薄，导致空气密度降低，散热效率下降，这可能会使组件和系统出现过热现象，同时，密封不严的保险管也可能因此提前熔断。

（2）对于安装在海拔 1800 米以上的产品，密封器件必须具备足够的密封强度。空气密度较低，可能会导致密封容器内的气体膨胀或发生爆炸，造成密封的容器、封装和空腔（如液态电解电容器的换气塞）过载，以及引起以空气作为电介质的器件参数发生变化。

> **备注** 如有必要，产品应通过相应的海拔高度测试以验证其性能。在海拔-60 至 1800 米范围内，在正常的温度和湿度条件下，必须保证所有设备功能正常。

（3）空气污染等级的相关信息详见附录 D。

2.2 运输

2.2.1 结构设计要求

1. 机械冲击

机械冲击可能导致系统和 PCBA 产生共振,峰值的应力可能引起 PCBA 过度变形、器件体裂纹、器件体焊端分离、焊点因过载而断裂、器件接触点断开等问题。

如果有必要,产品需要通过相关机械冲击实验验证,具体内容请参见附录 B。

2. 机械振动

(1) 振动是一种累积损伤。在运输过程中,产品可能经受低级别的随机分布振动(频率为 1~500Hz)。

(2) 振动会引起材料周期性的应力和疲劳,导致强度下降或失效,如裂纹、硬度下降、碎裂、移位。

材料的反复变形可能使器件体出现裂纹、焊端分离或焊点疲劳失效。有些器件(如镀金的继电器触点)在高频机械应力下会发生微磨损,这是由局部区域的微运动引起的机械磨损。

(3) 振动引起的常见失效情况包括如下几种。
- 引脚和焊点变形。
- 器件、结构(基板)脱离和损害。
- 可调电阻器的调节器移动导致阻值变化,可调电容等器件也可能遇到类似问题。

如果有必要,产品需要通过相关机械振动实验验证,具体内容请参见附录 C。

(4) 关于振动破坏机理的假设,必须基于特定的试验理论加以评定。对振动环境试验来说,在考虑试验目的和试验方法时,所遇到的问题与振动破坏机理有关。由于对这一问题尚未进行系统的实践与理论研究,目前只能进行初步的综合推理,以提出若干关于振动破坏机理的假设,如表 2-1 所示。

表 2-1 关于振动破坏机理的假设

振动破坏类型	振动破坏机理
疲劳破坏(结构或设备)	振动损伤作用是由振动引起的交变应力造成的,振动损伤作用具有累积特性
性能失灵破坏(设备或生物)	1. 振动损伤作用不累积,相对于一定的频率而言,振动破坏与峰值超过某一阈值的连续振动次数有关; 2. 振动损伤作用不累积,振动破坏与谐振点处峰值超过某一阈值的连续振动次数有关
工艺可靠性破坏(工艺错误或磨损等)	1. 振动损伤作用不累积,相对于一定的频率而言,振动破坏与峰值超过某一阈值的连续振动次数有关; 2. 振动损伤作用累积,振动破坏与谐振点处峰值超过某一阈值的连续振动次数以及总工作时间有关

(5)振动试验的种类和时间

根据振动破坏类型可以决定相应的试验种类，根据振动破坏机理可以确定试验时间。

根据一般材料疲劳曲线的特性，曲线大多在某个点进行转折，随后曲线大体上沿水平延伸。因此，从工程实践的角度出发，通常是取转折点处的应力作为持久极限应力，取一定次数作为检验试件是否具有永久疲劳寿命的应力循环次数。对于主要目的是检验试件振动疲劳特性的试验来说，如果要求试件能在工作环境中长时间工作，则一般也是应力循环次数作为振动试验的次数。对于一次性使用或短时间工作的试件，可以根据其预期寿命设定试验时间。

对于振动性能失效破坏，一般认为振动引起的损坏作用具有非累积性。在一定的振动条件下，振动开始后不久，即可出现振动性能失效，一旦停止振动，振动性能一般可恢复正常。因此，振动性能试验的时间大致可取试件在实际工作中每次连续经受振动的最长时间，如最大续航时间。有关标准大多采用最大的振动量值作为试验量值。总之，对于振动性能试验的时间，目前尚未形成统一的认识，大致是由实践经验决定的，各国标准的相关规定也不统一。

工艺可靠性破坏大致可分为两类，一类是常见的工艺处理错误，如假焊、脱胶、螺钉松动或过紧、连接件脱开、部件互相撞击等，这些问题通常可以在较大的振动量值下通过短时间试验被发现。第二类是在振动过程中设备内部存在的机械磨损，或是在振动时同时存在的化学腐蚀、气候腐蚀，以及产生蠕变等导致振动强度不断降低。为了检验这类试件的耐振动特性，必要时应当按照整个工作周期或按产品寿命时间进行试验。

3．防振动、机械冲击设计

通常，冲击和振动是共同作用的，因此在进行防冲击和振动设计时，必须考虑产品在使用过程中受到的环境合成应力的影响。

(1)当存在冲击和振动时，有两种方法进行补偿：隔离 PCB 或将产品设计为能承受振动的。理想的情况是将产品设计成能承受振动的，而不是对 PCB 进行隔离。例如，应尽量选用小型的 SMD 器件，因为 SMD 器件比通孔插装器件体积小、惯性小，因此抵御振动的能力更强，引脚长度也比插装器件短，由冲击和振动产生的机械应力相对较小。系统级隔离振动的方法有如下两种。

- 使用天然或合成橡胶作为振动阻尼材料。
- 使用金属材料进行隔离，如弹簧、金属网、钢缆等，金属网和钢缆能提供平滑的摩擦阻尼。还有其他隔离材料，如速度敏感的黏性阻尼器（但对高频振动无效）。

(2)要求 PCB 的固有频率远低于振动频率，以防发生共振。

(3)对于 PCBA，需要考虑大尺寸、大质量器件的防振动、冲击需求。常用的解决措施包括在大尺寸、大质量的器件旁边实施机械紧固措施，或避免将该器件放置在振幅较大的位置上。冲击对大质量器件的焊点有很大危害，可以考虑增加辅助结构，以便将冲击力分散到结构件上。

(4)在探测裂纹时，随机振动的应力筛选需要正确设计应力筛选参数，确保不会对设计良好的 PCBA 造成损害。

（5）在进行防冲击和振动分析设计时，需要考虑以下几个因素。
- 确定表贴器件相对于支撑结构的位置，如边缘、角落、支持结构的中心。
- 根据预期的冲击和振动方向，确定器件的方向。
- 确定 PCB 的最大挠曲。

2.2.2 运输环境温度要求

通常，运输环境的温度对于产品的影响不大。如果产品中含有对温度环境敏感的特殊器件或部件，则需要在运输过程中避免产品长时间暴露于高温或低温环境，或避免处于温度剧烈变化的环境中。产品的包装应满足上述要求。良好的包装应具备完整性、绝缘性、隔热性、防静电性、耐老化性、阻燃性、足够的强度等特性。

在高寒地区运输产品时，必须采用密封结构，以防过低的温度对产品造成影响。如有必要，产品应通过高低温冲击实验进行验证。

2.2.3 防静电要求

在运输过程中，必须采取防静电措施。所有包装材料必须是防静电的。保持 ESD（静电释放）机壳接地导体在 PCB 上与接地电路分离，将 ESD 机壳接地导体远离板边。ESD 机壳接地导体可以轻微覆盖铝箔，厚度约为 0.025mm，也可以使用层压散热器或尽可能大的电容器。金属结构件应与 ESD 接地机柜相连。

2.3 存储

2.3.1 存储的结构设计

在货架上存储产品时，应确保货架结构的稳固性。货架的设计必须保证产品不会跌落至硬质的工作台或地板上。如有必要，可以考虑采用防震、防冲击、防松脱等结构设计。

2.3.2 存储环境

存储环境应是可控的。

2.3.3 温度影响

应根据产品的温度特性确定存储温度和存储温度的变化范围。在产品设计初期，应确定产品及 PCBA 上器件的存储温度条件。

过高的温度会缩短产品和 PCBA 上器件的存储寿命。例如，在特别高温的环境下，电池容易短路。在极高温度下，需要使用电池架。为避免腐蚀影响，不宜使用接触界面不相似的金属，如镍与锡。

2.3.4 有害气体（物质）的影响

在无法控制的存储环境下，如在盐雾、氯化物、硫化物等腐蚀性气体环境中，需要采用密封包装。盐雾和漂浮的腐蚀性气体是极佳的水解源，富含导电性污染物。这些污染物与水和氧气结合会发生电离，产生自由离子，可能导致严重后果：金属导体腐蚀会导致材料损失；非导电性腐蚀残渣堆积会导致连续性损失；导电性腐蚀残渣堆积会导致绝缘电阻变小或短路；盐雾还会使密封封装失去密封性，并可能模糊器件标识，使其难以识别。

产品不得与有机污染物接触，银镀层器件不得与含硫物质混合存储。银镀层与硫化物反应会生成硫化银，硫化银的导电性能较差。

2.3.5 设备运行环境

在产品设计前期，应考虑运行环境的影响，并确定运行环境的参数。这些参数包括温度范围、不同温度下的时间、温度变化速度、温度循环的种类和数量、产品开关频率、环境湿度、大气压（地球或太空）、振动、冲击、ESD、EOS、EMC、EMI、高压环境、化学环境（助焊剂、溶剂、盐、NBC、净化等）、辐射（电离、光照、UV 光）、污染（灰尘、油污等）等。

2.3.6 运行环境中振动、冲击的影响

1．在运行环境中，不可避免的冲击或振动可能导致产品的机械位移，这种冲击或振动可能在连接位置（如连接器或可调电位器）产生不稳定的电接触，造成过压或过电流，从而损坏器件。在设计上，应考虑连接器的接触可靠性，确保有足够的接触长度。特别是对于铂族金属触点，避免与有机硅蒸气反应生成绝缘的聚合物薄膜。

2．裸露在机体外的器件有时会受到外界物体的碰撞，需要考虑防护措施以避免器件损伤，或利用紧固件增强焊点强度，保证焊点不受损坏。

3．在系统设计中，应尽可能降低各种振动（如冷却风扇振动、各种电感线圈的振动）的频率和振幅，使 PCBA 的固有频率远低于结构的固有频率，以避免共振。

4．关键器件、可调器件、关键 PCB 应放置在振动频率最低、振幅最小的位置。长时间的振动会加速焊点的蠕变和腐蚀，会引起密封器件的密封层分离，使潮气渗入器件。

2.3.7 长期高温的影响

在产品设计阶段，必须明确产品运行的高温环境，并应考虑冷却系统的故障监控机制。
（1）长期在高温环境下运行时，某些器件可能会出现故障，辅料可能会失效。
- 温度敏感器件或大功率器件可能因环境温度升高而发生故障。
- 在长期高温环境下，非固态电解质电容器内部的电解质可能沸腾，导致电容减少，线绕增加，电解质泄漏，引起电解质干涸或容器腐蚀。
- 含卤素溶剂可能在非固态电解质电容器的橡胶密封件内扩散，引起内部腐蚀，导致器件失效。
- 塑料会蒸发，会损失其中的增塑剂。
- 碱金属在半导体器件内的扩散易引起器件不稳定。
- 辅料（如导热硅脂）干涸，导致器件壳体到散热器的热阻增加。
- 含硅的复合物、油脂和液体蒸发，导致气体压力升高，摩擦性能丧失。
- 可分离触点的配合面（如继电器、连接器以及 PTFE 等物质的冷流区域）的硅胶和增塑剂复合物易蒸发和迁移。
- 某些涂覆材料在高温和高湿环境下不稳定，可能会重新变成凝胶状。

（2）如果产品长期在高温下运行，则焊点内（如共晶的 Sn、Pb 焊锡内和 TAB 焊点等）以及其他双金属接点处的晶粒组织会长大，IMC（金属间化合物）厚度会增加。

（3）如果产品长期在高温下运行，则可能导致润滑剂和触点处氧化、腐蚀，特别是在有湿气和可水解的污染物存在的情况下更易氧化、腐蚀。

2.3.8 长期低温的影响

在进行产品设计时，必须明确产品运行的低温环境。对于无法适应低温环境的特殊器件，必须考虑增加系统的加热设备。

（1）长期在低温环境下运行时，器件可能会出现如下故障。
- 双极型晶体管和场效应晶体管的增益减小，跨导增加。
- 恒温器件（如晶体振荡器）失去控制功能。
- 高介电常数陶瓷电容器的耗散常数增加。
- 封装和模塑料内部应力增加，可能导致 IC 封装的钝化层损伤、金属层损伤、硅片破裂，或导致暗线缺陷、LED 光输出减小。
- 材料收缩，可能导致活动部件卡住或双金属材料弯曲。

（2）辅料的选用也需要考虑低温特性，如某些阻焊在低温环境下可能会开裂，热熔胶变脆导致黏性下降，聚合物失去弹性和抗冲击性。

（3）露点下形成的液态水膜会引起腐蚀。

2.3.9 温度循环的影响

（1）焊点温度的循环变化使焊点内部产生机械应力，从而导致循环应力。为缓解循环应力问题，可选择柔性的器件引脚，并选用与基板热膨胀系数相近的材料。基板可用来散热，需在最恶劣的工作环境下仍能正常发挥作用。

（2）应尽量减少运行环境的温度变化。温度波动的大小与引起的载荷成正比，温度变化越大，运行环境越不可靠。热膨胀系数不匹配会导致材料间产生应力。在最坏情况下，可能导致器件裂纹或焊点失效。

（3）如果产品在温度变动的环境下工作，则可能会发生冷凝现象，此时要对产品做保护性涂覆。

（4）在温度循环引起的振动环境或热机械运动环境中，应防止触点出现微移动（移动距离小于 2.5μm）。

（5）尽量减少机柜内部的温度变化。在某些情况下，系统设计者通过特定方法减少机柜内部的温度波动，例如，当入口空气温度超出一定限值时，启动风扇。内部温度过低时，入口处的加热器开始工作。

2.3.10 湿度的影响

（1）在高湿度环境下，当有离子污染和直流偏压时，水汽可导致基材表面发生电化学腐蚀反应和枝晶生长，并在玻璃纤维和树脂界面形成具有传导性的导电阳极细丝（CAF）。在分层和空洞位置，水汽可导致内层的电化学腐蚀反应并形成树枝状结晶，这些分层和空洞通常发生在内层导体之间以及通孔、PTV 的孔壁之间。

（2）环境的相对湿度超过 65%或凝露而成的水滴容易引起金属导体间的电化学腐蚀。在有水存在的情况下，氧化剂的氧化速度会增加。卤素（如氯化物和氟化物）的腐蚀速度和金属迁移生长速度会大大增加。

> **备注** 如有必要，产品需要通过相关湿度实验验证。

2.4 腐蚀的影响及要求

2.4.1 PCB 腐蚀及防止措施

（1）在高湿度的环境中，需要评估涂敷工艺的必要性。PCB 表面吸收的水分以及凝结的水汽与可水解的污染物混合，会降低其表面绝缘电阻，这种现象常见于具有可水解污染物且未仔细清洗的多孔性表面（如未涂覆的 PCB 表面），可能导致电化学腐蚀反应，如金属离子迁移或枝晶生长。

（2）敷形涂覆的选择取决于产品的最终使用环境、电气防护设计及可生产性。在盐雾、强烈温度循环等恶劣环境下，为确保产品的可靠运行，可能需对产品进行灌封或密封，而非仅进行敷形涂覆。需关注温度范围、环境腐蚀性、化学物质、溶剂、通风程度等影响环境的因素。产品防护设计对敷形涂覆的选择也有影响。例如，一个风冷的防护外壳与密封且内部充干燥氮气的防护外壳是不同的。一些敷形涂覆材料是用紫外线快速固化的，在某些时候也许还要再进行一次热固化。

（3）在较高直流偏压与高湿环境下，建议采用防 CAF 板材，并增大导体距离。如果 PCB 树脂、玻璃纤维界面的通孔、过孔与相邻导线之间存在水分、高直流偏压、可电离污染物等现象，则可能导致界面间电化学腐蚀，生成树枝状结晶或 CAF。

（4）确保阻焊膜和涂覆层在高温、UV 照射、臭氧下不产生应力。某些特殊的热固化涂层在低温时可能会开裂。

（5）在高湿环境中运行时，需使用阻焊膜对 PCB 上裸露的导线进行防护，以防导线腐蚀，避免导致金属导体（如走线）缺失，此外产生的非导电物质残留会造成连续或间歇性开路（特别是在接触式导电的触点之间），产生的导电性腐蚀残留物或金属树枝状结晶会造成永久或间歇性短路。

（6）避免在 PCB 上残留可水解污染物。可水解污染物被绝缘物质吸收分解后，会降低潮湿绝缘电阻（MIR）。

（7）组装产品时要保持清洁，拿取 PCB 或器件时应戴干净的手套。在搬运、存储基材时需保持环境清洁。在 PCBA 表面覆加阻焊膜前应清洗 PCB。助焊剂中不得含有亲水性溶剂，如聚乙二醇。非极性溶剂用于清洗含水溶性污染物的有机物。极性污染物可用极性溶剂或去离子水进行清洗。

（8）要确保表面导体间距足够大，以适应产品的运行环境（包括湿度、污染物、热循环、电压差、腐蚀性气体）而不需要额外的涂覆保护。

（9）内层导体（如导线之间、过孔之间、金属化孔壁与内层导线之间）的间距要尽量大，以防产生 CAF。

（10）尽量避免 PCBA 上有潜在湿气藏匿地，避免组装 PCBA 后，器件本体与其下方的裸导体间隙过小。器件本体下的裸导线在组装前可用阻焊膜保护。可增加器件与其下方的导体间隙，使其组装后的器件易于清洗。

（11）在 PCBA 表面印刷阻焊膜前，必须彻底清洗表面的可电解物质，在涂覆前也须清洗 PCBA。特别是在使用水溶性助焊剂时，清洗尤为重要。否则，在高湿度环境下，可能会导致阻焊膜和涂覆层起泡或产生白斑。

（12）涂覆材料的选择和涂覆过程要保证敷形涂覆层与基材表面间的黏着性。所有的敷形涂覆材料都是吸水的，关键是怎样阻止湿气在相邻导体表面聚集。若敷形涂覆层与基材表面之间失去黏着性，则湿气会在二者表面聚集。敷形涂覆层与基材表面之间失去黏着性的主要原因包括热应力和存在可藏匿潮气的污染物。污染物吸收潮气，可能导致敷形涂覆层起泡，起泡后留下的空隙为腐蚀的发生创造了条件。潮气与污染物混合物是良导体，易在相邻导体间形成电解池，导致导体间腐蚀。

（13）PCB 在组装前后会受到应力，注意导体间阻焊膜、导体或金属化孔壁间内层空洞的分层情况，以避免 CAF 生长。要阻断 CAF 生长路径，所有层至少需用两层半固化片，且 PCB 边缘要平滑且被封住。

（14）PCB 供应商要控制 PCB 检测区域的湿度、温度以及洁净度。

（15）不要用手直接接触 PCB。例如，手指印、唾沫、食物是造成 PCB 电化学腐蚀、水解、电离的污染源。手指上的油脂残留物会导致涂覆层无法对导线和焊盘起到保护作用。

2.4.2 器件的腐蚀及防止措施

（1）溶剂会通过铝电解电容器的橡皮密封圈渗进器件内部，溶剂分解产生的盐酸会腐蚀铝金属箔，从而造成电容失效。如果选用铝电解电容，并需要接触含卤化物的溶剂，则必须选用带有增强型密封橡胶圈或环氧密封圈的铝电解电容器。

（2）避免电介质膜电容、网络电阻、排阻等器件上残留可水解污染物。
- 可水解污染物如果被绝缘物质吸收，则分解后会造成潮湿绝缘电阻下降。
- 如果一些塑料或填充物吸收的水分质量达到材料质量的 1%时，则会造成材料的膨胀。周期性的湿度变化会造成塑封材料或填充物蠕变。

（3）应选择不易被污染、易清洗的器件，PCBA 也应注意可清洗性。特别是在使用水溶性助焊剂进行组装时，应避免使用悬空间隙（standoff）过小的器件。尽量不在器件下方加垫片，以免在缝隙处藏匿污染物，从而形成腐蚀环境，影响器件可靠性。

（4）应尽量避免潜在的湿气藏匿地，器件内部的易腐蚀部分可使用憎水性物质进行密封（如有机硅）。

（5）阻挡层为镍、外层为金的铜端子在电镀后不应剪脚，此时切口处金属按"铜、镍、金"排列，暴露处会形成电偶。在这种情况下，暴露基材的切口会变得灰暗无光，腐蚀物会由铜向金生长。

（6）评估陶瓷封装器件中黄铜引脚和镀层的电偶腐蚀风险，确认镀层完整性，并确认是否需要在电镀后剪脚。

（7）优先选用不会漏出腐蚀性物质的器件。在新设计中，避免使用硫酸电解液的钽电容器。避免使用含有乙烷甲酰胺电解液的钽电容器，因为此类电解液会使阻焊膜和涂覆保护层劣化。如果一定要使用电解电容器，则可调整塞孔的方向，这样可以减少器件损坏造成的影响。不应把塞孔对准基材。

（8）避免器件封装的银镀层、银浆、银胶等直接暴露在空气中。在银导体表面镀镍或涂保护性涂层，以保证银导体表面不凝露以及水汽不接触银导体表面。

（9）水会加速氧气、二氧化硫、三氧化硫等氧化剂的反应速度，会大大加速金属卤化物（氯化物、氟化物等）的金属离子迁移速度。水还会加速不同金属表面层间的电化学腐蚀速度，这对 EMI 垫片、EMI 密封圈、陶瓷封装中电镀结构间的铜焊结合影响较大。

（10）盐雾与漂浮的腐蚀性气体是极佳的水解源，富含导电性污染物，这些污染物与水、氧气结合会发生电离，产生自由离子。盐雾会使密封封装失去密封性，并且会模糊器件的标识，使其难以识别。

2.4.3 摩擦侵蚀及防止措施

（1）在高接触压力和高电流能量的应用条件下，应避免使用金锡连接点。由于金、锡间的相对位移（微动作用）形成的 IMC 是电的不良导体，如果在连接器、IC、插座的接触面之间形成金锡 IMC，则会导致接触不良，从而影响整个系统的正常工作。电源通断、冲击、振动、系统的温度周期变化也会产生微动现象。

（2）继电器的应用环境中不应存在有机硅蒸气。如果存在有机硅蒸气，加上继电器触点间的相对移动，则铂族金属触点会催化生成绝缘聚合物薄膜。如果有硅蒸气、电弧存在，加上接触点间的相对移动，金属接触点会产生绝缘的氧化硅薄膜。

（3）如果产品在组装和运行环境中存在不可避免的振动，以及因温度循环产生的机械位移，则应保证连接器和其他连接点是固定的（特别是铂族金属触点），这样可以避免连接点与有机硅蒸气生成绝缘的聚合物薄膜。

（4）确保侵蚀作用降至最低。下面的措施可以减少侵蚀作用。
- 接触部分需要润滑剂。
- 接触部分的表面处理镀层、镀层厚度、多孔性、平滑度要与应用环境相适应。
- 避免使用金锡连接点，尽量使用金金连接点或锡锡连接点。
- 用夹子、螺钉、夹板等控制插拔板卡时会造成应力，避免应力传递到连接器或接触部位。

（5）避免使用不相容的接触镀层，如金与锡。在机械与热运动的作用下会产生微动作用，并生成金锡。这种 IMC 是高阻的，易导致间歇性或永久性开路。

（6）应在 PCB 的接触区采用选择性电镀这样有利于可靠电气接触，避免摩擦侵蚀的发生。在 PCB、连接器的压接接触应用环境中，需要有 $0.6\mu m$ 的致密金层，并采用选择性电镀。为了防止铜与金相互扩散，应在铜与金之间电镀 $2\mu m$ 的镍。

2.4.4 防止腐蚀设计的其他要求

（1）确认加工、运行、返工和维修环境中使用的化学物质对产品无害。

（2）确保设备运行过程中从高温状态到低温状态的迅速切换。在相对湿度很高的环境下，要注意设备长期低电压运行等情况。

（3）通过选用低功耗芯片、在直流偏压下封装外壳不分层断裂的芯片或基材，以及在危险区域使用无孔基材、阻焊膜或涂覆层进行覆盖，可以降低设备长期低电压运行的影响。

（4）涂覆层在高湿、直流偏压下不应分层、起泡、产生白斑。可以用超声波扫描显微镜检验涂覆层是否分层。

（5）尽可能避免电偶腐蚀，下面的方法可以减缓电偶腐蚀速度。
- 如果在铜的表面镀锡、铅、金，要确保镀后内层金属完全被覆盖，也可在铜基材与最外层镀层之间增加镍阻挡层。
- 增加间隔物。例如，用钢螺钉固定铝片时，可以选用镀镉（注意：镉有毒，不环保）的垫片，或使用不锈钢螺钉，这样螺钉表面的钝化物可以保护螺钉。
- 谨慎选择接触导电部位的镀层材料，以保证可靠的电气连接。
- 易腐蚀材料表面进行涂覆，以绝缘和防水。
- 采用阳极氧化方法时，薄而脆的保护层会藏匿残留物而引起腐蚀。
- 设计时，阴极金属区应远远少于阳极金属区。

（6）以下情况会产生电化学腐蚀，注意采取适当措施。
- 裸露的金属。
- 过紧的配合间隙，包括非常小的孔径，以及复杂的机械装配器件、连接器、开关等。
- 相对湿度超过65%，表面凝露而成的水滴。
- 可电离的污染物。
- 相邻导体间存在电位梯度，特别是可以随意定义引脚属性的细间距连接器，要避免相邻引脚间的电位梯度太大。

（7）可接触导电的部分要密封，以防凝露、高湿度环境、腐蚀性气体的影响。如果持续的接触压力较大，则要选择橡胶密封圈，但要注意低温环境下橡胶圈的密封效果。

（8）通过降低温度与电流密度，可以减小电迁移。

（9）使用润滑剂防止非贵金属表面（如锡铅、锡）的氧化、腐蚀。

第3篇　电子硬件 DFX 总体设计指南

电子硬件产品化设计是一个全面且复杂的过程，下面对硬件产品化设计的子环节进行简要说明。

3.1　可靠性设计

可靠性设计立足于产品的系统可靠性要求，将任务可靠性指标（如可用度、MTBF、MTTR）和基本可靠性指标（如产品平均年返修率）分解并分配给具体的 PCB，从而得到 PCB 的可靠性指标（如失效率或年返修率）。可靠性设计主要包含如下指标。
- 产品规格书中对 PCB 的可靠性指标。
- 失效率估算。
- 故障定位率。

PCB 失效率估算表如表 3-1 所示。估算结果不应低于产品规格书中的要求。如果结果不符合要求，则需及时通知系统工程师和硬件经理，与可靠性设计工程师讨论制订补偿优化措施。

表 3-1　PCB 失效率估算表

PCB 型号：　　　　　　　　　　　　　　　　　　　　　　　　　　　　　填表人：

器 件 类 型	器 件 数 量	单个器件故障权重	所有该类器件的故障权重
电阻			
电容器			
二次模块电源			
专用集成芯片			
数字逻辑电路芯片、接口电路芯片、线性电路芯片			
厚膜、音频、通信网口变压器			
感性器件			
继电器、接触器			
晶体振荡器			
滤波器			
接插件			
开关、保险管套件、显示器件			
晶体管、光电耦合器			
传感器			

续表

器件类型	器件数量	单个器件故障权重	所有该类器件的故障权重
光电器件			
激光驱动器			
光分路器			
波分复用器			
光纤衰减器			
光开关			
射频功率放大器 IC			
射频开关			
电池			
风扇			
其他 1			
其他 2			
总计			

> **注意**
>
> 表 3-1 得出的失效率估算数据是根据器件本身特性，在假定工作条件良好的情况下得出的。实际数据会受到条件的影响。因此要求热设计、EMC、信号质量等方面的设计满足产品规格书和相关规范的要求，才能使 PCB 的可靠性指标达到甚至超过估算值。根据经验，可靠性指标只能做到粗略评估。

如果 PCB 或组件的可靠性指标明显不合格，则应考虑采取以下措施。

（1）修改器件选型方案，把失效率最高的器件换成其他功能相近的器件。

（2）修改电路方案，必要时可修改系统方案。例如，进行单元电路备份设计或改变电路实现原理等。

（3）强化降额。通常情况下，器件降额要求是额定参数的 80%。如果没有更好的替代器件，在可靠性指标许可的情况下，可以采用更大冗余的降额应用，也可以改用额定参数更高的器件。

（4）故障管理，进行可维护性设计。系统对容易损坏的器件或电路单元进行重点监控，并使用易于维护和更换的设计，以便在器件损坏时能立即更换器件。

即使器件符合要求，也需要考虑器件的可靠应用方法。这里的"符合要求"是指假定器件符合产品规格书和通用降额的要求，且器件的应用环境没有超出限度的破坏应力时，PCB 可能达到的可靠性。因此，在 PCB 可靠性指标合格的情况下，仍然需要按照要求使用器件，使用器件时符合器件通用降额标准，并且对可能发生的外部破坏因素进行隔离保护处理。

对于致命故障（Ⅰ类）和严重故障（Ⅱ类），故障需定位到某个现场可更换单元（如 PCB），故障定位率通常要求达到 100%。对于一般故障（Ⅲ类），故障定位率通常要求达到 85%。对于轻微故障（Ⅳ类），通常不作要求。结合这些指标，在设计过程中，需提出保证故障定位率所采取的措施。

3.2 故障管理设计

PCB 的故障管理设计需要明确故障检测、故障隔离、故障恢复等方面的设计要求。这个阶段的设计主要包含以下四方面的内容。

1. 失效模式与效果分析（FMEA）、检测措施分析

FMEA 和检测措施分析包括 PCB 故障风险级别的划分、与背板接口信号的 FMEA 分析，以及经过 FMEA 分析后，对软件、硬件分别提出检测需求，并对测试提出故障验证需求。板间接口信号故障模式分析表如表 3-2 所示。

表 3-2　板间接口信号故障模式分析表

信号名称	故障模式	对 PCB 的影响	对系统的最终影响	风险类别（改进前）	故障检测方法（建议增加）	检测灵敏度（建议增加）	补偿措施（建议增加）	风险类别（改进后）

2. 软件故障管理需求

根据 FMEA 分析结果，对软件的故障检测、隔离、恢复提出设计需求，并确定硬件部分的支撑方案。

3. 硬件故障管理需求

根据 FMEA 分析结果，对硬件的故障检测、隔离、恢复提出设计需求。

（1）故障检测

在不影响业务或对业务影响较小的情况下，定时检测故障。在不破坏 PCB 状态的前提下，对相关存储空间进行读写检测。对特殊芯片、模块进行故障检测。

（2）故障隔离

选择适当的接口电路设计方案，以确保硬件发生故障后，不会影响相邻单元的工作或对相邻单元造成损坏，并确保其他 PCB 发生故障时，不会对本 PCB 产生影响。

（3）故障恢复

根据故障处理需求，确定 PCB 故障在线自动检测、故障自动隔离、故障过程记录、故障恢复过程、离线自动诊断测试、重新配置、加载功能的实现方案。

4. 测试验证需求

根据 FMEA 分析结果，对测试验证提出需求。

3.3 可维护性设计

PCB 的可维护性设计主要针对 PCB 在网上运行时的可维护性需求，如远程维护、故障诊断、软件加载等方面的需求，具体包含以下内容。

1. 平均修复时间（MTTR）估计

在系统中的 PCB 发生故障后，需要估计故障定位、损坏 PCB 更换、程序重新加载等

环节花费的平均时间。

2．PCB 自检和上报功能方案

系统发生故障时，需要通过现场检测手段，确定发生故障的 PCB 或其中的单元，这要求 PCB 支持自动告警和故障定位，此时需要注意软件和硬件的配套设计。上报的告警信息包括 PCB 的 ID 号、名称、BIOS 版本号、软件版本号、逻辑版本号、各单元状态等。

3．软件版本上报方案

软件版本信息包括 DSP、BIOS、PCB 软件（含主机软件）、Logic 软件等。确保上报的软件版本、芯片标签（BOM 中的归档版本号）、可加载文件名的版本号是一致的。

4．PCB 制造信息的实现方案

所有有槽位号的 PCB（包括主控板）必须实现制造信息的上下载，PCB 中要预留至少 10kB 的空间用于保存 PCB 制造信息。PCB 制造信息的实现方案尽量与已成熟的产品实现方案一致。

5．PCB 更换设计

要考虑在 PCB 更换、维修时的便利性，包括结构上的便利性和电气参数配置、调试、软件配置等方面的便利性，需要考虑是否有需要提供远程维护的硬件。易损坏部件要方便更换。注意 PCB 内的拨码开关和可调器件对现场维护的影响。在更换系统中的 PCB 后，尽量免调试或只需简单调试 PCB。

6．防差错设计和标识方法

部分部件需要现场装配和更换，防止构造相似的部件被错误装配组合。一般把插座设计成不同的结构外形，或在连接器中使用防误插零件。应适当区分 PCB 内的插座，并在插座上标注显著的标识信息。电源模块的背面建议用丝印标明电源脚及其电压值。各种跳线和开关应简单标注其含义。

7．设备与人身安全设计

在进行 PCB 的更换、维修时，静电等因素可能会损坏 PCB 或系统中其他相连的部件。应尽量不影响运行中整机部件的工作状态，如热插拔等状态，避免因 PCB 漏电导致人员触电、因机械尖锐棱角导致人员受伤。

8．易损部件的通用性和互换性

尽量减少物料种类的管理成本和风险，并支持应急替代方案。

3.4　EMC 设计要点

EMC 设计要点主要包括 PCB 电源设计、PCB 接地设计、PCB 屏蔽设计、信号接口设计、PCB 设计、电路分析与要求、防静电设计等。下面对 EMC 设计要点进行说明。

1．PCB 电源设计

明确 PCB 电源的使用需求与选取要求，了解 PCB 电源的滤波措施。

2．PCB 接地设计

明确 PCB 地与母板地的关系，明确 PCB 地与结构地的关系及二者的连接要求。

3．PCB 屏蔽设计

明确 PCB 屏蔽的理由、范围、指标及实现方案。如果 PCB 不需要屏蔽，则不用考虑 PCB 屏蔽设计。

4．信号接口设计

明确信号接口（包括接口芯片等）的物理位置、详细设计要求、相关要求（如与周边接口的关系），考虑信号接口与母板连接接口的设计要求，在进行设计时，可参考电信号接口 EMC 设计指导书。

5．PCB 设计

明确 PCBPCB 设计的具体要求，主要包括 PCB 的布局、电源层的规划、地层的规划，以及关键器件、电路的具体布板要求。在进行设计时，可参考 PCBEMC 设计指导书。

6．电路分析与要求

对 PCB 中的关键器件、关键信号、敏感电路、干扰源电路等进行分析并提出具体的设计要求。

7．防静电设计

确定 PCB 防静电设计的原则和要求，主要需要考虑以下方面。
- PCB 拉手条的接地设计：保证 PCB 拉手条接地良好、接地路径短。
- PCB 拉手条的防静电设计：拉手条有金属外壳，金属外壳应接地良好。
- 对可能的静电放电点采取抑制措施，如电阻限流等。
- 确定 PCB 上各芯片的抗静电等级，核实是否存在静电敏感芯片，明确静电敏感芯片的应用原则和要求，采取静电预防措施。

3.5　安规设计要点

在安规设计中，重点关注人身安全，产品在运行过程中不能对人造成意外伤害。PCB 的安规设计主要考虑以下方面。

（1）电击危险（高电压等）。

（2）能量危险（电弧放电等）。

（3）过热危险（烫伤等）。

（4）着火危险（设备燃烧等）。

（5）化学危险（有毒气体等）。

（6）机械危险（尖角伤人等）。

（7）辐射危险（激光辐射等）。

从总体方案设计、详细方案设计、原理图设计、PCB 设计，到后期的安规验证测试与改进，安规设计贯穿 PCB 的整个设计过程。总体方案设计主要包括如下内容。

（1）电路的级别、危险电压和危险能量等级。
（2）安规器件的选择。
（3）原理图设计、PCB 设计、结构要素设计的一般原则。
（4）PCB 上需要的安全标志，如保险管、激光器等。

3.6 环境适应性设计

环境适应性设计需要考虑潮湿、高低温、盐雾、灰尘、振动等方面的影响。PCB 总体设计负责人需查看产品规格书中的相关部分，确定 PCB 在系统应用时的环境适应性要求。防尘、潮湿和盐雾部分的设计应与产品规格书中的内容保持一致。

3.7 防护设计

产品的防护设计主要关注接口设计和接地问题，PCB 的防护设计主要关注接口电路设计。防护设计能减少或消除干扰冲击电流或冲击电压对设备的损害。通常，防护设计是指防雷设计。防静电设计也可以被认为是防护设计的一种，由于防静电设计与 EMC 设计结合得更紧密一些，一般在 EMC 设计中进行防静电设计。下面分三种接口类型进行防护设计的说明。

1．交流电源接口的防护设计

对于交流电源接口的防护设计，目前有成熟的标准防护电路。如果有单独的防雷板，则可根据交流电源接口的规范对防护电路进行设计。如果防护电路在电源模块中，并且委托供应商设计电源模块，则应该向供应商提出防护设计需求，并提供相关的防护电路。

2．直流电源接口的防护设计

直流电源接口通常采用单独的防雷板。直流电源接口的防护电路比较成熟，可选方案较多，针对不同的产品结构和需求，可以采用不同的防护电路，具体由电源板设计人员和机电工程师协商完成。直流电源接口的防护电路均需要用保险或空气开关进行保护，根据不同的防护等级选择保险和空气开关的等级。保险和空气开关可以专门用于保护防护电路，也可以直接利用主回路的保险或空气开关。

对于其他业务 PCB，直流电源接口的防护设计很简单，一般在 PCB 的直流电源输入端口放置一个压敏电阻或瞬态抑制二极管。

在进行整机和 PCB 的防护设计时，要注意二级防护电路之间的协调问题。通常采用空芯电感进行退耦。空芯电感的通流能力应满足整机的最大电流要求，空芯电感的值通常可选取 6～12μH。

3．其他接口的防护设计

所有对外接口需要进行 PCB 级的防护电路设计，调测、监控、维护等接口需视具体的情况而定。如果接口不经常接对外电缆且接口悬空，则这些接口可以不进行防护。如果接口大多数时间接对外电缆，则必须进行防护设计。对于出户的信号电缆，应该进行差模 3kA、共模 5kA 的防雷设计。如果只有少量接口需要进行防护设计或接口不经常出户时，则可选用外置式避雷器。

明确防雷接口的电路设计要求。

- 接口大部分时间出户时，应在 PCB 上设计防雷电路，具体的设计方案需要咨询防护实验室，并在机电工程师指导下完成。
- 在室内走线且跨越多个楼层的接口、在同一楼层走线长度超过 30m 的电缆接口、预计销售到北美地区的室内电信号接口，需要满足差模 100A、共模 200A 的标准。
- 对于普通的户内电信号接口，进行简单的防护即可。进行防护设计时需考虑信号电平和速率。
- 通常利用 TVS 管或 TSS 管完成防护电路的差模设计，共模设计可利用隔离变压器的特性解决共模浪涌问题。

3.8 可测试性设计

在产品的概念阶段，应提出产品的可测试性需求。可测试性需求主要包括测试需求、生产测试需求、RAS（Reliability Availability Serviceability）测试需求，这三个需求分别由测试工程师、装备工程师、技术支持工程师负责。

依据可测试性需求，将需求分解到模块，并写入总体方案设计中。下面介绍 PCB 的可测试性设计包含的内容。

（1）对软件和硬件设计的一般要求：主要包括机械结构、单元电路等方面的通用要求。

（2）故障诊断和隔离性设计：主要包括故障的诊断过程记录和指示，以及 PCB 与模块的隔离性设计。

（3）测试数据源和 BIST（内置自测试）：主要包括测试数据源的产生、测试任务的建立、测试任务的控制设计、自检功能、BIST 测试结果比较、例行测试。

（4）能观性和能控性需求：能观性是指对产品的内部状态进行观测，能控性是指对产品的内部状态进行控制。

（5）测试输入、输出通道和测试总线：主要测试输入、输出信息的物理通道，有时需要测试专用的总线。

> **你知道吗？**
>
> 可测试性设计不仅要求系统和 PCB 能及时准确地确定工作状态（可工作、不可工作、工作性能下降），并隔离其内部故障，还需要考虑生产测试的效率、覆盖率、复杂程度等因素，以及各环节的测试需求。装备开发工程师会从系统和 PCB 两个层面综合考虑可测试性设计，最终将设计需求分解到各个 PCB。例如，APCB 的可测试性设计可能是为了配合 BPCB 测试而进行的，甚至产品的辅助软件也可能涉及可测试性设计。

3.9 热设计及温度监控

1. 热设计是什么

热设计主要分析器件的热性能参数，确定各器件的理想温度范围和极限条件下的温度范围（尤其是需要在室外高温、严寒条件下应用 PCB 的情况），并分析温度变化对器件参数和系统性能的影响。热设计主要包括以下两点。

（1）进行散热器的选型，提供 PCB 布局要求、温度监控点位置要求、PCB 温度控制策略等。散热器的选型主要从搜集热参数资料、校验结温、计算所需散热器的最小热阻、选择散热器等方面入手。

（2）结合整机结构和热设计方案，对热设计方案进行仿真。如果发现部分部位的热设计方案不符合要求，则对初步方案进行调整。

2．热设计方案评估要点

（1）散热器的基本热性能参数。
（2）器件热设计。
（3）PCB 布局热设计。
（4）PCB 布线热设计。
（5）PCB 温度监控设计分析。
（6）背板大电流引入点散热安全分析。
（7）PCB 热设计与系统热设计的符合情况（建议采用仿真验证）。

3．对 PCB 其他功能的监控

以电源为例，热设计需要考虑如下内容：上电顺序控制、48V 低电压保护控制、电源模块的远程断电控制、各 PCB 电源模块电压（电流）检测、PCB 电源模块高（低）压关断保护、电源掉电记录。

3.10 工程总体设计

工程总体设计在考虑 PCB 的物理尺寸和关键器件的前提下，确认 PCB 的工艺路线、器件工艺选择、测试验证、装配方式、散热方式等。

1．工艺路线

PCB 的工艺路线可分为如下几种。
- 单面贴装（回流焊接）。
- 单面混装（回流焊接+波峰焊接）。
- 双面贴装（双面回流焊接）。
- 双面混装（双面回流焊接+波峰焊接）。
- 双面混装（双面回流焊接+选择性波峰焊接）。

上述的工艺路线要尽量减少手工焊接，因为手工焊接费时费力、可靠性差。对于回流焊接，限制较少。对于波峰焊接来说，表贴器件需保证引脚间距≥1.27mm，器件底部高度与 PCB 平面高度差≤0.15mm，插件器件需要保证 PCB 引脚周围 3mm 内无其他器件。

2．器件工艺选择

PCB 的工艺路线可为器件的选择和摆放规则提供借鉴，需考虑方便生产的同时又不影响电性能。例如，某 PCB 上选用了很多插件器件，只选用了几个表贴器件，在这种情况下，从工艺角度出发，建议将表贴器件全部改选为插件器件，当然前提是有功能相似的插件器件。

3．测试验证

基于 PCB 的短期可生产性和长期可靠性，进行可焊性等测试验证。

4．装配方式

主要关注器件装配后是否超出限制高度，确定是否需要相应的生产工装夹具。

5．散热方式

散热主要由热设计工程师完成，主要关注散热对工艺的影响，重点关注布局时器件的间距及装配方式等。

对于一些结构复杂的 PCB，在工程总体设计阶段就一定要将布局考虑清楚。如果有必要，则可在此阶段输出一份工艺仿真图，以确认方案的可行性。正常情况下，工艺仿真图在 PCB 布局前输出即可。

> **你知道吗？**
>
> 在设计 PCB 工艺路线时，需考虑加工生产中的测试问题，即 PCB 加工的测试路线，这一设计通常由装备工程师和工艺工程师合作完成。
>
> 目前，光网络产品的一般测试流程为：IQC→PCB 加工（SMT→MVI→回流焊接→AOI 或 MVI→插件→MVI→波峰焊接→补焊→MVI→压接→MVI）→5DX→ICT→焊接激光器→PCB 调测→入库→模块安装→PCB 老化→FT→送检入库→整机装配→ST→发货。其中：
>
> - MVI：Manual Visual Inspection，即人工目检。
> - AOI：Automatic Optical Inspection，即自动光学检测，可用于检测器件的漏焊、错焊等。
> - 5DX：5 Direction X-Ray Station，即 X 射线测试，用于检查焊接质量，可检测 BGA 器件。
> - ICT：In Circuit Test，即在线测试。
> - FT：Function Test，即功能测试。
> - ST：System Test，即系统测试。

3.11 器件工程需求分析

器件工程需求分析是指在工程总体设计阶段，根据产品的历史经验和新产品的需求，分析 PCB 的可靠性、环境适应性、可加工性方面的需求，并提出器件选型和应用的约束要求，保证 PCB 的可靠性、可生产性、可服务性、环境适应性。器件工程需求分析主要包括以下内容。

1．产品工程规格分解（可选）

产品工程规格分解包括产品使用环境、产品的可靠性要求、产品生产或加工方式，是器件工程需求分析的基础。

2．器件的质量可靠性要求

（1）器件质量可靠性指导政策

明确整个产品对器件选型的基本要求。

（2）有特殊可靠性需求的器件

对于可靠性不高的器件，需要提出解决措施，如进行备份或监控。对于一些可靠性较高，但价格较贵的器件，需给出选用条件。

（3）各类器件达到质量可靠性指标的要求

汇总所选用器件的质量可靠性指标，包括器件厂家提供的 EFR（早期失效率）、IFR（长期失效率）、网上运行统计的实际失效 IFR、生产统计的 FDPPM（器件的生产缺陷率），用这些数据和通用的质量可靠性指标进行对比。质量可靠性指标表如表 3-3 所示。

表 3-3　质量可靠性指标表

器 件 类 别	EFR（厂家数据）	IFR（厂家数据）	IFR（市场数据）	FDPPM（生产数据）

（4）器件制造要求

企业根据在通信行业积累的经验，提出适用于各类器件的制造要求，并将这些要求提供给质量控制团队，从而实现器件的质量控制。这些要求应涉及器件的质量控制等级、环境应力、应用状态、功能额定值、结构等方面，以确保器件的工作失效率符合预期标准。

3．机械应力

为避免器件受到机械应力而导致失效，需要对器件的设计、生产工具、操作等提出相应的约束条件。

4．可加工性

提出器件的可加工性要求，如静电释放要求、潮敏要求、可焊性要求等。

5．电过应力

提出器件承受电过应力的要求，通过设计保证器件在额定电应力范围内工作，并满足降额要求，同时提出器件的操作维护规范。

6．环境应力

对于有环境应力要求的器件，我们需要向器件厂家提出进行环境适应性试验的要求，如进行电位器的振动试验。在产品设计时，还需采取相应的保护措施，如防尘网等。

7．温度应力

温度应力是导致器件失效的主要原因之一。因此，我们需要提出器件的温度降额要求、热设计要求、应用注意事项，以及产品在加工过程中受到的热应力限制要求。

8．寿命与可维护性

对于有寿命要求的器件，如存在机械摩擦的接插件、硬盘、风扇，或存在材料衰竭的晶体、光耦、电池等，我们需要提出预防性措施。

3.12 电路信号完整性分析

电路信号完整性分析主要包括以下内容。

1. 关键器件及相关信息

从器件的接口特性参数、布线角度出发，确定影响 CAD、SI（Signal Integrity）的器件，明确器件名称、器件模型状况、器件对外接口电平种类、器件物理实现难度等，并填写如表 3-4 所示的关键器件及相关信息表。

表 3-4　关键器件及相关信息表

器件名称	器件功能	器件封装	是否为 IBIS 或 SPICE 模型	对外接口类型	物理实现难度（是否为高密、高速器件）	电平种类及速率

2. 其他重要信号及相关要求

明确其他重要网络的特点，如多（单）负载、单（双）向、工作频率、相关电气特性、时序要求等。

3. 物理实现关键技术分析

综合考虑 PCB 硬件方案，分析实现 PCB 的要点、难点，对所需的关键技术进行分析，并提出解决方案。这部分是可选的。

4. 确定信号完整性分析的对象和要求

确定信号完整性分析的范围、信号类型、信号边沿上升（下降）时间、时延范围等，便于 SI 工程师安排方案。

5. 信号串扰、毛刺、过冲的限制范围和保障措施

信号串扰主要受布线影响，毛刺主要受布线、匹配、逻辑设计等多重因素影响，过冲主要受匹配影响。在总体方案设计中需要明确这几种问题的控制措施。

6. 高速信号间时序容限要求和保障措施分析

明确不同类型的芯片、信号的时序容限要求和保障措施。注意考虑高速信号与逻辑时序设计的配套关系，填写如表 3-5 所示的关键器件同步总线时序要求表，明确关键器件同步总线的时序要求。

表 3-5　关键器件同步总线时序要求表

器件名称	接口名称	信号名称	时钟周期	最大输出有效时间	最小输出保持时间	最小输入建立时间	最小输入保持时间

> **建议**
> 在极限环境条件下（高温或严寒），因器件参数漂移造成的时序变化应符合器件逻辑操作的时序要求。注意不同批次器件间的差异。

3.13 结构设计要求

对于有结构设计需求的PCB，需要在总体方案设计阶段确定可行的结构设计方案，并提交评审。结构设计主要包括以下内容。

（1）拉手条要求。

（2）指示灯、面板开关分布要求。

（3）紧固件设计要求。

（4）线缆、结构件、扣板、PCB接插件匹配及其承载的电流、频率、热插拔设计，以及可装配性分析。

（5）在设计PCB布局时，要考虑条码标签的粘贴，要在操作者的视线所及范围内进行粘贴。在实际生产中，曾经发生过没有给条码粘贴预留位置，导致PCB不能进入条码系统进行物流跟踪的情况。有些PCB在装配后，条码标签贴在PCB的另一面，导致在扫描PCB条码时，必须拆卸PCB，这为PCB的生产、维护带来不便。实际生产中应尽量避免类似的问题发生。

第4篇 电子硬件可靠性设计指南

4.1 温湿度适应性设计

4.1.1 结构设计要求

1. 塑胶滑槽

塑胶滑槽在高温下不应受热变形,不应影响 PCB 插拔。某盒式 ADSL 接入产品在进行热测试试验后,PCB 的塑胶滑槽熔化,导致 PCB 拔不出来,应避免这种情况发生。

2. 开窗尺寸

设计开窗尺寸时,要考虑大功率器件随温度变化而引起的尺寸变化。如图 4-1 所示,功放管被挤压断裂。这是因为功放管的开窗没有考虑高温下的尺寸膨胀,导致器件本体受到挤压,在温度循环下,造成内部基板断裂。功放管的结构开窗尺寸要比器件尺寸至少多 0.5mm,这样能避免器件受到结构件或 PCB 的挤压。

图 4-1 功放管被挤压断裂

4.1.2 器件及材料应用要求

1. 耐温要求

封装材料在长期的温度环境中不发生劣化与变形,且满足阻燃要求,以避免高温下燃烧。封装材料在各类电子、电气设备中主要用作电子接插件、连接器、继电器、开关、基板、线圈骨架、排线槽、天线插座、端子、按钮、底座、外壳等结构性绝缘部件。这些结构性绝缘部件在工作时都处于一定的温度环境中。封装材料耐温等级如表 4-1 所示。

表 4-1 封装材料耐温等级

耐温等级	温度
Y 级	90℃
A 级	105℃
E 级	120℃
B 级	130℃
F 级	155℃
H 级	180℃
C 级	180℃以上

通用工程塑料中的耐热聚氯乙烯（PVC）、聚丙烯（PP）、交联聚乙烯（XLPE）可达 Y~A 级。通用工程塑料中的聚酰胺（PA）、聚碳酸酯（PC）、聚对苯二甲酸乙二醇酯（PET）、聚对苯二甲酸丁二醇酯（PBT）、改性聚苯醚（MPPO）、聚偏氟乙烯（PVDF）、聚氟乙烯（PVF）、聚甲醛（POM）可达 E~B 级，特种工程塑料中的聚四氟乙烯（PTFE）、聚全氟乙丙烯（FEP）、聚全氟代烷基醚（PFA）、聚砜（PSF）、聚苯硫醚（PPS）、聚酰亚胺（PI）等可达 F~C 级。

2. 陶瓷电容尺寸要求

避免选用大于 1206 尺寸（3.2mm×1.6mm）的陶瓷电容，以防温度冲击、循环加速等因素导致器件断裂失效。

（1）在 PCB 上安装尺寸较大的陶瓷电容后，陶瓷电容在受到温度冲击或机械应力时容易断裂，这种断裂十分隐蔽，常规检测很难发现，却能造成 PCB 失效。

（2）1206 及以下尺寸的贴片电容瞬间温度变化不应超过 120℃，更大的贴片电容瞬间温度变化不应超过 70℃。陶瓷电容应力断裂示意图如图 4-2 所示。

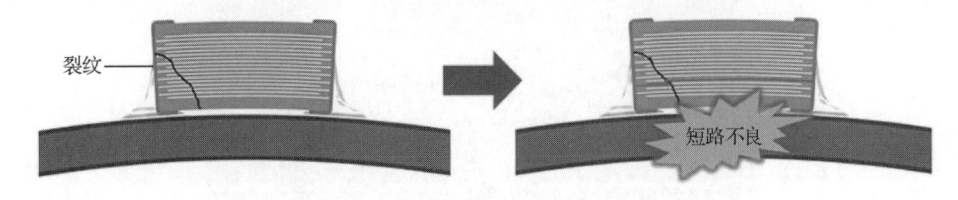

图 4-2 陶瓷电容应力断裂示意图

3. 温度敏感器件

避免温度敏感器件（如激光器）长期处于高温下。某些激光器的运行环境温度不能超过 70℃，持续运行时间不能超过 2000h。激光器周边环境温度过高会导致热电制冷器失控，激光增益介质的温度升高会减少增益，从而降低激光器输出功率。因此，需要将激光增益介质的温度控制在合适的数值上，否则会造成激光器内部焊点蠕变，进而导致激光器输出功率降低。

从结构和散热设计方面出发，需要考虑两方面内容。第一，设计温控结构，以确保被控对象温控到位。当不同器件的温控要求不同或某一器件的温控精度要求较高时，一般需要采用壳体温控与精准温控相结合的方式。壳体温控主要是指采用风冷或水冷等措施进行控温。精准温控主要采用热电制冷器,将被控温度对象置于铜板上,热电制冷器冷面紧贴铜板,热面贴于壳体,为保证热电制冷器接触良好,接触面可涂一层导热硅脂或贴铟箔。

4. 固定胶

固定胶的工作温度须满足运行环境温度的要求,避免高低温冲击后,固定胶性能失效导致器件脱落。

(1)光网络产品在经历高低温冲击与振动试验后,主控板上的固定电池会脱落。

(2)在调测某 PCB 时,该 PCB 上 MPC750 芯片的散热器有脱落现象。经检查发现,该批次 PCB 上的散热器在施加一定外力的情况下都很容易脱落,脱落率为 16%。经过分析发现,MPC750 芯片工作时温度较高,采用的固定胶在温度超过 50℃后,黏性会急剧下降。

4.1.3 PCBA 工艺设计

1. 热敏器件

对于经受温度冲击的热敏器件可以采取隔热设计。例如,热敏器件对温度变化非常敏感,晶体管、石英晶体等在高温或电参数急剧变化的环境下,会使设备出现性能失效或故障增多等情况。因此,应对热敏器件进行隔热,如采用隔离罩等。

2. 插装器件

插装器件的热损当量、接地层数、引脚伸出长度等设计方式应与组装方式相匹配,以保证形成良好的焊点,提高抗温度冲击和温度循环的能力。

(1)热损当量。插装器件引脚接地的热损当量应该尽可能小,并应根据热损当量采取适当的焊接设备和焊接方法,避免造成上锡不良和虚焊现象。这种焊点的环境适应性很差,在温度冲击、温度循环下焊接处很容易断开。

(2)接地层数。某 PCB 采用 OSC4000 晶振,第二个引脚接地层数比其余引脚多一层,因此热损当量要大一些。在进行选择性焊接时,所有引脚采用相同的参数,导致第二个引脚没有形成良好的焊点。某 PCB 晶振焊点脱落示意图如图 4-3 所示。

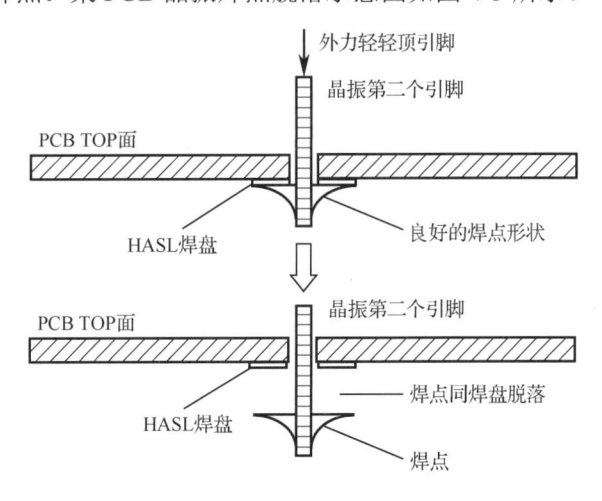

图 4-3 某 PCB 晶振焊点脱落示意图

（3）引脚伸出长度。在设计较厚的 PCB 时，例如，设计背板时，必须保证足够的引脚长度，以确保露出 PCB。某 PCB 曾出现多次拨码开关失效问题，原因是 PCB 厚度为（3±0.3）mm，器件的引脚长度为（3±0.2）mm。由于引脚未能伸出，加之手工补焊和器件的可焊性问题，导致焊接上锡不充分且不一致，在天气较冷时，关机后重启出现问题，导致焊点断裂。如果无法通过降低背板厚度或增长引脚长度来保证引脚伸出，则考虑将器件布置在正面，从而采用波峰焊接或选择性焊接，禁止采用手工焊接。PCB 上的插装器件引脚不出脚导致的假焊现象如图 4-4 所示。

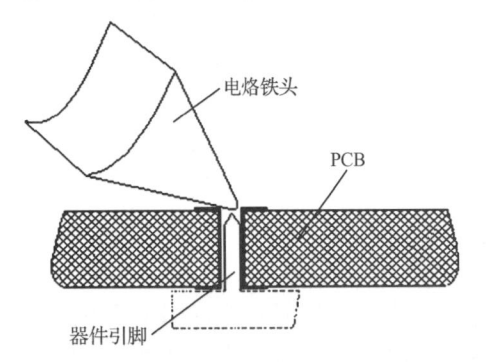

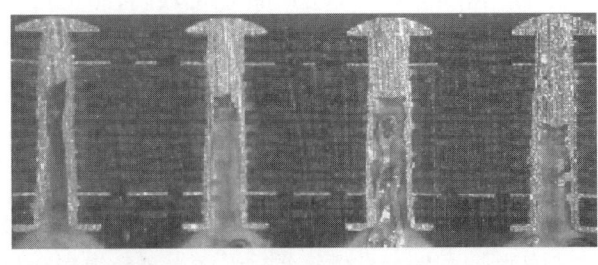

图 4-4　PCB 上的插装器件引脚不出脚导致的假焊现象

3. 热膨胀系数

当 PCB 混压材料的 CTE（热膨胀系数）差异较大时，可以在混压材料之间增加缓冲层材料，以避免长期运行出现孔断裂、层间失配等问题。

4. 过孔设计

尽量采用较小厚径比的过孔设计，保证镀层质量，以避免 CTE 不匹配导致过孔断裂。如图 4-5 所示，某通信产品主板的厚径比较大，导致 PCB 过孔断裂，PCB 过孔断裂产生原因为：①聚丙烯和铜层的 CTE 不匹配，导致热过程中通孔断裂失效；②钻孔质量粗糙导致应力集中。

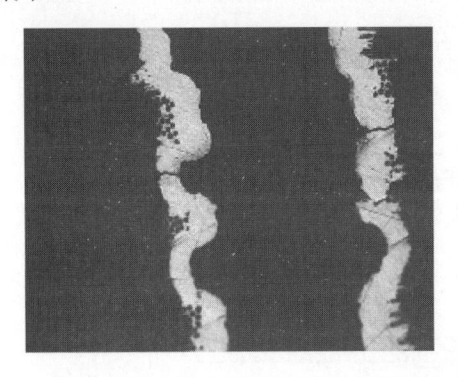

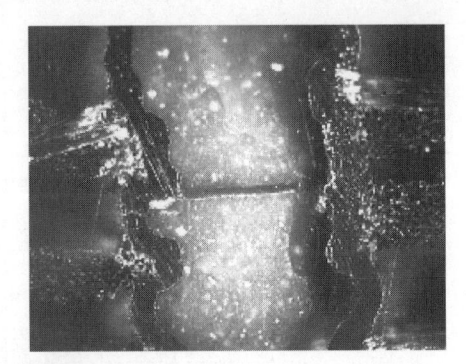

图 4-5　PCB 过孔断裂

5. 塞孔处理

对于需要进行塞孔处理的过孔，要选择合适的塞孔材料和处理方式。选择低 CTE、高弹性模量的材料可以提高塞孔处理的可靠性。选择高 CTE 材料可能会将孔壁拉断，从而使孔失效。选择低弹性模量的材料，可能无法有效分担孔壁的应力。

4.2　低气压适应性设计

（1）在高海拔（低气压）的运行环境下，设备的强制冷却和对流冷却的性能会降低，需要增加辅助散热装置，避免 PCB 过热。

（2）尽可能避免选用内部具有气压的密封组件（如电解电容），以免发生爆裂。

（3）PCB 上的器件间距和走线间距要尽可能大，以避免产生电弧和电晕。空气作为一种介质，在高海拔情况下容易变得稀薄，从而更容易产生电弧和电晕。对容易产生电弧和电晕的器件，要增加器件的电气间距。

4.3　三防适应性设计

4.3.1　结构设计要求

（1）整机结构设计要有效消除内部的潮气、水汽等，防止 PCB 被腐蚀，可设计排水疏流系统或空气循环系统。在运输和运行过程中可在设备内放置干燥剂和防霉剂。

（2）在进行强制风冷时，设备的结构设计要保证不会产生冷凝水，冷凝水会导致 PCB 腐蚀。如图 4-6 所示，冷凝水导致 PCB 过孔腐蚀。某电气设备有开孔，湿热空气由拉手条上的开孔抽入后冷凝在 PCB 上，从而导致 PCB 上积聚冷凝水，并最终导致设备腐蚀。

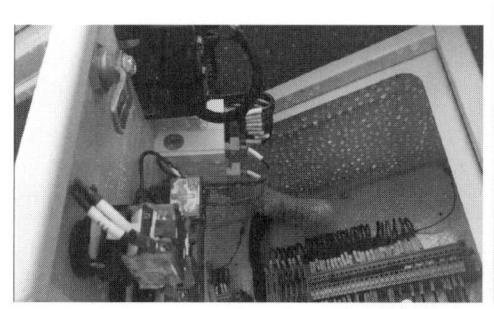

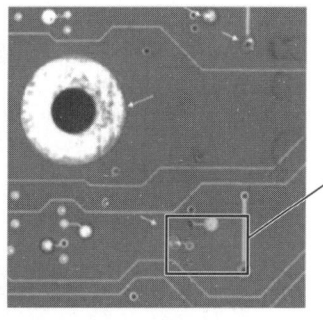

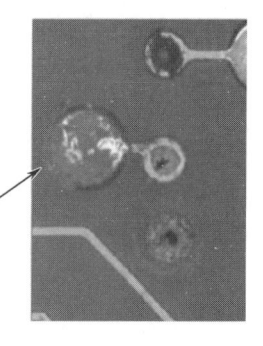

图 4-6　冷凝水导致 PCB 过孔腐蚀

（3）整机结构所选用的材料可能在长期的运行环境中发霉或释放有害气体，要避免此类有害物质腐蚀 PCB。整机结构选用的部分天然胶制品也可能会老化、发霉、释放有害气体。

（4）整机结构要有防尘措施。例如，室外使用的设备尽可能进行密封。强迫风冷系统要有防尘网等过滤器，以防灰尘等有害物质进入设备内部并在 PCB 上形成积聚物。整机风扇系统应设法降低冷却风量。冷却风扇可以设计成温控风扇，这样可以减少吸入的粉尘量，达到减少 PCB 上积尘的目的。图 4-7 展示了 PCB 积尘示例，此 PCB 位于不停运转的风扇旁边，积尘严重，此时采用温控风扇可以有效避免此现象发生。

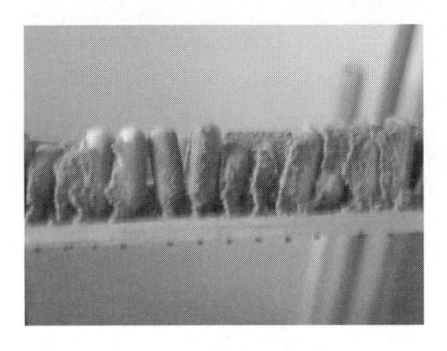

图 4-7　PCB 积尘示例

（5）灰尘严重影响 PCB 的性能，并加快 PCB 的腐蚀速度。如图 4-8 所示，灰尘会腐蚀 PCB，该 PCB 积尘问题严重，仅使用半年时间就产生了严重的腐蚀失效。由于该设备安装在海岛上，使用环境为非封闭民房，无空调。从 PCB 的腐蚀残留痕迹看，PCB 上积满灰尘，这些尘垢与海风中的盐雾及湿气共同作用，高电压下电迁移腐蚀直接导致 PCB 短期内失效。

图 4-8　灰尘会腐蚀 PCB

（6）整机结构要求有防鼠网等装置。鼠害排泄物会腐蚀 PCB（见图 4-9）。由于鼠害排泄物中含有钾离子、氯离子、钙离子、尿素氮、尿酸等，在 PCB 带电运行时，这些物质会迅速在器件引脚间产生电解腐蚀，并产生与电镀相似的过程：疏松的金属由带有负极（低电位）的一方向正极（高电位）一方延伸，从而造成短路，使 PCB 失效。所以，整机结构必须具有防鼠网装置，否则 PCB 需要有额外的防护措施。

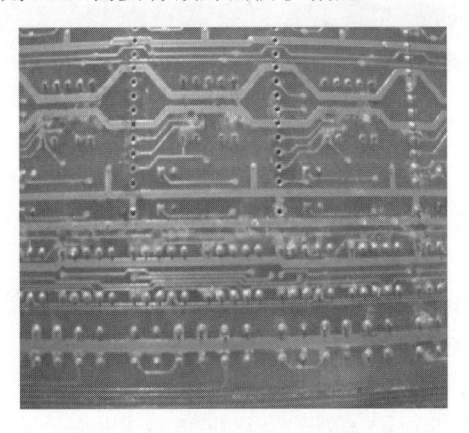

图 4-9　鼠害排泄物会腐蚀 PCB

4.3.2 材料及器件应用要求

（1）PCB 金属结构件直接接触并进行电连接时，应选用不易发生电偶腐蚀的金属材料。

① 不同金属之间存在电位差，在潮湿的环境下易腐蚀，引起 PCB 失效。

② 在连接两种不能直接接触的金属时，可以采用电镀、阳极氧化、化学氧化、钝化、磷化等处理方式，或对金属表面涂覆有机涂层，以减小金属的接触电位差。对没有导电和传热要求的部位，可以将惰性材料制成的垫片、套管、胶带、涂料插入接触面或涂覆于接触面，使阳极和阴极金属之间的导电通路断开，从而防止金属腐蚀。

（2）PCB 尽量避免选用镀镍、裸钢类的金属结构件，以防金属腐蚀。

镀锡、镀镍、裸钢类金属结构件在使用环境中极易腐蚀。下面举个例子，某屏蔽壳的金属结构件为表面镀锡的钢片，加工工艺为连续冲压模成型，在加工完成后表面不进行任何处理，这样带来的问题是屏蔽壳加工后的剪切面不受任何保护，在高温高湿的环境下，屏蔽壳极易发生腐蚀。剪切面受腐蚀示意图如图 4-10 所示。

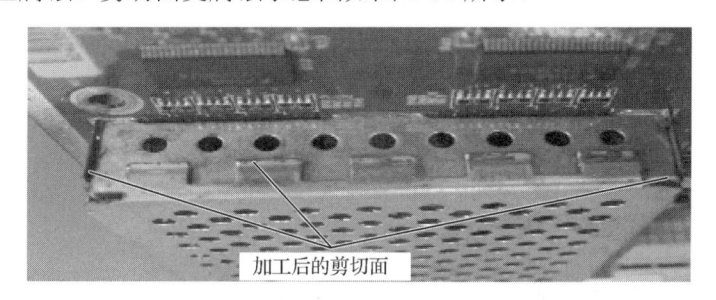

图 4-10　剪切面受腐蚀示意图

（3）PCB 上的化工材料尽量选取中性材料，且材料之间应具有相容性，以防材料腐蚀。

① 化工材料包括黏结剂、灌封材料、表面处理剂、清洗剂等。

② 材料之间的相容性是指材料在相互接触时不会产生化学反应。例如，某防雷盒在进行防水密封时，每个螺钉下方均有橡胶垫圈，并采用 703 白色胶加固螺钉。设计时没有考虑 703 白色胶与橡胶垫圈的兼容性，导致橡胶垫圈发黄，引起 PCB 腐蚀失效。

（4）尽量避免选用镀银器件。

① 镀银器件在空气中会变色发黑，镀银器件与空气中的硫会发生硫化反应，导致器件失效。

② 在潮湿环境下，银也可能同其他金属（如铝）发生电偶腐蚀。

（5）尽量避免选用含腐蚀溶剂的器件，如果必须选用这类器件，则需要采用一定的防护措施，否则容易漏液。镍电池漏液可能会导致 PCB 腐蚀。某产品选用的镉镍电池因漏液导致 PCB 腐蚀。经分析得知，镉镍电池使用的电解液为 30%氢氧化钾溶液，由于电池密封性不佳，在镉镍电池的使用过程中，电解液渗漏，溶剂挥发，引起爬碱现象，导致电池壳体腐蚀，并引发正负极间短路，电池内部电解液干涸，使电池内阻增大，离子失去导电能力，电池失去充放电功能，最终导致电池失效和 PCB 腐蚀。

（6）激光器、光纤连接器等防尘要求较高的器件应有密封措施，如连接头处可采用防尘帽、密封胶等进行必要的防护。如图 4-11 所示，光接口器件采用防尘帽进行防护。

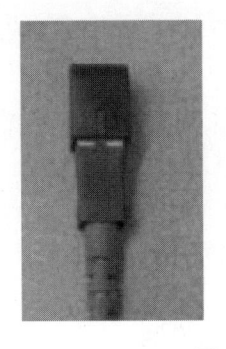

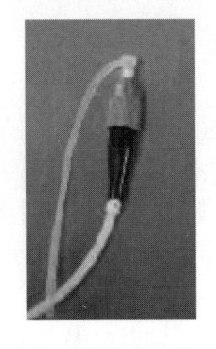

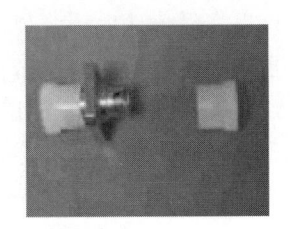

图 4-11 光接口器件采用防尘帽进行防护

4.3.3 PCBA 工艺设计

（1）在高温高湿的运行环境下，PCB 层间可采用防 CAF 工艺设计。如果 PCB 层数较多且板厚较薄，则可在铜层与铜层之间增加玻璃布。如图 4-12 所示，两层 2116 型覆铜板形成阻挡面，可代替一层的 7628 型覆铜板，从而有效抑制 CAF 的迁移。

图 4-12 两层 2116 型覆铜板

（2）在进行 PCB 设计时应尽量避免导线裸露，以防导线的裸露部分腐蚀。在 PCB 使用过程中，裸露的导线容易与空气中的银离子、腐蚀性气体，以及 PCB 上的电解液产生化学反应，并形成腐蚀，导致线路断线，PCB 失效。

（3）PCB 阻焊吸水率应较低，并具有良好的耐潮、防腐、防霉性能。

（4）尽量保证 PCB 上不同金属导体之间的安全距离，以防不同金属导体之间因存在较大的电位差，导致导体之间的离子迁移，并造成短路。

（5）PCB 上的过孔、走线与金属壳体器件（或结构件）之间不能仅依靠阻焊进行绝缘防护。阻焊厚度为 20μm 左右，实际运行使用中，PCB 很容易出现绝缘失效，最终导致器件或结构件上过孔、走线短路。

（6）片状端子器件应尽量避免进行手工焊接，防止器件焊端受到损伤，在运行过程中出现腐蚀开焊等问题。

（7）多层 PCB 可以采用 Pads Only Board 设计，以减少外层走线，有效降低积尘腐蚀的风险。Pads Only Board 是将 BOTTOM 面的线路层埋入内层，增加两个保护性的外层，在这两个新增的外层上只布置通孔和焊盘，通孔和焊盘之间用一段引线相连。需要注意的是，因 PCB 额外增加了两个外层，会增加成本。

（8）对于强迫风冷散热方式，在风道流向的上方，PCB 上的高器件前面应尽量避免布置过孔和走线。PCB 上的部分高器件可能会挡住 PCB 散热风道，将部分灰尘累积在 PCB 上，并导致高器件前方线路和过孔腐蚀。例如，图 4-13 展示了 PCB 上高器件附近的湿尘腐蚀，运动的气流受到 PCB 上高器件的阻挡而流速变慢，灰尘也会落下并不断堆积。大量堆积的灰尘导致器件下方 PCB 腐蚀，线路断线。

图 4-13　PCB 上高器件附近的湿尘腐蚀

（9）PCB 表层应尽量避免采用较厚的铜箔设计，以避免阻焊过厚导致脆裂分离，失去阻焊的防护作用。采用较厚的铜箔设计，阻焊的厚度也会相应增厚，从而导致整体韧性下降。在加工过程以及恶劣的运行环境中，阻焊会脆裂分离，从而失去原有的保护作用，反而会成为水分、污染物的藏身之处。如果确实有必要采用较厚的铜箔设计，则可选择更高品质的阻焊，这样无疑会增加成本。

（10）PCB 涂覆是一种特殊的防护工艺手段，存在返修困难、产品成本增加等问题。

4.4　防机械振动、冲击设计

4.4.1　结构设计要求

（1）安装在插框中的 PCB、模块应可靠紧固。PCB、模块需要通过拉手条等锁紧结构件与插框锁紧，以防在振动、冲击环境中松脱。不能仅依靠接插件的紧配合锁紧 PCB 或模块。

（2）避免风扇直接安装在 PCBA 上。风扇是设备自身振动和冲击的干扰源之一，如果直接安装在 PCBA 上，则容易导致 PCB 变形，存在 PCB 走线断裂、陶瓷器件断裂等隐患。

（3）扣板需要用间隔柱固定，不允许单独依靠接插件配合固定。为了保证扣板与主板连接的可靠性，使连接器在运输、振动中不易脱落，一般使用间隔柱固定、支撑扣板。

（4）在插框或机盒中，背板要求采用四边或两边方式进行固定，避免单边悬臂式固定。

4.4.2　器件应用要求

（1）线缆连接器应采用防松脱措施。
① 选用带防松脱附件的连接器，如定位锁扣、定位锁片、挂耳、紧固螺钉等。
② 线缆在绑扎固定时应使连接器处于自然状态，避免连接器承受额外的应力。
③ 选用螺纹连接式或推入自锁紧式的同轴连接器。

（2）尽量选用对冲击不敏感的器件。
① 尽可能采用灌封的模块化功能部件。采用有机硅导热胶或柔性环氧树脂导热胶灌封，可以有效吸收机械冲击产生的应力。

② 如果共振条件下器件引脚焊点能承受的应力超过限定值，以及接插件引脚与插座间的摩擦力（插拔力）小于振动冲击引起的载荷，则应设计压紧装置或限位装置。

（3）硬件设计时优选表贴器件（Surface Mounted Device，SMD），同时避免选用体积较大的陶瓷电容。

① 由于 SMD 比 THT 器件体积小、惯性小、抵御振动能力强。当 PCB 振动时，使用 SMD 的器件本体容易在引脚产生的反作用力下保持平衡。另外，PCB 反复弯曲会使引脚前后弯曲，由于引脚的长度比 THT 器件短，冲击和振动产生的机械应力也较小。

② 在 PCB 上安装体积较大的陶瓷电容器时，陶瓷电容器在受到温度冲击或机械应力时容易断裂。

（4）应尽量缩短引线的长度，避免插装器件重心偏高。可以采用贴底卧式安装，原则上不推荐使用竖直方式或螺旋卷曲方式进行安装。插装器件安装方式示意图如图 4-14 所示。

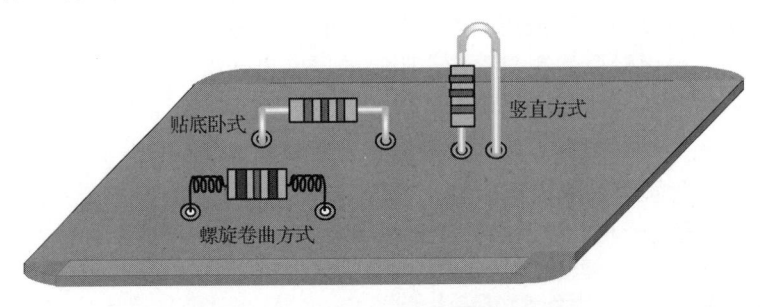

图 4-14 插装器件安装方式示意图

① 插装器件优先选择贴底卧式进行安装，器件紧贴底板，引线缩短，可提高器件的固有频率，增强器件受外力振动时的阻尼特性，显著降低器件两端所受应力。这样可以避免插装器件固有频率与外界激励耦合产生共振。

② 使用竖直方式安装器件时，引线对来自上、下、左、右方向外力的承受能力较好，但在受到前、后方向的外力时，引线容易折断。

③ 使用螺旋卷曲方式安装器件时，由于引线较长，固有频率较低，容易发生共振，且引线打卷可能引入电感，对高频信号影响较大。

④ 较大型器件（超过 14g）需要在 PCB 上夹紧。除了引线固定，还应有其他机械结构（如专用弹簧夹、护圈等）进行支撑，或使用硅橡胶、环氧树脂胶、聚氨酯胶点封固定。

（5）PCB 上的飞线、贴底卧式安装的电容、竖直方式安装的线圈等不稳固的器件在焊接后需要辅助固定。

① 在插装晶体时，除了要焊接引脚，还需要用"门"形的金属跳线固定晶体，并将晶体外壳焊接在跳线上，以满足防振要求。

② 飞线需要点胶固定。飞线点胶固定示意图如图 4-15 所示。

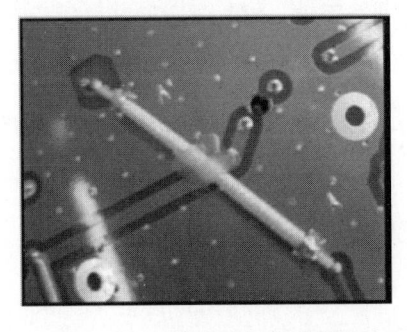

图 4-15 飞线点胶固定示意图

（6）参数可调的器件（如可调电位器）在调测完毕后应点胶固封。

（7）插针数量较少的连接器除了引脚连接，应采用附加紧固装置进行机械固定。

① 连接器在组装到 PCB 上时，需要进行机械固定。机械固定可以减少连接器相对于 PCB 的旋转或其他位移，焊接连接器时的位移可能会造成焊点失效。连接器的机械固定可使用有弹性的卡入式固定爪、铆钉或螺钉。

② 电源连接器定位塑胶引脚时，可以采用直接压接或先压入 PCB 孔中，然后热熔端部（类似铆钉装配），这样在导向受力时，避免焊点直接受力。

（8）防松脱要求比较严的器件在紧固螺钉时，需要采取加弹簧垫圈、对螺钉涂胶等措施。功放管是防松脱要求比较严的器件，功放管紧固示意图如图 4-16 所示。

① 对于不带弹垫和平垫的盘头螺钉、沉头螺钉，以及需要加强螺钉锁紧的特殊场合，建议采用螺纹紧固胶。

② PCB 结构件的紧固要求采用螺钉、螺母、垫圈、绝缘垫等附件。使用螺母紧固方式的螺旋副应增加弹性或齿型垫片锁紧，紧固螺钉时通常要求使用组合螺钉。

（9）在安装硅片凸出的器件散热器时，要求先把预成形的减振垫套在器件上，使硅片从减振垫的孔中露出。硅片凸出的器件减振垫装配示意图如图 4-17 所示。

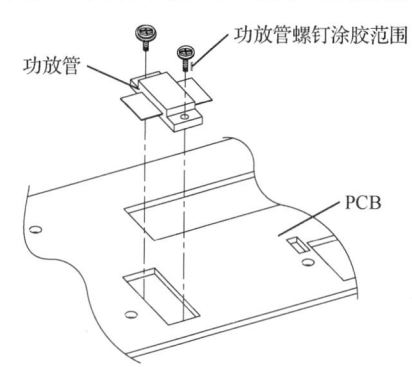

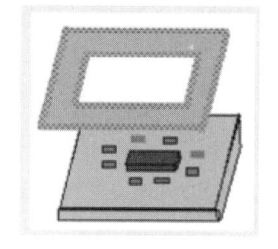

图 4-16　功放管紧固示意图　　　图 4-17　硅片凸出的器件减振垫装配示意图

减振垫是部件安装时常用的一种抗振方法，试验表明，抗振效果最好的是聚氨酯泡沫塑料，其次是海绵橡胶板，毛毡和橡皮垫的抗振效果较差。

4.4.3　PCBA 工艺设计

（1）避免 PCBA 的固有频率和外加振动频率相重合，以防共振发生。PCBA 的固有频率与几何尺寸、板边的支撑状态（边界条件）、外部激励力大小、PCBA 上安装的器件有关。通过改变 PCBA 的尺寸、安装形式、器件布局等，可以改善 PCBA 的振动环境。

（2）对防振要求较高的 PCB，可以在 PCB 表面粘贴黏滞性的阻尼材料，以隔离外界振动影响。

（3）应避免器件与 PCB 之间的相互耦合振动，以达到隔振的目的。例如，可以通过灌封措施使 PCBA 成为一个整体。由于一块 PCB 上装有许多器件，除了 PCB 本身的固有频率，器件也各有振动，因此在振动过程中它们之间会出现耦合，导致固有频率分布变宽。外界激振时容易产生共振，灌封可以减小固有频率的分布范围。

（4）增强 PCBA 的刚性可以抵抗振动冲击。

① 增强 PCBA 的刚性，将所有装配件组成一个完整的受力整体。此外，还可以减小 BOTTOM 面的面积。

② 加强筋的固定推荐采用组合螺钉紧固，螺纹应直接制作在加强筋上，或采用铆接紧固螺纹，不推荐使用螺母紧固安装螺纹，以避免螺母脱落。加强筋固定示意图如图 4-18 所示。

图 4-18　加强筋固定示意图

（5）尽量缩短柔性印制电路板（FPC）的长度，同时采用附加紧固件锁紧接插件。

（6）对于重心较高或质量较大的器件，布局器件时应尽量远离 PCB 的中心，或尽量靠近安装支架。例如，变压器、电源模块、电池等在振动、冲击环境下可能导致 PCB 变形，从而存在安全隐患。

（7）应根据继电器的结构特点安装继电器，使触点的动作方向和衔铁的吸合方向尽量不与振动方向一致。

4.5　防碰撞设计

防碰撞设计是指 PCB 在插框或机盒插拔过程中，为防止 PCB 上的器件被碰掉而提出的工艺设计要求。

4.5.1　结构设计要求

（1）导槽尽量靠近插框或机盒的面板。导槽、PCB、背板的配合关系示意图如图 4-19 所示，图中，d 越小越好。

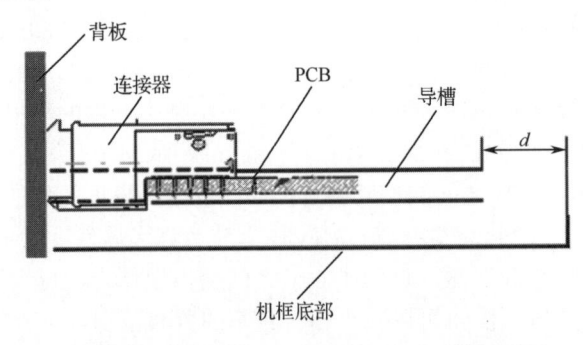

图 4-19　导槽、PCB、背板的配合关系示意图

（2）对于水平插拔式的 PCB，如果 d 较大，则可在导槽靠近面板处设计支撑 PCB 的结构措施。这样可以确保在 PCB 插入或拔出导槽时，托条能支撑 PCB，防止 PCB 因重力作用下坠，从而避免器件受到撞击。

（3）导槽应能对 PCB 进行有效限位，避免 PCB 在插拔过程中产生较大的摆动，防止 PCB 上器件与相邻的拉手条发生碰撞。在选择导槽材料时，应优先考虑使用坚固的材料，如金属材料，以确保导槽的耐用性和稳定性。同时，导槽的宽度应合理，不宜过宽，以减少 PCB 在插拔时的摆动空间。

4.5.2 PCBA 工艺设计

（1）PCBA 上器件的高度必须满足拉手条的限高要求，避免在插拔过程中发生碰撞导致器件脱落。超出高度的器件容易被拉手条碰撞而掉件。拉手条与器件高度关系示意图如图 4-20 所示，具体的限高要求如下。

- BOTTOM 面最高器件距离拉手条下方的距离 D_1 应不小于 0.72mm。
- TOP 面最高器件距离拉手条上方的距离 D_2 应不小于 2.29mm。

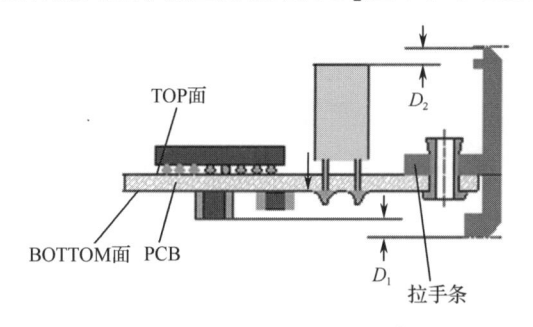

图 4-20 拉手条与器件高度关系示意图

（2）对于不满足结构防护或器件限高要求的 PCB，可以在 BOTTOM 面采取结构防护措施，如使用防护条、防护膜、防护板等。

① 结构防护的目的是避免器件直接与插框或机盒的结构件发生碰撞，通过防护条、防护膜、防护板等可以吸收冲击力。但这种设计成本较高，设计过程也较为复杂，不推荐使用。

② 在插拔过程中，外部结构件（如拉手条）会先撞击防护条，从而保护器件。防护条设计如图 4-21 所示。防护条建议选用 FR4 板材，厚度≥保护位置最高器件高度+0.5mm。在 PCB 对应位置必须预留器件禁布区，建议为防护条的长、宽尺寸各留 0.5mm。防护条与 PCB 的连接可以采用卡接或胶粘方式。

（3）对于需要与背板通过连接器进行配合的 PCB，其底面应设置防碰撞器件禁布区。PCB 底面的连接器设置器件禁布区，如图 4-22 所示。$D_2 \geqslant D_1$，在 D_2 区间内不得布局高度≥H 的器件，其中 H 是连接器底部超过 BOTTOM 面的高度。

（4）对于竖插式且较重的 PCB，应避免将自带导向销的电源连接器布局在 PCB 两端。当 PCB 脱离导槽时，板边上下两端的连接器容易被机框撞击而损伤。推荐电源连接器距离 PCB 两端至少 15mm，或通过 PCB 两端突出设计，避免连接器损伤。

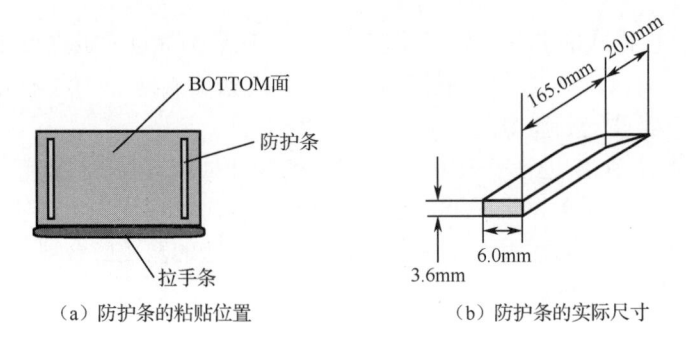

(a)防护条的粘贴位置　　　　（b)防护条的实际尺寸

图 4-21　防护条设计

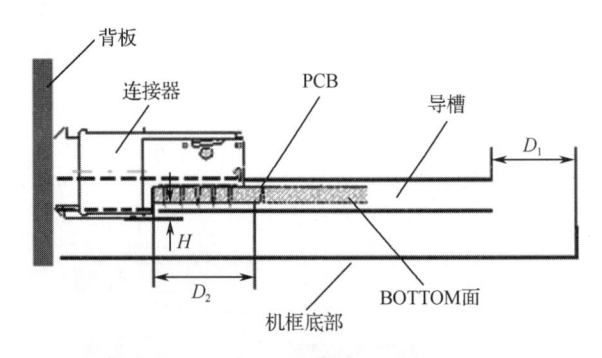

图 4-22　PCB 底面的连接器设置器件禁布区

（5）PCBA 上的光纤需要被良好固定，避免光纤冗余，防止光纤被其他 PCB 或结构件撞击而损伤，可以通过在适当位置分布束线座或使用盘纤盒固定光纤。盘纤盒固定光纤示意图如图 4-23 所示。

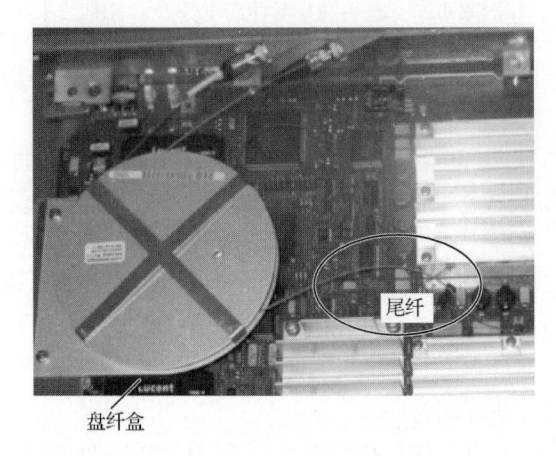

图 4-23　盘纤盒固定光纤示意图

4.6　ESD 防护设计

如果 PCBA 有多余的静电，则可能有潜在故障或导致 PCBA 直接失效。在 PCBA 的存储、装配、运输、工作等环节中，如果防护设计不当，则很容易积聚静电。因此，必须在结构设计、器件应用、PCBA 设计等方面进行 ESD 防护设计。

4.6.1 结构设计要求

（1）确保静电敏感器件与用户可能接触到的未接地金属件（如紧固件、开关、控制器、按钮、指示器等）的距离尽可能远。用户接触的金属件很容易带有静电。如果用户与这些金属件距离过近，则金属件上的 ESD 电弧辐射的电磁场可能会通过空间耦合到邻近的信号线上，再通过各种途径耦合到静电敏感器件上。

（2）与 PGND 直接电连接的金属外壳接口器件或连接器应与金属拉手条或面板短接。金属外壳接口器件容易带静电，如果没有良好的静电释放途径，则该器件会累积一定的静电，一旦放电很容易产生大的耦合干扰信号。

（3）静电敏感的 PCBA 应尽量位于插框或机盒的中间位置，以利用其他 PCBA 提供屏蔽。

（4）插框或机盒的导槽应优先选择金属，避免使用塑胶。在插拔过程中，导槽与 PCBA 摩擦可能会使 PCBA 带上静电。如果导槽与 PCBA 板边都是金属材料，则摩擦带来的静电荷容易通过导槽释放。

4.6.2 器件应用要求

（1）接口器件的金属外壳应与接地引脚有良好的电接触，以防金属外壳的电荷耦合到邻近的线路上，再通过各种途径耦合到静电敏感器件上。

（2）接口的按钮和手柄优先选择绝缘材料，以阻止外界电荷进入 PCBA，如使用塑料手柄。

（3）扣板与主板的间隔柱优先选择金属材料。

4.6.3 PCB 工艺设计要求

（1）PCB 或背板与金属部件的连接应保证有效的接触面积，接触表面应干净、平整，避免仅通过螺钉连接。例如，背板与机框 PGND 短接时，应尽量使背板亮铜条与机框紧密连接。接地安装孔的 TOP 面和 BOTTOM 面表层孔环需要使用亮铜条，尽可能保证足够的接触面积，形成有效的静电释放电路。

（2）未隔离的电子元器件与用户可能触摸到的 PCB 区域之间的距离至少有 2cm，这是因为 20kV 的电弧能越过的距离为 2cm。

（3）PCB 上的静电敏感器件应尽量远离易沉积静电的电缆或其他结构件，如板内电缆等。由于电缆一般不防静电，电缆在装配到 PCB 上时，会释放静电。如果静电敏感器件与电缆距离较近，很容易带上静电而造成损伤。

（4）易带静电的接口器件应在 PCB 表层设计 PGND 接地孔，且用过孔将 PGND 连接在一起。

（5）TOP 面和 BOTTOM 面的插拔边需要有接地亮铜箔，铜箔需要覆盖其他金属涂层保护。

（6）高静电敏感器件禁止布置在 PCB 边缘，以防人体接触。

（7）不能在静电敏感器件引出端的过孔和裸露铜箔上贴装条形码等，条形码本身与扫描条形码带来的静电会耦合到过孔上，容易对器件造成损伤。

（8）勿将静电敏感器件的引脚直接引出测试点。

（9）高静电敏感器件和电路可采取屏蔽设计，如使用屏蔽罩等。

（10）PCB 上应附有 ESD 标识，且标识不能被其他器件挡住，标识应清晰可见。

第 5 篇　电子结构设计指南

5.1　结构件可靠性设计要求

5.1.1　机械固定

（1）连接器在组装到 PCB 上时必须机械固定。机械固定可以减少连接器相对 PCB 的旋转或其他位移，从而减少焊点失效的风险。

（2）为了确保功率电阻的散热效果，应选择导热性能良好的机械紧固材料和散热器材料，这有助于提高功率电阻的热效率和可靠性。

（3）器件和导体应远离结构类金属部件，特别是那些带有尖锐边缘的垫圈、螺钉、冲压件等。这是从 ESD 保护的角度出发提出的设计要求，以减少 ESD 对敏感器件的潜在损害。

（4）金属结构件应与防静电地、机柜地连接在一起。射频防护罩和防护盒应与模拟电路地紧固在一起。数字旁路总线应与逻辑地连接在一起。面板上的器件（如发光二极管、开关、闩锁、键盘等）应通过防静电地、机柜地等与设备使用人员进行隔离，并提供额外的静电保护。

5.1.2　冲击与振动

（1）为减少器件因冲击和振动而导致的损伤，应从结构设计上采取措施，如使用橡胶垫、点胶固定等方法。冲击和振动往往会加速封装的失效。机械应力可能导致表贴陶瓷器件本体损伤，从而导致电路开路。

（2）应采取一定措施减轻 PCBA 应力集中对器件和 PCB 产生的影响，如采用加强筋设计、定位螺钉对称设计等方法。

（3）在存在冲击和振动的情况下，应采取补偿方法，如隔离 PCB 或将 PCB 设计成能承受振动的结构。

（4）针对机械冲击和振动的系统级隔离方法包括：①使用天然或合成橡胶作为振动阻尼材料；②使用金属材料进行隔离，如弹簧、金属网、钢缆等。

（5）在进行防冲击与振动设计时，需要考虑的因素包括：①表贴器件相对于支撑结构的位置（边缘、角落、支持结构的中心）；②根据预期的冲击和振动方向确定器件的方向；③PCB 的最大挠曲。

（6）PCB 的固有频率应远低于振动频率，以防共振发生。

（7）在弯曲、冲击或振动过程中，必须保持 PCBA 的良好支撑。每次组件有弯曲、冲击、振动等情况发生时，即使是优质的焊点也会承受机械应力。已经焊接好的 PCBA 在进行弯曲时，会对焊点和器件施加严重应力，将弯曲的 PCBA 插入插框时的"校直"作用也存在同样的问题。在这些过程中，必须考虑 PCBA 的支撑、夹持和振动阻尼，应尽量减少焊点和焊端的失效。PCBA 的刚性和减振是设计时需要考虑的关键因素。

（8）在大批量生产 PCB 之前，必须进行样机综合环境应力测试。综合环境应力测试包括高温存储（工作）、低温存储（工作）、温度循环、交变湿热、高低温极限测试、振动、冲击、碰撞、跌落等。

> **小知识**
>
> 在 PCBA 的生命周期中，常见的产生冲击与弯曲的因素包括如下几种。
> - 在装配过程中受力。
> - PCBA 装配到机箱或母板中。
> - PCBA 跌落到硬的工作台或地板上。
> - 盒装的产品在运输过程中反弹和晃动。
> - 盒装的产品跌落至硬的工作台、地板上或车板。
> - 使用中的产品跌落至硬的工作平面或地板。
> - 使用中受环境合成应力的影响。

5.1.3 污染与腐蚀

（1）为了减缓电偶腐蚀，可以增加间隔物。例如，使用钢螺钉固定铝材料时，可以选用镀镉的垫片或不锈钢螺钉，这样垫片成不锈钢螺钉表面的钝化层可以起到保护作用。

（2）在设计时，优先考虑将 PCBA 与外界空气隔离，以防尘和防水。这可以通过密封措施或使用保护性外壳实现，从而保护 PCBA 免受环境因素的影响。

（3）在 PCBA 的安装过程中，应使用夹具和螺钉来控制安装力度和柔性板的弯曲力度，这有助于保护连接器免受损坏，并提升连接的可靠性。

5.2 PCB 组件工艺结构设计

5.2.1 拉手条

（1）拉手条和背板连接器的安装基准面应选择 PCB 的 TOP 面，以确保安装的一致性和精确性。拉手条安装基准面示意图如图 5-1 所示。当基准面不同时，容易引起 PCB 拉手条面板间隙不均匀，严重时可能会导致 PCB 受到弯曲应力的影响。拉手条和单板之间应保持一定的间隙 A，在拼板时应充分考虑毛刺对间隙的影响。

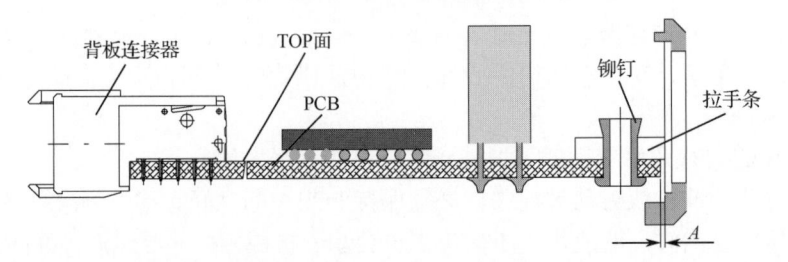

图 5-1 拉手条安装基准面示意图（单位：mm）

（2）拉手条结构应满足 PCB 上器件的高度限制和插拔需求。通常情况下，拉手条结构应满足关键器件的高度要求，标准的拉手条应根据其结构选择合适的器件，以避免在插拔 PCB 时引起器件损坏，拉手条和器件尺寸示意图如图 5-2 所示。

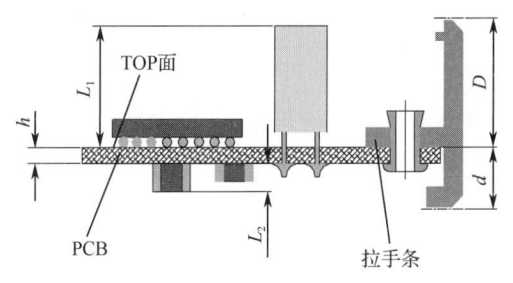

图 5-2 拉手条和器件尺寸示意图

BOTTOM 面间隙要求为

$$d - L_2 - h - \sum A \geq 0.72\text{mm}$$

TOP 面间隙要求为

$$D - L_1 - \sum A \geq 2.29\text{mm}$$

其中，A 为拉手条与 PCB 的间隙（见图 5-1）。

（3）拉手条上对外接口尺寸应满足拉手条装配和器件的防误操作需求。在设计连接器配合孔间隙时，需考虑焊接器件引脚和焊接孔间隙对连接器位置的影响，并减少焊接过程中定位工装的使用。指示灯建议采用导光柱，以减少二次组装对器件的损坏，从而提高生产效率。操作开关不应超过拉手条面板，以防误操作。

（4）拉手条一般需要三个铆钉或螺钉进行紧固，避免在插拔时引起 PCB 中间未紧固部位的翘曲，从而确保 PCB 的稳定性和结构完整性。

（5）铆接拉手条的 PCB 结构设计应满足铆接工艺要求，孔径位置要求如图 5-3 所示，拉手条铆接工艺设计要求如表 5-1 所示。

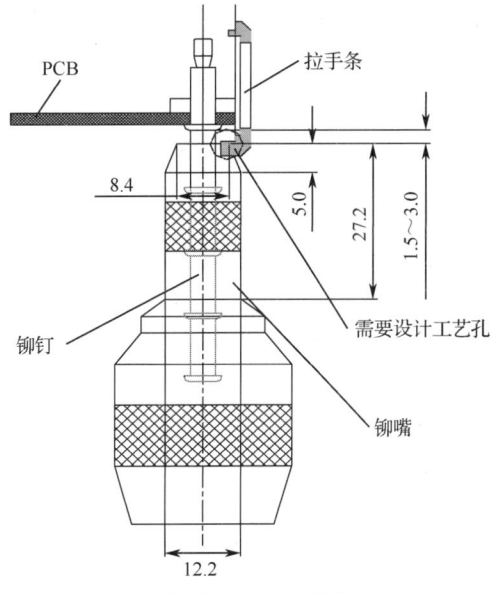

图 5-3 孔径位置要求（单位：mm）

表 5-1 拉手条铆接工艺设计要求

铆钉尺寸 （mm×mm）	铆钉体标称直径/mm	可铆接厚度/mm	铆接孔径要求/mm	铆钉长度/mm	铆钉抗拉强度/kN	铆钉抗剪强度/kN	铆钉材料
3.2×7.4	3.2	4.19～5.47	3.26～3.34	7.4	1.1	1.8	钢
4.0×9.5	4.0	6.35～7.92	4.17～4.27	9.5	0.9	1.0	铝
4.0×12.0	4.0	9.52～11.10	4.17～4.27	12.7	0.9	1.0	铝
4.0×15.0	4.0	12.8～14.5	4.17～4.27	16	0.9	1.0	铝

注：1. 在进行 PCB 上 4.0 铆接时，拉手条优选 4.14mm 孔径，扳手优选 4.19mm 孔径。

2. 在进行 PCB 上 3.2 铆接时，拉手条优选 3.3mm 孔径。

3. 如果使用金属拉手条，则铆接孔需要设计金属化孔。如果使用非金属拉手条，则铆接孔可以不设计金属化孔，也可以设计金属化孔。

5.2.2 扣板

（1）扣板在主板上的布局应考虑插拔空间，便于扣板的插入和拔出。

（2）支撑柱的分布应合理，以保证连接器的可靠接触。通常要求在连接器的两端分布一对支撑柱，当连接器的长度大于 150mm 时，应考虑在连接器中间增加一个支撑柱。

（3）扣板与连接器匹配示意图如图 5-4 所示。支撑柱的高度应与连接器的高度匹配。如果支撑柱的高度大于连接器的高度，会产生间隙 d，容易导致接触不良。如果螺钉高度小于连接器的高度，螺钉紧固后可能会引起 PCB 变形。一般建议在安装扣板后，控制连接器的底部间隙为 $0 \leq d \leq 0.04$mm。

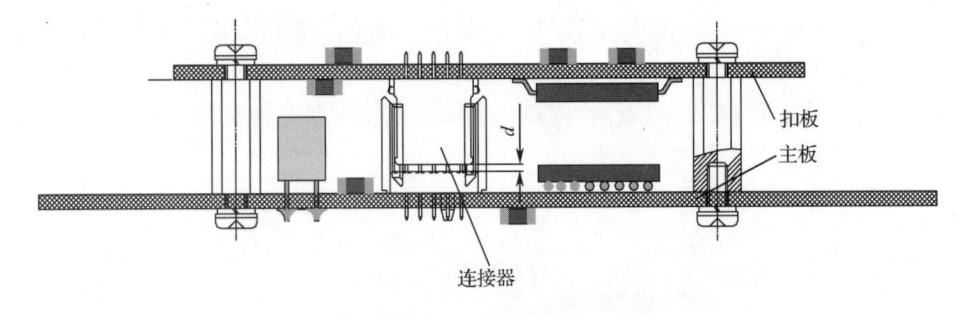

图 5-4 扣板与连接器匹配示意图

（4）连接器的布局应合理，应满足导向、防误插和可插拔要求。

① 连接器的插拔力应大于 250N，由于装配扣板时，需要辅助工装才能进行插拔，因此连接器的引脚数不宜过多。

② 如果连接器导向不良，则容易发生弯针、倒针等故障。

③ 连接器定位不良可能导致焊接时连接器位置偏移，从而在插拔扣板时导致插拔力过大。因此，通常不允许没有导向的 2mm 连接器单独作为扣板连接器使用，也不允许两个以上的无定位双边缘连接器在同一扣板上使用。

（5）对于采用双边缘连接器的扣板，连接器的长轴方向应与 PCB 的过板方向平行，以防 PCB 在回流炉中变形，导致双边缘连接器不共面，从而引起虚焊。

5.2.3 加强板与加强筋

（1）加强板和 PCB 的设计应便于装配和拆卸，以提高装配效率，并便于 PCB 的维修。通常情况下，PCB 和加强板采用组合螺钉进行装配，避免使用螺钉、螺母、不可拆卸的铆钉进行装配。加强板示意图如图 5-5 所示。

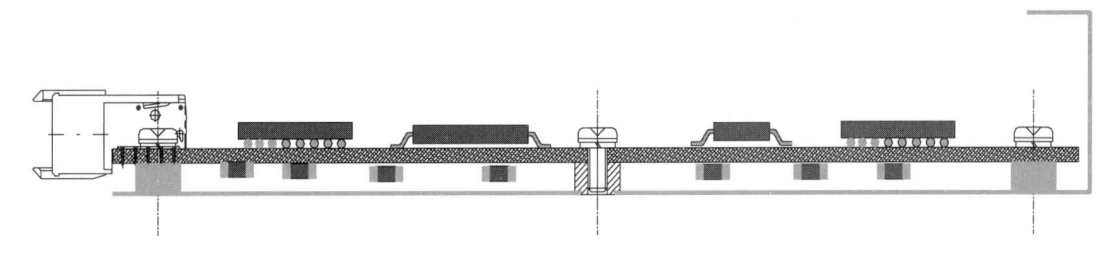

图 5-5　加强板示意图

（2）加强板和 PCB 之间应具备足够的连接强度。如果 PCB 的宽度大于 10cm，则在背板连接器边缘或拉手条紧固位置应至少有三个螺钉。加强板和 PCB 连接示意图如图 5-6 所示。

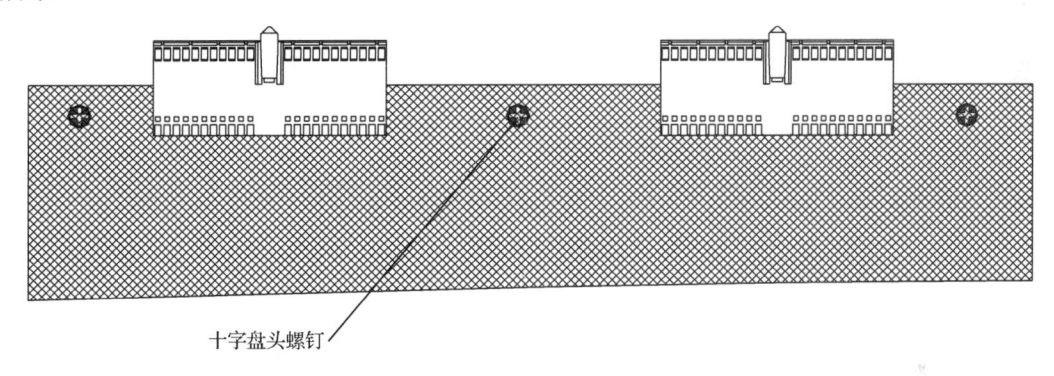

图 5-6　加强板和 PCB 连接示意图

（3）整体金属加强板的板面应保持平整，支撑柱高度应一致，避免 PCB 装配后局部翘曲并产生应力。

（4）整体金属加强板的结构设计应防止 PCB 装配时产生碰撞。例如，在整体金属加强板上设计导向销或在 PCB 上设计合理的禁布区。

（5）对于有加强筋的 PCB，加强筋应便于器件的布局和防护。

- 金属加强筋一般布置在 PCB 的 TOP 面，与 PCB 的接触面积应尽量小。建议金属加强筋只在安装孔处接触 PCB，其余部分高出板面 2.5mm，以减少禁布面积，方便器件、过孔进行布局。
- 塑料加强筋一般布置在 BOTTOM 面，厚度大于 PCB 背面器件高度，可以起到插拔过程中的防撞作用。
- 加强筋的装配优选铆接方式。

（6）对于有加强筋的背板，其加强筋的布局和强度应满足背板插拔要求，并便于装配。加强筋主要依据插拔力和背板间距大小确定布局。为了保证加强筋的效果，加强筋应与插框连成一体。加强筋需求参照表如表 5-2 所示。为了方便背板的生产、调试、运输和包装，以及简化背板和子架的装配，通常先将背板加强筋和子架装配在一起，再与背板进行装配。

表 5-2 加强筋需求参照表（1U=44.45mm）

背板槽位高度	背板厚度/mm	插拔力/N	设计要求
6U	3	350	可不设计加强筋
		>350	需要在槽位中间或槽位边缘设计加强筋
	>3	400	可不设计加强筋
		>400	需要在槽位中间或槽位边缘设计加强筋
9U	3	300	可不设计加强筋
		>300	需要在槽位中间或槽位边缘设计加强筋
>9U	>3	350	可不设计加强筋
		>350	需要在槽位中间或槽位边缘设计加强筋

（7）背板加强筋与背板的连接强度应满足背板插拔强度的需求。一般来说，背板加强筋与背板连接点的间距应小于 6cm，优先选择钢质螺纹进行连接，不选用铝质螺纹，因为铝质螺纹通常不能满足要求。

5.3 背板工艺结构设计

5.3.1 布局

（1）背板槽位间距和布局应实现标准化和系列化，以便系列产品和同类产品的 PCB 能相互兼容，并能降低设计和制造成本。

（2）背板槽位连接器的组合布局应满足不同种类 PCB 之间的防误插要求和同类 PCB 兼容性需求，从而最大化发挥背板的作用，避免因插错 PCB 而导致背板和 PCB 烧毁或损坏。

（3）背板槽位连接器的导向组合布局应满足 PCB 插拔的导向需求。不良的导向组合布局可能会导致背板倒针或弯针。背板槽位连接器的导向组合布局不良时，不能外加结构导向销进行弥补。由于插框、背板、PCB 的制造公差和装配公差合成值通常较大，难以实现导向销、导向套的精确配合，无法满足连接器的插拔需求。

（4）背板槽位连接器的组合布局应尽量使 PCB 外形结构简单。在使用不同种类的连接器时，PCB 的板边需要设计成台阶状，以满足背板槽位连接器的接触需求。

（5）背板槽位连接器的组合布局应避免使 PCB 出现扭曲和受力不均。不同排数的背板槽位连接器同槽位使用时，由于插拔力的中心距离 PCB 表面的距离不同，容易使 PCB 同时承受弯曲力和扭曲力的作用。此外，不同排数的背板槽位连接器同槽位也会使 PCB 插拔力上下不均匀，此时插拔 PCB 相对比较困难。

（6）同槽位布局的背板槽位连接器插板方向应一致。背板槽位连接器自身结构一般具有正反防误插功能，插板方向相反时，背板槽位连接器之间会出现结构干涉，导致 PCB 无法插入背板。

（7）在进行背板槽位兼容设计时，应避免不同类型、不同排数的背板槽位连接器配合使用。不同种类的背板槽位连接器在结构上不兼容。不同排数的背板槽位连接器易产生干涉或倒针现象，并损坏背板槽位连接器。

（8）电缆连接器的布局和附件选择应满足电缆顺利插拔、防误插、防松脱的基本要求。

5.3.2 导向

（1）PCB 导向套的安装基准面应与 PCB 连接器的安装基准面保持一致，如不一致，则 PCB 的厚度差会直接影响导向精度，导致导向不良。

（2）PCB 导向结构的尺寸应确保在导向销、导向套进行配合后，连接器能顺利配合。PCB 与背板导向系统设计示意图如图 5-7 所示。

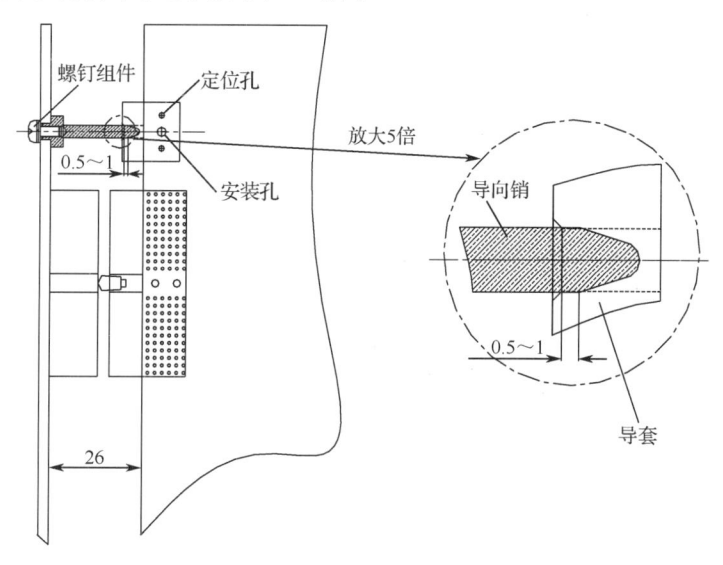

图 5-7　PCB 与背板导向系统设计示意图（单位：mm）

（3）导向销和导向套之间的间隙应设计合理。设计时主要考虑导向销、导向套的安装公差和尺寸公差，一般推荐单边间隙为 0.15～0.2mm。单边间隙过小容易引起干涉，导致 PCB 插拔不畅，间隙过大会无法起到有效的导向作用。

（4）对于质量较大的 PCB，应额外增加结构导向设计。连接器自带的导向销通常为塑料结构，强度较小，质量较大的 PCB 在插拔时对导向销的作用力较大，容易导致连接器自带的导向销断裂。

（5）横插板通常需要外加结构导向。由于连接器导向销的横向强度较低，横向导向能力一般只有纵向导向能力的一半。横插板 PCB 下沉时需要连接器进行抬高和导向，因此，对于宽度大于 10cm 的 PCB 和质量较大的横插板，通常都需要外加结构导向。

（6）含有易损连接器的背板槽位，一般需要外加结构导向，以防连接器损坏。

（7）对位精度要求较高的连接器应设计附加的固定或浮动导向，以满足器件的对位精度要求。例如，安装在 DB 座中的同轴连接器的对位精度要求很高，DB 座的对位精度一般为 0.5mm，同轴连接器的对位精度一般为 0.3mm，需要设计浮动导向，同时保证同轴连接器在 DB 座中定位精确。

5.3.3 防误插

应根据连接器的种类进行背板防误插设计,确保防误插设计方案既可靠又经济。例如,欧式连接器一般通过布局的上下移动来实现防误插。2mm 的 HM 连接器只允许采用连接器自带的防误插销或外加结构实现防误插,因为 2mm 的 HM 连接器布局上下移动可能会导致误插 PCB,引起背板连接器损坏。

导向销防误插设计要求图如图 5-8 所示。

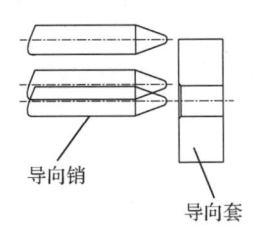

图 5-8 导向销防误插设计要求图

在设计背板上电缆连接器之间的防误插功能时,尽量采用不同型号、不同引脚数的连接器,这样可以简化 PCB 布线设计,避免因电缆长度接近,引起误插事故。

5.3.4 中间背板

(1)中间背板的设计应考虑背板板厚的制作公差对后插板连接器接触可靠性的影响。如果后插 PCB 的长度是按照背板的最大板厚进行设计的,对于 5mm 厚的背板,仅考虑板厚公差就可能出现 1mm 的接触间隙,这可能影响连接器接触的可靠性。

(2)中间背板应考虑连接器的针长、护套底厚、背板厚度之间是否匹配,以确保背板背面连接器出脚长度符合连接器可靠接触的要求,出脚长度需小于护套高度,这一点对于保证连接器的接触可靠性至关重要。

(3)当中间背板护套和连接器在同一槽位进行使用时,护套底厚和连接器底厚应保持一致。如果连接器底厚和护套底厚不一致,则可能导致 PCB 或背板的连接器之间出现间隙,从而导致连接器接触不良。底厚不同引起接触间隙示意图如图 5-9 所示。

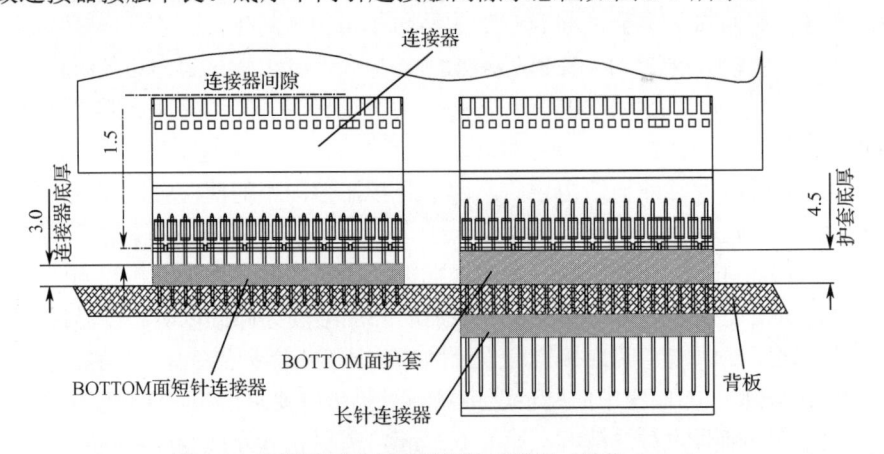

图 5-9 底厚不同引起接触间隙示意图(单位:mm)

5.4 插框工艺结构设计

PCB 和插框配合示意图如图 5-10 所示。其中，D 为插框面板到导槽端的距离。

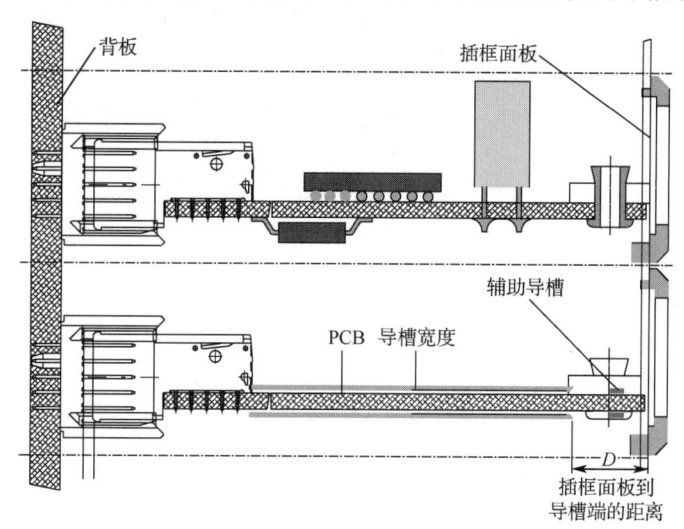

图 5-10　PCB 和插框配合示意图

（1）插框应方便 PCB 在插框中插拔和导向，防止器件碰撞。
- 导槽宽度和 PCB 厚度匹配，一般导槽的宽度比 PCB 厚度多 0.5～1.0mm，以确保 PCB 顺利插入。
- 导槽高度和 PCB 高度匹配，一般导槽的高度比 PCB 高度多 0.5～1.0mm，以确保 PCB 顺利插入。
- 导槽深度和 PCB 长度匹配，一般导槽的深度比 PCB 长度多 0.2～0.5mm，以确保拉手条安装后平整。
- 导槽与插框面板之间的距离合理。一般当图 5-10 中的 D 大于 20mm 时，需要在 PCB 插入端增加辅助导槽，防止 PCB 插拔时晃动或在插拔时碰撞 PCB 上的器件。

（2）插框的结构、强度应满足 PCB 插拔需要。导槽有锁紧 PCB 螺钉孔和扳手的施力点。插拔 PCB 时不会引起插框的变形，确保插框结构的稳定性和可靠性。

（3）PCB 结构应方便 PCB 在插框中插拔。
- 应在 PCB 的 4 个角上进行导圆角处理，防止 PCB 在插拔时卡死，圆角半径应不小于 0.5mm。
- 拉手条组件（含扳手）应便于插拔和锁紧，从而提高操作的便捷性。
- 插拔力大的 PCB 应做结构加强设计，避免 PCB 在插板时变形而产生过大的应力，确保 PCB 的机械强度。

（4）PCB 在导槽中的导向应尽量减少装配误差的影响。

5.5 盒体工艺结构设计

5.5.1 盒式产品

（1）盒式产品的结构设计应追求标准化和一体化，这不仅有助于形成统一的设计风格，而且能确保结构件模具的通用性，从而降低结构件的制造成本。同样，PCB 的工装夹具也应具有继承性，这有助于节约 PCBA 的组装成本。

（2）盒式产品的结构必须满足 PCB 的支撑强度需求。盒式产品中 PCB 一般为水平放置结构，因此盒式产品上的压铆螺母应满足相应的强度支撑要求。在 PCB 上插拔器件时或在承重较大的器件附近，必须设有支撑柱以确保结构稳固。

（3）盒式产品的结构设计应避免盒式产品在装配过程中对 PCB 造成碰撞。由于盒式产品到整机级装配的过程较为复杂，在进行 PCB 防碰撞设计时，可以在器件布局上尽量避开整机结构或增加防碰撞结构件。

（4）盒式产品中电源模块、风扇等结构件的布置应尽量避免导致 PCB 结构异形化的元素。

（5）盒式产品应优先考虑整机级防护，而非 PCB 级防护。盒式产品热设计应尽量减少散热器和风扇的使用。盒式产品上的结构件本身是一个可利用的散热器，在工艺结构设计过程中可以充分利用结构件实现 PCB 级的散热需求，这样既可以防尘、降低噪声，也能节约成本。PCB 级的防护主要通过涂覆实现，整机级的防护可以通过合理的结构设计来实现，从而降低产品的成本并方便进行维修。

（6）盒式产品的外开关、电缆设计要防止误操作和松脱，确保产品的可靠性和安全性。

5.5.2 组合与模块

（1）组合与模块的结构设计应确保具有良好的导向功能，以满足连接器的精确要求。例如，射频连接器的配合对位精度为±（0.3～0.5）mm，当组合和整机装配精度难以保证时，需要设计浮动导向和对位结构。通常，组合与模块上的导向结构件为导向套，以防突出的导向销难以运输或在运输过程中伤人。

（2）组合中各 PCB 间的互连必须满足连接器接触和焊点的可靠性要求。一般而言，PCB 间的互连不宜采用刚性结构，以避免由于结构件和 PCB 之间的 CTE 不匹配而影响焊点的可靠性。同时，PCB 的安装公差设计应考虑连接器啮合长度的需求，一般最大位置公差应小于啮合长度的一半，以确保连接器的正确啮合。

（3）组合与模块的结构设计应考虑其在插框上的锁紧方式。通常采用松不脱螺钉实现锁紧，从而防止组合与模块在工作、维护、运输过程中发生跌落。

（4）组合与模块上的开关和电缆设计需要考虑防误操作和防松脱的要求。

5.6 钣金结构件设计

5.6.1 冲裁

冲裁分为普通冲裁和精密冲裁,由于加工方法不同,冲裁件的加工工艺性也有所区别。电子产品结构件一般采用普通冲裁。以下介绍普通冲裁的工艺要求。

(1) 冲裁件的形状和尺寸应尽可能简单对称,这样排样时废料最少,冲裁件的排样示意图如图 5-11 所示。

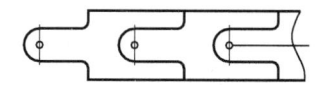

图 5-11 冲裁件的排样示意图

(2) 冲裁件圆角半径示意图如图 5-12 所示,冲裁件的外形及内孔应避免尖角,在直线或曲线的连接处应有圆弧连接,圆弧半径 R 应不小于材料壁厚的 0.5 倍。

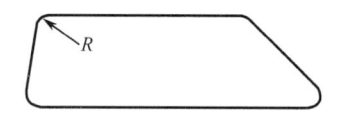

图 5-12 冲裁件圆角半径示意图

(3) 冲裁件应避免窄长的悬臂与狭槽。冲裁件的凸出或凹入部分的深度和宽度一般不小于材料厚度的 1.5 倍,同时应避免窄长的切口与过窄的切槽,以便增大模具相应部位的刃口强度。窄长的悬臂和凹槽如图 5-13 所示。

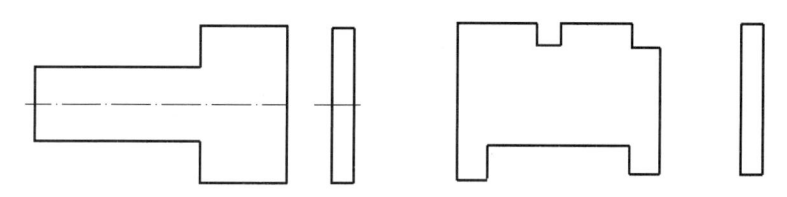

图 5-13 窄长的悬臂和凹槽

(4) 冲孔优先选用圆形孔,冲孔的尺寸与冲孔的形状、材料机械性能、材料厚度有关。冲孔直径一般不小于 0.3mm。不同材料对应的冲孔尺寸如表 5-3 所示,其中,t 为材料厚度。

表 5-3 不同材料对应的冲孔尺寸

材 料	冲 孔 直 径	矩形孔短边尺寸
高碳钢	$1.3t$	$1.0t$
低碳钢、黄铜	$1.0t$	$0.7t$
铝	$0.8t$	$0.5t$

(5) 当冲孔边缘与零件边缘不平行时,冲孔与零件边缘的最小距离不应小于材料厚度

t。当冲孔边缘与零件边缘平行时，冲孔与零件边缘的最小距离不应小于 1.5t。

（6）在进行折弯件或拉深件的冲孔时，孔壁与工件直壁之间应保持适当距离，折弯件、拉伸件孔壁与工件直壁间的距离要求如图 5-14 所示。

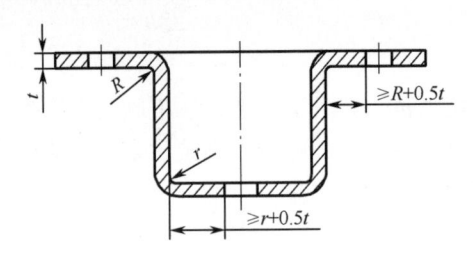

图 5-14　折弯件、拉伸件孔壁与工件直壁间的距离要求

（7）如果毛边方向的标注为 BURR SIDE，则需要将压毛边的部位标注为 COIN 或 COIN CONTINUE。一般不建议整个结构件断口全部压毛边，以避免增加成本。如果有以下情况，则可整个结构件断口全部压毛边：暴露在外面的断口，手经常触摸到的锐边，需要过线缆的孔或槽，有相对滑动的部位。

5.6.2　折弯

1．弯曲半径要求

在材料的弯曲过程中，外层材料会拉伸，内层材料会受到压缩。当材料厚度固定时，内半径越小，材料的拉伸和压缩越严重。如果外层圆角的拉伸应力超过了材料的极限强度，则可能导致裂缝和折断。因此，在弯曲件的结构设计中，应避免设计过小的弯曲半径。常用材料的最小弯曲半径表如表 5-4 所示。弯曲半径是指弯曲件的内侧半径，t 是材料的厚度，M 表示退火状态，Y 表示硬状态，Y2 表示 1/2 硬状态。

表 5-4　常用材料的最小弯曲半径表

序　号	材　　料	最小弯曲半径
1	08、08F、10、10F、DX2、SPCC、E1-T52、0Cr18Ni9、1Cr18Ni9、1Cr18Ni9Ti、1100-H24、T2	0.4t
2	15、20、Q235、Q235A、15F	0.5t
3	25、30、Q255	0.6t
4	1Cr13、H62（M、Y、Y2、冷轧）	0.8t
5	45、50	1.0t
6	55、60	1.5t
7	65Mn、60SiMn、1Cr17Ni7、1Cr17Ni7-Y、1Cr17Ni7-DY、SUS301、0Cr18Ni9、SUS302	2.0t

2．弯曲件的直边高度要求

弯曲件的直边高度不宜太小，推荐弯曲件的直边高度 $h>2t$。弯曲件的直边高度要求如图 5-15 所示。

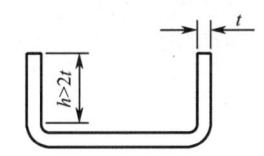

图 5-15 弯曲件的直边高度要求

3. 特殊情况下的直边高度要求

如果在设计时要求弯曲件的直边高度 $h<2t$，则需要加大弯曲半径，也可在弯曲变形区内加工浅槽，再进行折弯。特殊情况下的直边高度要求如图 5-16 所示。

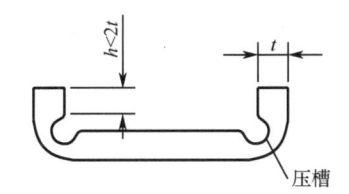

图 5-16 特殊情况下的直边高度要求

4. 折弯件上的孔边距要求

如果弯曲件先进行冲孔，后进行折弯，则孔的位置应位于弯曲变形区外，避免弯曲时孔产生变形。

5. 折弯件的弯曲线应避开尺寸突变的位置

在局部弯曲某一段边缘时，为了防止尖角处应力集中产生弯裂，可将弯曲线移动一定距离，离开尺寸突变处，或开工艺槽、冲工艺孔。局部弯曲的设计处理方法如图 5-17 所示。注意图中的尺寸要求：$S \geqslant R$，$k \geqslant t$，$L \geqslant t+R+k/2$。

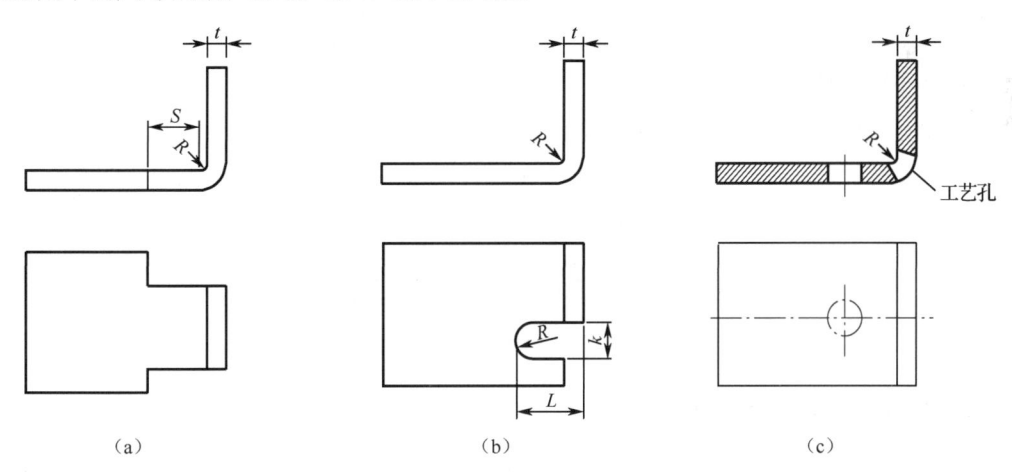

(a)　　　　(b)　　　　(c)

图 5-17 局部弯曲的设计处理方法

6. 当孔位于折弯变形区内所采取的切口形式（见图 5-18）

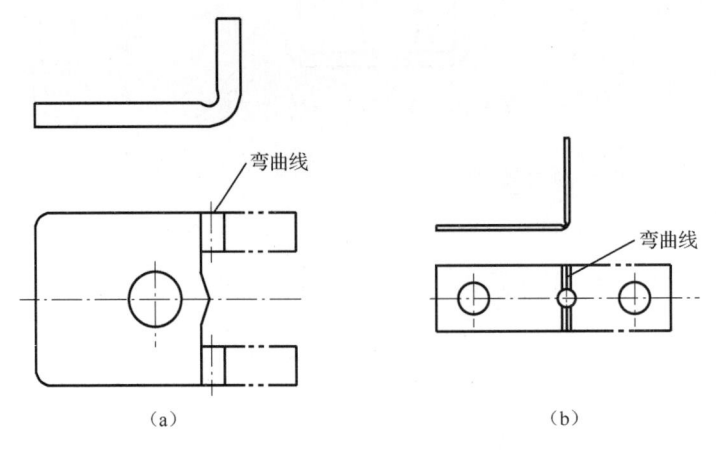

（a）　　　　　　　　　　（b）

图 5-18　当孔位于折弯变形区内所采取的切口形式

7. 带斜边的折弯边应避开变形区（见图 5-19）

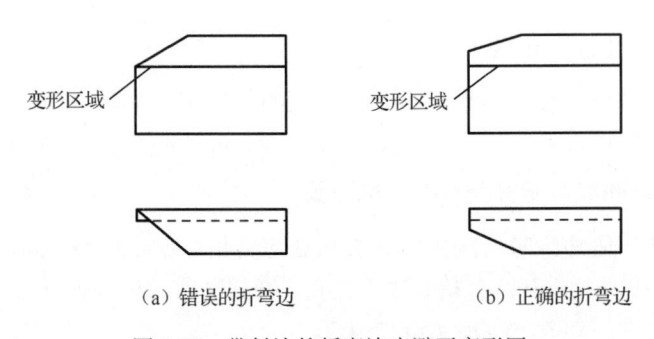

（a）错误的折弯边　　　　　（b）正确的折弯边

图 5-19　带斜边的折弯边应避开变形区

8. 打死边的设计要求

死边的长度与材料的厚度有关。死边的设计示意图如图 5-20 所示，一般来说，死边的最小长度 $L \geqslant 3.5t+R$。其中，t 为材料厚度，R 为打死边前道工序的最小内折弯半径。

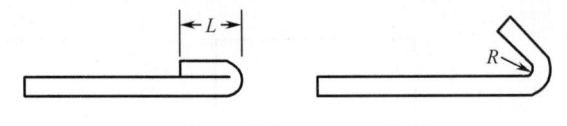

图 5-20　死边的设计示意图

9. 设计时添加的工艺定位孔要求

为保证毛坯在模具中定位准确，防止弯曲时毛坯偏移而产生废品，应预先在设计时添加工艺定位孔，特别是多次弯曲成形的零件，均必须以工艺孔为定位基准，以减少累计误差，保证产品质量。多次折弯时添加的工艺孔如图 5-21 所示。

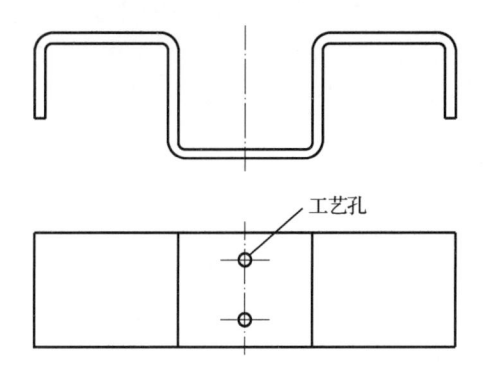

图 5-21　多次折弯时添加的工艺孔

10．弯曲件标注

标注弯曲件相关尺寸时，应考虑工艺性要求，弯曲件标注示例如图 5-22 所示。图 5-22（a）表示先冲孔后折弯，这样容易保证 L 的尺寸精度，便于加工。图 5-22（b）和图 5-22（c）中的 L 精度要求高，需要先折弯后加工孔，这样的加工较为麻烦。其中，L 为孔至边的距离，L_1 为孔之间的距离，L_2 为孔至折弯中心的距离。

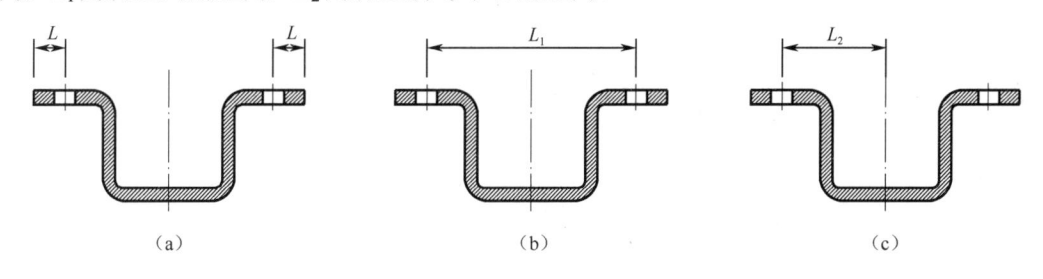

图 5-22　弯曲件标注示例

5.6.3　成形

1．加强筋设计要求

在板状金属零件上压筋有助于增加结构刚性。

2．百叶窗成形要求

百叶窗通常用于各种罩壳或机壳上，起到通风散热的作用，百叶窗的成形方法是通过凸模的一边刃口将材料切开，凸模的其余部分将材料同时进行拉伸变形，从而形成一边开口的起伏形状。这种结构既保证了通风散热的功能，又具有一定的美观性。百叶窗的结构如图 5-23 所示。

3．孔翻边要求

孔翻边的形式较多，本书只关注加工螺纹的内孔翻边，带螺纹孔的内孔翻边结构示意图如图 5-24 所示。带螺纹孔的内孔翻边尺寸参数表如表 5-5 所示。

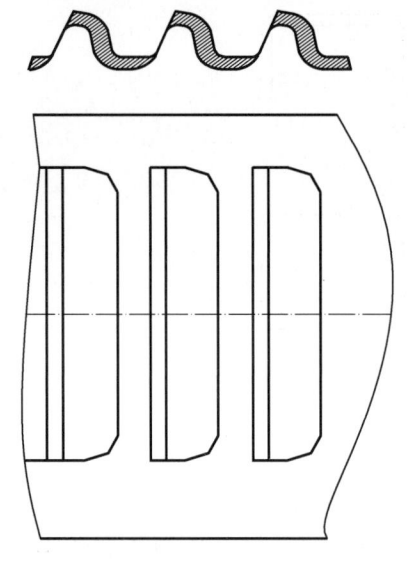

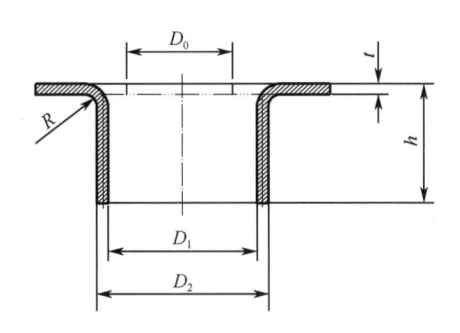

图 5-23 百叶窗的结构　　　　　图 5-24 带螺纹孔的内孔翻边结构示意图

表 5-5 带螺纹孔的内孔翻边尺寸参数表（单位：mm）

螺纹型号	材料厚度 t	翻边内孔 D_1	翻边外孔 D_2	凸缘高度 h	预冲孔直径 D_0	凸缘圆角半径 R
M3	0.8	2.55	3.38	1.6	1.9	0.6
	1		3.25	1.6	2.2	0.5
	1		3.38	1.8	1.9	0.5
	1		3.5	2	2	0.5
	1.2		3.38	1.92	2	0.6
	1.2		3.5	2.16	1.5	0.6
	1.5		3.5	2.4	1.7	0.75
M4	1	3.35	4.46	2	2.3	0.5
	1.2		4.35	1.92	2.7	0.6
	1.2		4.5	2.16	2.3	0.6
	1.2		4.65	2.4	1.5	0.6
	1.5		4.46	2.4	2.5	0.75
	1.5		4.65	2.7	1.8	0.75
	2		4.56	2.2	2.4	1
M5	1.2	4.25	5.6	2.4	3	0.6
	1.5		5.46	2.4	2.5	0.75
	1.5		5.6	2.7	3	0.75
	1.5		5.75	3	2.5	0.75
	2		5.53	3.2	2.4	1
	2		5.75	3.6	2.7	1
	2.5		5.75	4	3.1	1.25

续表

螺纹型号	材料厚度 t	翻边内孔 D_1	翻边外孔 D_2	凸缘高度 h	预冲孔直径 D_0	凸缘圆角半径 R
M6	1.5	5.1	7.0	3	3.6	0.75
	2		6.7	3.2	4.2	1
			7.0	3.6	3.6	
			7.3	4	2.5	
	2.5		7.0	4	2.8	1.25
			7.3	4.5	3	
	3		7.0	4.8	3.4	1.5

第6篇 电子硬件热设计指南

6.1 整机热设计指南

6.1.1 热设计基本知识

1. 自然冷却

通过传导、空气自然对流、辐射等手段，可以降低热源的温度。

（1）传导是指由以下因素引起的能量交换：①物体各部分的直接接触；②弹性波的作用；③原子、分子、自由电子的扩散。传导与热传导系数、传导路径横截面积、温度差等成正比，与传导路径长度、材料厚度成反比。

（2）对流是流体特有的传热方式，是由于流体的各部分发生相对位移而引起的热量转移。对流总伴随有导热。对流一般分为自然对流和强迫对流，强迫对流的散热效果是自然对流的十倍以上。对流模式较为复杂，影响对流效果的因素有传导路径横截面积、温度差、流体速度、流体特性等。

（3）辐射由电磁波（主要在红外波段）传播热能，不仅产生能量转移，同时也伴随能量的转化。辐射与发热体的表面积、辐射率，以及绝对温度的 4 次方积分成正比。

2．强迫风冷

通过风扇对流、辐射等手段，可以降低热源的温度。

6.1.2 整机热设计基本原则

（1）整机热设计最重要的参数是半导体器件的结温或活性膜处的温度。在进行整机热设计时必须了解半导体器件制造商提供的峰值温度和稳定运行时的温度极限值。

（2）焊点温度是重要的热参数，应降低焊点温度并减少焊点温度的变化。整机长时间在高温下运行会导致焊锡内部晶粒组织的生长、IMC（金属间化合物）的增长，整机运行时的温度变化也会使焊点发生循环疲劳。

（3）电子硬件设计工程师必须进行器件级的热分析与设计。电子产品内部的温度变化取决于产品自身的功率消耗情况，同一系统内不同器件承受的温度循环差异很大。为了评估焊点的可靠性，设计者必须进行器件级的热分析。

（4）在考虑 PCB 走线宽度时，应通过降低温度和电流密度来减少电迁移（单根导线内电子的迁移）。

（5）产品热设计应满足行业标准对设备可接触零部件的温升安全限制要求。设备可接触零部件的温升上限表如表 6-1 所示。

表 6-1　设备可接触零部件的温升上限表

操作人员接触区的部件	金属温升上限	玻璃、陶瓷、釉料温升上限	塑料和橡胶温升上限
仅短时间握持或接触的把手、旋钮、提手等	35℃	45℃	60℃
正常使用连续握持的把手、旋钮、提手等	30℃	40℃	50℃
可能会接触的设备外表面	45℃	55℃	70℃
可能会接触的设备内表面	45℃	55℃	70℃

6.1.3　材料热膨胀匹配考虑点

（1）局部热膨胀失配通常小于整体热膨胀失配。一般而言，局部热膨胀失配的范围从 7ppm/℃（焊料与铜）、18ppm/℃（焊料与陶瓷）到 20ppm/℃（焊料与 42 号合金）。

（2）PCBA 内部热膨胀失配通常是最小的。焊料中富 Sn（锡）相与富 Pb（铅）相的 CTE 不同，会产生约 6ppm/℃ 的内部热膨胀失配。

（3）PCB 整体热膨胀失配通常是最大的，这是因为决定热膨胀失配的三个因素：CTE 失配、温度差异和作用距离都较大。

（4）在 PCB 工程设计时，应减少热膨胀失配情况的发生。大的热膨胀失配会威胁到可靠性。

（5）在复合材料系统中，可以通过调整不同材料的含量使 CTE 达到最优，同时需考虑材料的重量和成本。

6.1.4　器件的热设计考虑

（1）器件的温度变化受以下因素影响：系统外部温度、系统内部温度、器件内的功率耗散波动。在进行热设计时，需要综合考虑这些因素。

（2）对于在固定功率下持续工作且结构简单的产品，其温度波动可以认为与外界环境温度一致。

（3）应尽量减少机柜内部温度的变化。系统设计者可以通过特定方法减少机柜内部温度变化，例如，当机柜入口空气温度超出一定限制时，启动风扇；当机柜内部温度较低时，启动机柜入口处的加热器。

（4）应采取措施减少器件温度变化与 PCB 温度变化的差异，这种差异越大，对器件可靠性的影响越大。由于有源器件的功率损耗，器件的温度变化通常与基板的温度变化不同。在某些情况下，存储和运输器件时的温度变化可能比器件运行时的温度变化更为剧烈，对可靠性的威胁也更大。

（5）对于散热要求高的器件，建议选用导热性能好的基材。PCB 本身的散热能力影响器件的散热效果，为了提高 PCB 的散热能力，可以选用导热性能好的基材，如采用金属基底印制板和陶瓷（如高铝陶瓷、氧化铝陶瓷）基底印制板。

（6）塑封表贴器件应避免使用低 CTE 的引线框架与引脚材料，如 42 号合金、Kovar 等，这类材料会降低器件的 CTE，导致 CTE 不匹配，使用这类引脚材料可能会遇到可焊性问题。

（7）对于功率耗散较大的器件，需要重点考虑功率耗散引起的热梯度影响。在这种情况下，即使器件和基板的 CTE 匹配，器件内部的功率耗散循环的影响也可能比环境温度循环的影响更大。

（8）贴片保险丝比同类型的插件保险丝散热效果差，需要增加降温措施。

（9）在使用功率电阻时，可以通过使用机械紧固或热固塑料等方式改善功率电阻、散热器、机架的热传导效果。

（10）对于功率 > 2W 的功率电阻，需要在器件底部设计一片铜箔，以减少在失效情况下 PCB 的烧焦风险。

（11）改善器件散热性能的措施包括在 PCB 上设计局部的金属块、改变内部的层数、调整铜箔的厚度或面积、增加散热过孔等。

6.1.5　PCB 设计阶段的热设计原则

（1）对于连接器这种又长又高的器件，最好沿着气流流动的方向布置，以优化散热效果。

（2）应将热敏器件放置在热源的上游，分散热源以降低热源密度，并将热源靠近冷墙放置，或将热源置于高大器件的上游，以减少热影响。

（3）不宜将大功率器件置于 PCB 中心。将大功率器件放置在板边可以减小其温度变化。

（4）发热的器件应置于较高器件的上游，以免形成回流漩涡，影响散热效果。

（5）应使用使导线温升小于 5℃ 的线宽。

（6）禁止在 PCB 表面覆盖板边缘或板空白区，这个区域是板边夹持或与冷板等散热器配合的关键区域，覆盖此区域将导致减少 PCB 散出的热量，增加结温。

（7）在进行热应力设计时，一定要使用 CTE、弹性模量、玻璃化转化温度等数据检验热设计的优劣，确保热设计的可靠性。

6.1.6　散热器设计要求

应根据器件的散热要求、PCB 的结构设计、选定的组装方式来确定散热器的尺寸和形状。在 PCB 布局设计阶段，就应考虑散热器的尺寸、形状和组装方式。

（1）散热器的组装方式应满足器件焊点可靠性的需求。

（2）散热器的黏结或紧固强度应满足 PCB 在热循环、冲击、振动等环境下的需求。例如，设备在完成高低温循环测试后再进行地震模拟实验时，散热器应保持牢固，不会脱落。

（3）散热器的布局应使风流过散热器的面积最大化，风阻最小化，以提高散热效率。条状散热器的针齿方向应与风向一致。对于非正方形的针状散热器，风向应与针齿的较长边平行。对于正方形针状散热器，风向应与针齿的较短边平行。针状散热器组装方向示意图如图 6-1 所示，V 为风向。

（4）直接用胶水粘贴的散热器尺寸一般应小于器件的外形尺寸，便于焊点的检验和维修。例如，QFP 散热器尺寸示意图如图 6-2 所示，对于 QFP 散热器，A 应小于或等于器件的长度 L，B 应小于或等于器件的宽度 W。

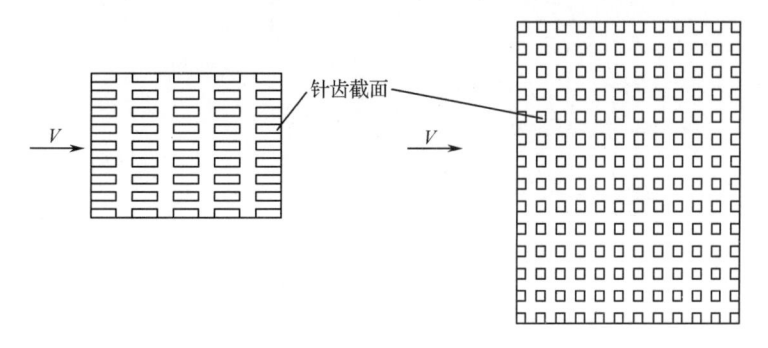

图 6-1 针状散热器组装方向示意图

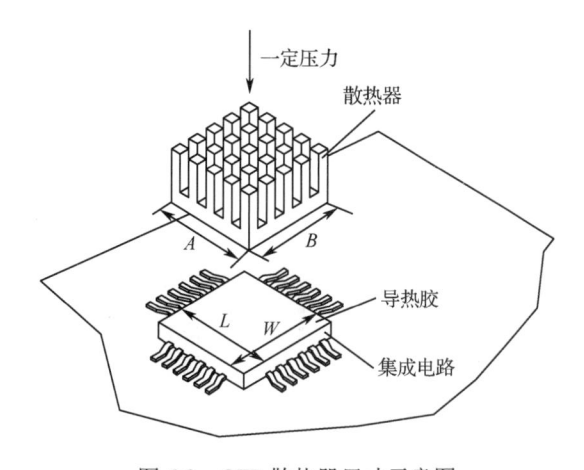

图 6-2 QFP 散热器尺寸示意图

（5）使用塑料销钉或金属销钉固定散热器时，应确保施加在集成电路（IC）上的力既平衡又稳定。通常，在 PCB 上会布置与散热器对应的销钉孔以固定销钉。散热器的销钉孔位应相对于 IC 中心对称布置，弹簧能调节器件高度的误差，弹簧的压缩程度决定了施加在 IC 上的压力大小。销钉孔布置不对称会导致施加在 IC 上的压力不均，进而引起散热器的松脱和散热效率降低。PCB 上的金属销钉孔需要进行金属化处理，这种处理方式适用于散热器接地的场合。塑料销钉紧固示意图如图 6-3 所示，金属销钉紧固示意图如图 6-4 所示。

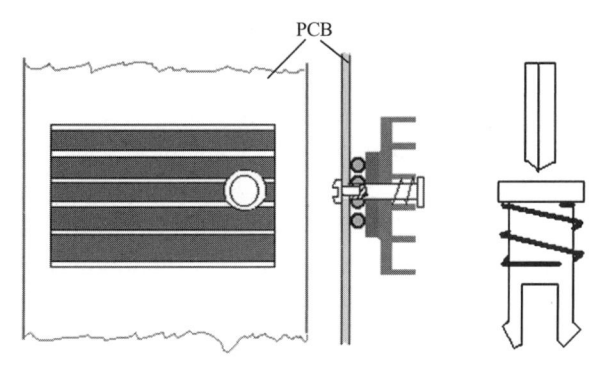

图 6-3 塑料销钉紧固示意图

图 6-4　金属销钉紧固示意图

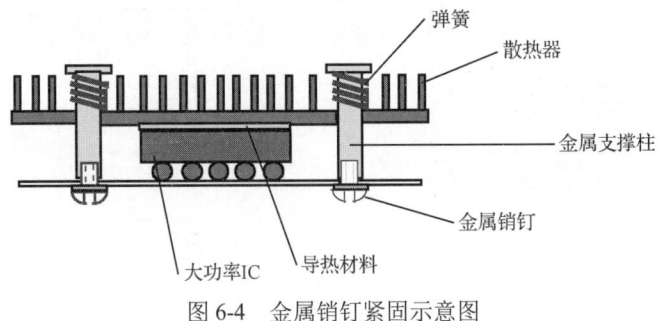

（6）卡座紧固式散热器的结构设计应便于紧固操作，该散热器一般使用标准六角力矩扳手进行紧固，以防损伤器件。卡座紧固式散热器及禁布区示意图如图 6-5 所示。卡座采用高强度绝缘材料制成，以防在安装过程中器件引脚发生短路，安装所需的禁布区要求如下。

- 当 PCB 水平工作时，禁布区可以位于器件任一边外侧。
- 当 PCB 垂直工作时，器件禁布区的延长线应处于水平位置。

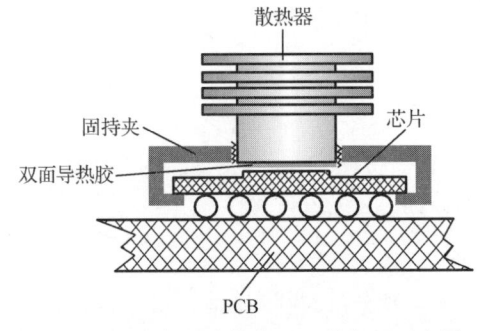

图 6-5　卡座紧固式散热器及禁布区示意图

（7）对于芯片晶粒外露的面阵列器件（如 IBM 的 XPC750 型 CPU），散热器施加在晶粒上的力必须均匀，并控制在合理范围内，所选用的导热材料必须是绝缘的，并且要求导热材料具有一定的厚度和弹性，以保护晶粒不受损伤。由于晶粒材料本身较为脆弱，不均匀的压力容易在边角处产生裂纹，过大的压力可能导致晶粒破碎。考虑到芯片晶粒外露的面阵列封装体表面通常贴有电容，因此使用绝缘导热材料可防止器件电路发生短路。对于二次电源模块，散热器的安装孔应与散热器固定孔位保持一致，以确保散热器的齿向与风向相同，同时散热器的高度也应满足 PCB 间距的要求。

6.2　板级热设计基本原则

（1）确保 PCB 上的器件在正常工作温度下不超过其允许的最高结温。
（2）对于工作中可触摸到的零部件，其温度必须满足设备可接触零部件的温升要求。

6.3　PCB 热设计优选方式

PCB 通常采用自然冷却、强迫风冷、液体冷却三种散热方式。在室外或运行环境较为恶劣的情况下（如室外应用的盒式产品），优先选择自然冷却。PCB 散热方式及其表面热流密度如表 6-2 所示。当 PCB 需要冷却表面的热流密度为 0.024～0.039W/cm²时，可采用空气自然对流冷却方式散热。

表 6-2　PCB 散热方式及其表面热流密度

PCB 散热方式	表面热流密度/（W/cm²）
空气自然对流冷却（自然冷却）	0.024～0.039
水自然对流冷却（自然冷却）	0.9～2.3
空气强迫冷却（强迫风冷）	0.078
油强制冷却（强迫油冷）	0.24～20
水强制冷却（强迫水冷）	14～44
水沸腾强制冷却（蒸发冷却）	2.6～11

1．PCB 自然冷却散热措施

（1）在 PCB 上敷设导热系数较大的金属条或金属板，如使用铜、铝导热条散热。这些导热条通常通过铆接或焊接的方式与 PCB 连接，适用于无振动设备且 PCB 温升不高的场合。

（2）在 PCB 上敷设热管进行散热。热管一般用于高温工作环境中大功率器件或模块的散热，也可用于航天器、核反应堆和余热回收设备等。使用重力热管时，需考虑设备工作环境中的重力场对热管散热能力的影响。

（3）采用金属夹心板进行散热，需确保 PCB 温升不超过器件的最低工作温度。

（4）将 PCB 上的导热条（板）、散热器、金属夹心板与设计机架、外壳连接，以传导的方式进行散热。

（5）在 PCB 间安装导热系数较大的金属板（块）以进行散热。

2．PCB 强迫风冷散热措施

（1）在 PCB 上安装特殊的散热器，如冷板散热器、风交换散热器。

（2）采用空心 PCB 进行通风散热。

（3）在 PCB 上设计合理的风道。

3．PCB 上风道设计的基本原则

（1）风道应尽可能短，缩短管道的长度可以降低风道阻力。

（2）避免采用急剧弯曲的风道，以减少风道阻力损失。

（3）避免风道的骤然扩展或收缩。一般而言，扩展部分的张角不应超过 20°，收缩部分的锥角不得大于 60°。

4．PCB 液体冷却散热措施

（1）采用空调制冷系统进行散热。

（2）采用热电制冷温控单元（半导体制冷单元）进行散热。

（3）采用高压油、水交换散热管进行散热。

6.4　PCB 热设计输入条件

（1）产品工作海拔高度。随着海拔高度的增大，空气会变得稀薄，导致空气的散热能力下降，PCBA 散热效果变差，特别是采用强迫风冷方式散热的 PCBA，基本要求是设备在 60～1800m 范围内能正常工作。

（2）产品承受太阳的辐射。这里的辐射是指室外型产品的太阳辐射。根据各种国际性的环境分类标准，室外型产品的太阳辐射的总辐射量取 1120W/m^2。产品承受太阳的辐射包括太阳直射辐射和天空散射辐射两部分，在计算太阳辐射对室外机柜的辐射影响时，要明确天空散射的辐射部分，根据具体应用环境，天空散射辐射量占太阳辐射总量的 10%～20%。

（3）应重点关注 PCBA 中关键器件的允许工作温度范围。

（4）系统散热方式。目前，通信产品中的室内产品基本采用强迫风冷和自然冷却的散热方式，绝大多数产品采用强迫风冷方式散热。对于室外产品多数采用空调、热交换器等散热方式，如果室外产品功耗极低且防护要求不高，则可以采用强迫风冷方式散热。随着产品功耗不断增加，集成度不断提高，有些环境条件较差的室内产品也要采用温控单元进行散热。对于产品至关重要的功能模块，为了最大限度地提高模块性能，可能对重要的功能模块采用局部的制冷温控或其他强化方式散热，设备的其余部分仍采用强迫风冷方式散热，这种散热方式称作混合散热方式。

6.5　PCB 热设计与系统散热方式

（1）系统为强迫风冷方式散热时，PCB 上大功耗热器件应排布在机柜的主风道中央或出风口，禁止排布在机柜的低流区或回流区。常见机柜的低流区和回流区示意图如图 6-6 所示。

（2）系统采用自然冷却方式散热且采用密封机箱结构时，需要采取以下措施。

① PCB 上高发热器件、导热条（板）通过导热性能好的材料（如铝、铜）与外壳接触。

② 增强 PCB 内部模块、高热器件外壳、散热器的黑度，提高 PCB 辐射散热能力。

③ PCB 之间设置导热性能好的吸热板，通过吸热板将 PCB 辐射热吸收后传导到机箱上散热。

（3）当系统采用自然冷却方式散热且机箱为开孔式结构时，需要采取以下措施散热。

① 系统中由多块 PCB 排列组成时，每块 PCB 垂直放置，PCB 上大功率器件布局在靠近机箱开孔、开槽处。

② 在自然冷却散热的开孔机箱中，PCB 垂直放置时的散热效果要比水平放置的效果好得多。这是由于物体发热时周围空气受热作用，自下而上自然对流。

③ 当系统中只有一块 PCB 时，PCB 水平放置与垂直放置的散热效果差别不是很大。PCB 水平放置时，发热器件布置在 PCB 上表面。

(a) 前进风后出风机柜　　(b) 直通风道

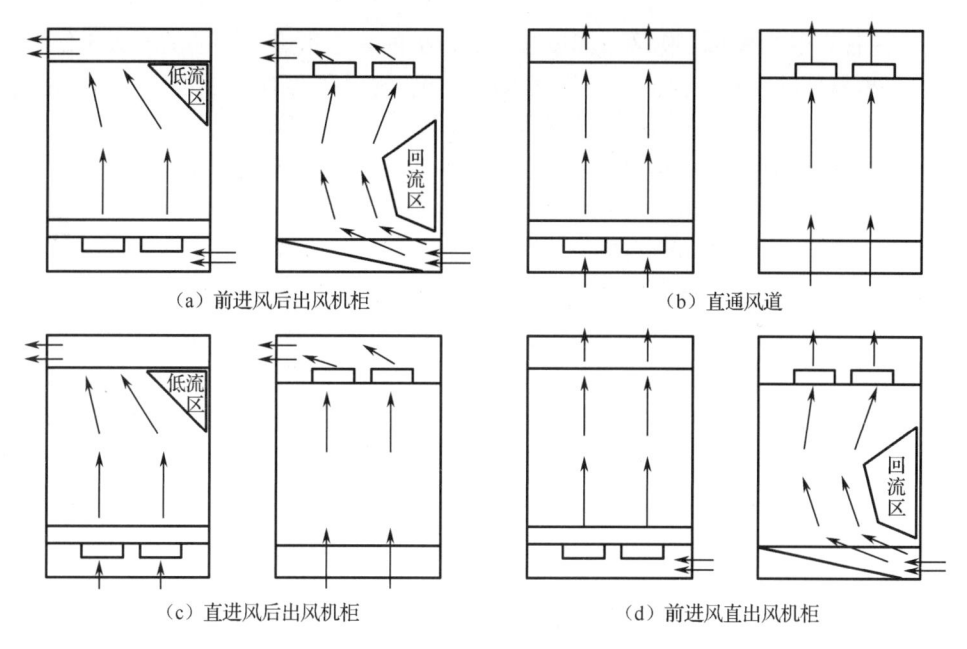

(c) 直进风后出风机柜　　(d) 前进风直出风机柜

图 6-6　常见机柜的低流区和回流区示意图

④ 机柜隔热设计措施如图 6-7 所示。

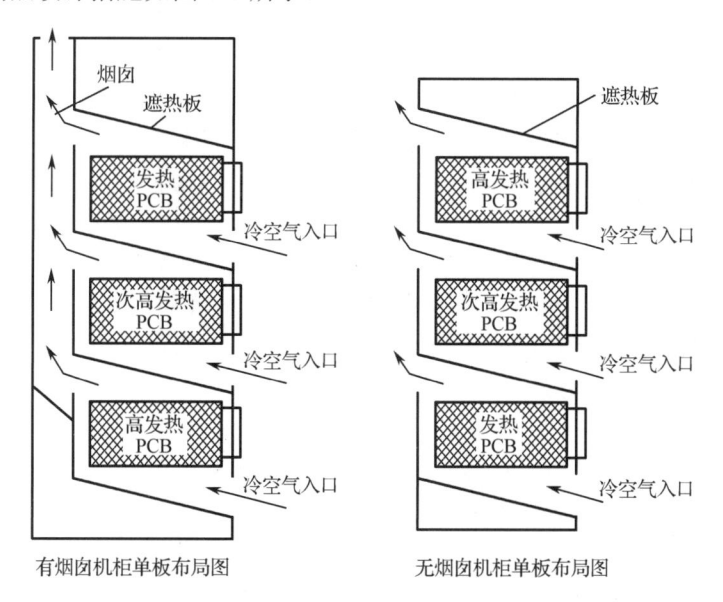

有烟囱机柜单板布局图　　无烟囱机柜单板布局图

图 6-7　机柜隔热设计措施

6.6　器件选型及其应用

（1）根据不同器件种类，进行降额设计。对于大规模集成电路需要满足下述两条要求。

① 在设备规定的最高工作环境温度下，设备内 PCB 上关键热电器件的结温小于要求的高温上限。

② 在设备规定的最低工作环境温度下，设备内 PCB 上所有器件的结温大于低温下限。

（2）根据器件的功耗、热阻，计算器件的结温。芯片温度参数在设计产品时都会进行规定，不同类型行业的产品一般有不同的结温需求。

- 商业级芯片：0～70℃。
- 工业级芯片：−40～+85℃。
- 汽车级芯片：−40～+125℃。
- 军用级芯片：−55～+125℃。

（3）常见的芯片手册都会规定芯片的工作温度，一般在开头或在芯片的丝印编号会给出芯片的结温。下面介绍几个概念。

① 结温：芯片中开关 MOS 管等器件的实际工作温度，即芯片的硅核温度，也就是芯片内部核心的温度。芯片内部有一堆材料做成的各种微小器件，有微小的 MOS、二极管、集成电阻、电容等，它们在电流经过时会发热，尤其在一些过大电流的功率芯片应用中，结温就成了一个必须考虑的参数，超过结温会使这些内部器件损坏。这些内部器件距离芯片外部还有封装隔离，结温通常高于外壳温度，即高于芯片标定的工作温度。

② 芯片周围的空气温度：Ambient Air Temp，不带散热片的小功率器件一般以这个为计算参数。

③ 芯片封装表面温度：Package Case Temp，带散热片的大功率器件一般以这个为计算参数。

（4）热阻是一个很重要的概念，是指当热量在物体上传输时，物体两端温度差与热源的功率比值，单位为 K/W 或℃/W。

① 当热量流过两个互相接触的固体交界面时，交界面本身对热流呈现出明显的热阻，在未接触的界面间隙中常充满了空气，热量将以导热和辐射的方式穿过该间隙，与真正的完全接触相比，这种附加的热传递阻力称为接触热阻。降低接触热阻的方法主要是增加反接触压力和增加交界面材料（如硅脂），从而填充交界面间的空气。

② 在涉及热传导时，一定不能忽视接触热阻的影响，需要根据应用情况选择合适的导热界面材料，如导热脂、导热膜、导热垫等。

③ 三个重要的热阻概念如下：

热阻 R_{ja}：芯片的热源结到周围冷却空气的总热阻。

热阻 R_{jc}：芯片的热源结到封装外壳间的热阻，这个是最常用的热阻。

热阻 R_{jb}：芯片的热源结与 PCB 间的热阻。

（5）根据 PCB 和器件不同的散热方式，应选择相应的器件芯片封装结构。

① 当 PCB 采用强迫风冷方式散热时，应将芯片封装为 Cavity up 结构。

② 当 PCB 采用自然冷却方式散热时，应将芯片封装为 Cavity down 结构。

（6）在进行功率器件选型时，在其他性能参数相同的情况下，应遵循以下优先原则。

① 优先选用结温高的封装功率器件。

② 优先选用结壳热阻小的封装功率器件。

③ 优先选用传热面积大的功率器件，以减小功率器件与散热器间的接触热阻。对于 TO 系列封装器件，优选顺序为 TO-223AB、TO-220AB、TO-220。

④ MOSFET 器件的结壳热阻相近时，优先选用在 25℃条件下导热性能较小的器件。

⑤ IGBT 器件的结壳热阻相近时，优先选择门极电阻相同且开关能量较小的器件。

（7）常见的器件加装散热措施结构如图 6-8 所示。

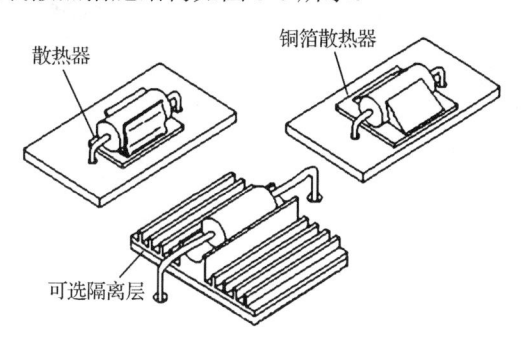

图 6-8　常见的器件加装散热措施结构

6.7　PCB 基材

（1）选择 PCB 基材时，应保证 PCB 基材的温升比 PCB 的热电温度高 5～21℃（电信产品一般取 12℃）。

（2）当 PCB 基材选用 PTFE（聚四氟乙烯）时，需考虑 PCB 的强度是否能满足设计要求。若不能满足要求，则可在基板底部附加金属衬底，以加强 PCB 的散热和机械性能。

（3）选用高导热 DBC（Direct Bonded Copper，直接键合铜）陶瓷基覆铜板、铝基覆铜箔层压板（也称铝基板）和金属夹心板时，需考虑以下关键参数。

- 不同材料之间的热膨胀系数。
- 导热率。
- 绝缘强度。
- 基本机械加工性能。
- 加工成本。

6.8　PCB 设计

6.8.1　器件布局

（1）当 PCB 采用强迫风冷方式散热时，应优先采用器件横长方式布局，器件与气流方向垂直，以增大气流与器件的接触面积。器件横长布局示意图如图 6-9 所示。

（2）当 PCB 采用自然冷却方式散热时，应优先采用器件纵长方式布局，器件与气流方向平行，以减小器件对空气的阻力，并增大气流的紊流散热效果。器件纵长布局示意图如图 6-10 所示。

（3）热耗较大的器件（如变压器、功率电阻、功率晶体管、功率模块等）应尽量远离热耗较低、热敏感性较高的 IC、电容、一般晶体管器件。

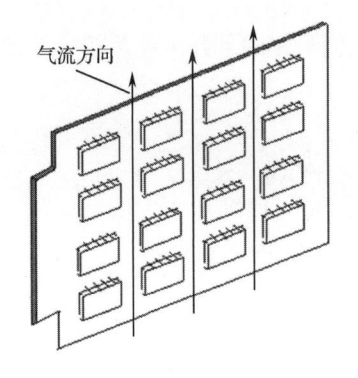

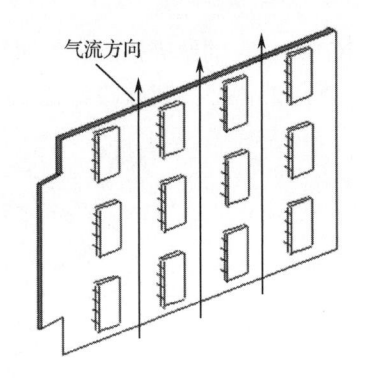

图 6-9　器件横长布局示意图　　　　　图 6-10　器件纵长布局示意图

（4）热敏器件（如晶振、热敏电阻、热敏电容、CMOS 芯片）应布局在 PCB 温度较低的区域，即强迫风冷冷空气入口处、自然散热系统的最下部、冷壁冷却的插板边缘位置。如果不得不将这些热敏器件放置在 PCB 的高温区域，则应加装热屏蔽壳，降低热敏感器件的工作环境温度。

① 对于额定工作温度为 85℃的铝电容，如果将铝电容布局在电源、功率管等发热器件下侧，则铝电容与发热源的距离应≥2.5mm。

② 对于额定工作温度为 105℃的铝电容，如果将铝电容布局在电源、功率管等发热器件下侧，则铝电容与发热源的距离应≥1.5mm。

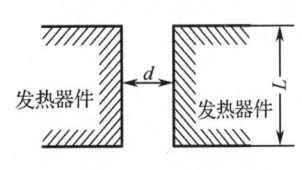

图 6-11　器件布局示意图

（5）器件布局时，器件与器件、结构件之间应保持一定距离，以便空气流动，增强对流散热效果。器件布局示意图如图 6-11 所示，$d \geq 0.25L$。

（6）器件上散热器的长齿应与气流方向平行布局，以优化散热效果，并减少风阻。

（7）PCB 上大功率器件应尽量分散布局，这样可以降低 PCB 局部热密度，避免热点集中，从而提高整体散热效率。

（8）对于 PCB 上多个散热器，应尽量错开布局，以减小热气流对顶部散热器的影响，维持散热器良好的散热性能。

6.8.2　PCB 布线及散热过孔设计

（1）PCB 布线时需要考虑导线温升对 PCB 的影响。导线温升过高会导致导线电阻增加，电阻产生的热噪声会干扰信号正常工作，导线局部温升过高还可能导致 PCB 断线。依据各企业器件可靠性降额准则，行业一般要求导线温升不得超过 20℃。

（2）当器件有底部散热焊盘或焊球时，PCB 上需设计散热焊盘和导热过孔，以增加器件的散热效果。

（3）设计 PCB 散热焊盘时，PCB 上的散热铜箔面积应尽量大。散热铜箔面积越大，散热效果越好。当 PCB 表层的散热铜箔无法满足散热需求时，可以在 PCB 内层增加专门用于散热的 GND 铜箔（要求对称设计），或在 PCB 背面表层增加对称的散热焊盘，并通过导热过孔连接各个散热铜箔。专门用于散热的 GND 铜箔可以比信号层厚一些。

(4) 导热过孔的设计需要符合下述要求。

① 导热过孔应位于器件热焊盘底部。位于热焊盘底部的导热过孔导热效果较好，但需考虑焊锡渗漏到导热过孔中的可能性，这可能影响焊盘的焊接接触面积。

② 如果导热过孔太大，则可能导致底部焊锡通过导热过孔漏掉，影响芯片散热效果。如果导热过孔太小，则可能影响芯片热量向其他散热铜箔层的传导。

③ 根据芯片晶粒的大小确定导热过孔的数量。对于尺寸较小的晶粒，一般情况下，PCB 布局 5~9 个导热过孔即可满足散热需求。对于较大的晶粒，导热过孔数量可以多一些。导热过孔的数量并非越多越好，因为导热过孔会减少器件与 PCB 焊盘的接触面积。导热过孔数量达到一定程度后，再增加导热过孔并不能有效改善器件的散热状况。导热过孔的数量与 PCB 的结构和芯片均有关系，导热过孔的数量应以满足器件的散热要求为原则。

④ 导热过孔与散热铜箔层之间推荐使用实连接，以提高散热效果。

⑤ 应尽量增大底部散热器件的散热通道。底部散热器件周围的导热过孔形成封闭环路时，会阻隔内层 GND 铜箔连续性，一定程度上会减少 GND 铜箔的散热能力。环形结构导热过孔示意图如图 6-12 所示。

⑥ 底部散热器件的布局不能过于密集。

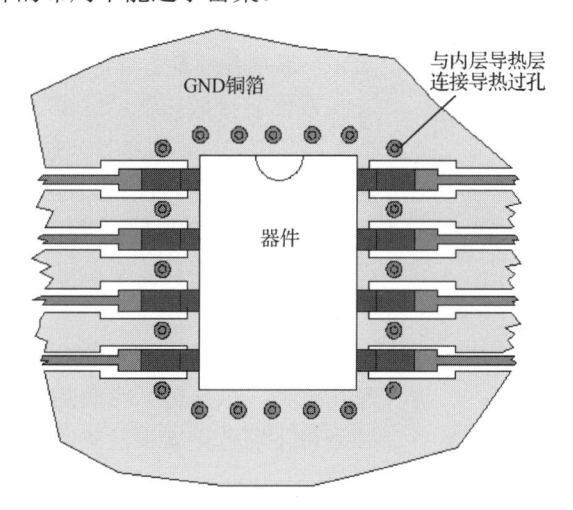

图 6-12 环形结构导热过孔示意图

（5）器件底部散热焊盘与 PCB 之间，以及 PCB 过孔中的锡量要保证散热效果。如果钢网开口过大则会出现锡珠，如果钢网开口过小则不能满足器件散热要求。

6.9 散热器组装及导热介质选用要求

6.9.1 散热器组装

散热器优选铆接、螺钉等安装方式，慎选胶纸、胶水黏接方式。散热器安装方式表如表 6-3 所示。

表 6-3 散热器安装方式表

安装方式	优点	缺点	应用场合	使用中注意事项
铆接	高效率，无须干燥、固化，操作简单	PCB 需要铆接孔，占用 BOTTOM 面积	金属外壳器件，批量生产，无返修需求，不适用于陶瓷封装器件	1. 选用标准铆钉； 2. 铆接时，铆接力必须满足器件的安装力矩
螺钉装配	效率高，易于拆装	螺钉、螺母、安装孔占用 BOTTOM 面的面积	金属外壳器件，需要经常更换器件的产品，不适用于陶瓷封装器件	装配时，必须满足器件的安装力矩
胶纸黏接	不占用 BOTTOM 面的面积，提高传热效率，绝缘性能好，自振频率高	操作简单，胶粘后需要固化时间，散热器易于翘曲	无须维修的器件	1. 胶固化时间与温度； 2. 胶与器件封装相容性，胶不能腐蚀器件、引脚
胶水黏接	不占用 BOTTOM 面的面积，提高传热效率，绝缘性能好，自振频率高	操作困难，胶粘后需要固化时间，散热器易翘曲	无须维修的器件	1. 胶固化时间与温度； 2. 胶与器件封装相容性； 3. 操作空间； 4. 胶量控制

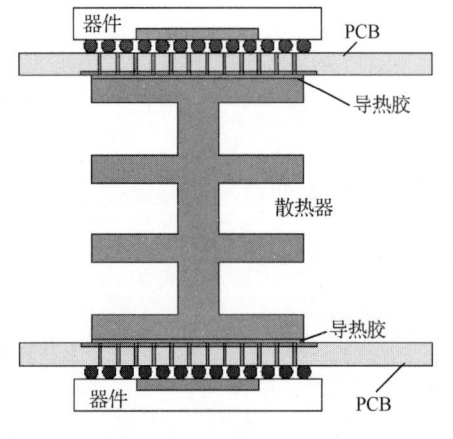

图 6-13 双面黏接散热器示意图

安装散热器后，必须保证散热器与器件之间有足够大的有效接触面积，以减少散热器与器件外壳之间的热阻。一般推荐两者之间有效接触面积必须大于 85%。

双面黏接散热器示意图如图 6-13 所示。当采用双面黏接 PCB 的散热器时，需要在 PCB 和散热器之间增加胶层以减少 CTE 的不匹配。

选择导热介质时，要考虑器件安装表面的粗糙度。选择合适的导热介质可以确保热能有效地从器件传递到散热器。

应选用导热系数大的金属材料或合金材料。推荐选用浇铸（或压铸）铝散热器和铝型材散热器，在特殊条件下可选用紫铜散热器。

6.9.2 SMT 组装工艺

当散热器（或金属衬底板）、器件、PCB 三者进行焊接时，应选用 CTE 与散热器（或金属衬底板）、器件、PCB 相匹配的焊料。一般推荐选择 CTE 较低的焊料，以减少热应力，提高焊接接头的可靠性。

6.9.3 导热介质选用要求

根据器件与散热器之间的热阻要求，应选用导热系数高的导热介质，以减小器件与散热器之间的热阻。同时，需要结合器件的应用场合和可维修性要求，选用合适的导热介质。下面介绍各种导热介质的性能和使用范围。

1. 非绝缘导热介质

（1）导热硅脂：导热硅脂是一种由硅聚合物制成的复合型油脂，内含高度分散的、经微粉化的金属氧化物，其基本成分为有机硅材料化合物和适量稠化剂。硅脂不易清洁，很难保证涂覆表面周围干净、整洁。禁止在光器件、射频器件和对硅油敏感设备中使用导热硅脂。

（2）相变材料：相变材料在达到其熔化温度后发生相变，变成易流动的滑脂状，在较小压力的作用下迅速填充接触面间的空隙，从而减小接触热阻。目前相变材料的相变温度有45℃和60℃两种。相变材料在操作中易保持周围清洁，且对安装压力不敏感，成为导热硅脂的替代材料。由于相变材料价格昂贵且存储环境特殊，目前未获得广泛的应用。

2．绝缘导热介质

（1）导热胶：导热胶是一种使用聚丙烯或硅酮作为黏接剂的导热胶带，一般采用氧化铝或二硼化钛作为填料，涂覆在kapton膜、铝箔玻璃纤维、多孔铝网上，主要应用于无法采用螺钉紧固的场合。

（2）陶瓷基片：陶瓷基片分为三氧化二铝陶瓷和氮化铝陶瓷两种。三氧化二铝陶瓷的价格较低，但易碎，适用于无振动设备中。氮化铝陶瓷基片的导热性能与铝型材相近，其价格通常为三氧化二铝陶瓷的3～5倍。

（3）导热绝缘膜：导热绝缘膜一般由基片（基材）和填充料构成。基片（基材）主要是为了物理加强和提高介电强度，包括玻璃纤维、介电质料、聚酯、硅橡胶。填充料是为了改善导热绝缘材料的导热性能而填入的高导热性能物质，如氧化铝、硼氮化物等。导热绝缘膜适用于有绝缘要求和无黏接要求的散热器中。

6.9.4 返修要求

（1）热敏器件的返修温度不能超过器件允许的使用温度。

（2）温度传感器的返修温度不得超过传感器件的最高测温值。

第7篇　电子元器件选型要求

7.1　器件选择总原则

（1）如果 PCB 在组装、运输或运行时会经受较大的冲击，则 PCB 上的器件优先选择表贴器件。因为表贴器件的质量与尺寸较小，在 PCB 经受冲击时，作用在器件和焊点上的应力相对插件来讲要小得多。

（2）不推荐选用尺寸较大的 IC 表贴器件，因为大尺寸的 IC 表贴器件在热应力的作用下，焊点的可靠性较低。在常规 PCB 上使用的 IC 表贴器件的尺寸限制如下。

- PBGA：75mm×75mm。
- CBGA、CCGA：50mm×50mm。
- MLF、QFN：12mm×12mm。

（3）选择有引脚的表贴器件时，要注意引脚的柔性，不推荐选用引脚刚度>90N/mm 的 SMT 器件。柔软的引脚可以承受较大的应力，从而可以提高焊点的可靠性。

（4）对于面阵列的器件，如果器件尺寸大于 75mm×75mm，则可选用陶瓷基板封装或玻璃基板封装器件，以减少组装过程翘曲变形的可能性。陶瓷基板适用于高可靠性、高频率、高温抗性、气密性产品的封装，特别适用于航空航天、军事等行业中。玻璃基板的 CTE 与硅相近，不易因封装过程中产生热量导致各层材料间形变程度不同而发生翘曲。

（5）如果 SMT 器件可以选择有引脚与无引脚两种封装方式，则优先选用有引脚封装，因为有引脚的 SMT 器件可以承受更大的应力，可靠性更高。

（6）所有器件必须能承受组装过程中的热设计要求。

（7）对于结构复杂或新型封装的器件，认证时要贴装在样板上，模拟实际加工中的热环境与机械应力环境，从而验证其工艺性的好坏。

（8）对于发热量大、整体 CTE 失配较小的大型器件，在验证和评估器件时只进行温度循环试验是不够的，必须考虑全功能循环，包括外部温度和内部功率循环。

（9）对于功率耗散比较大的器件，在认证与使用器件时，需要重点考虑功率耗散引起的热梯度对器件可靠性的影响。当器件的功率耗散较大时，即使器件和基板的 CTE 是完全匹配的，器件内部的功率耗散循环产生的影响可能比环境温度循环产生的影响更大。

（10）尽量选用满足公司内部通用工艺要求的器件，以及无须需要特别控制品质的器件。如果必须选用需要特别控制品质的器件，则需要给出详细的特别控制措施。

（11）如果需要清洗 PCB，则尽量不要在器件下面加垫片，这会形成缝隙而藏匿污染物，从而形成腐蚀环境，影响器件的可靠性。

（12）不允许选用 I 形引脚的 SMT 器件，因为此类引脚的 SMT 器件焊点强度差，其剥离强度和剪切强度比鸥翼型或 J 形引脚低很多。I 形引脚的 SMT 器件焊点剖面如图 7-1 所示。

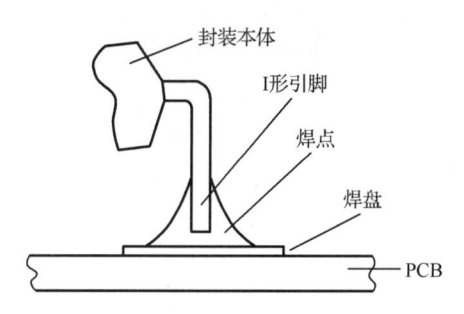

图 7-1　I 形引脚的 SMT 器件焊点剖面

7.2　器件通用要求

（1）避免选用橡胶封口的可旋转的或滑动调节的器件，如可调电阻等。这是因为橡胶封口无法完全阻止组装过程中的助焊剂、水汽渗透至器件内部，这会造成器件内部的腐蚀而使器件失效，橡胶材料也无法经受回流焊接的高温。可以使用环氧树脂作为密封材料，环氧树脂具有良好的密封性和耐高温特性。

（2）不允许 ICT 测试针以表贴器件的焊端为测试点。

（3）在任何时候应避免用手直接接触引脚的镀层，手上的油脂和汗液会降低引脚的可焊性，还可能使引脚腐蚀。

7.2.1　器件引脚材料

1．铁镍合金引脚

（1）Alloy42 合金硬度高，柔性差，容易因为 CTE 不匹配而减少焊点热循环时的寿命。

（2）不推荐选用 Kovar 合金引脚作为器件的引脚基材。

2．推荐器件引脚材料

器件引脚材料的具体要求见各企业的器件技术认证规范。

7.2.2　器件引脚或端子表面涂层

1．阻挡层

（1）如果器件端子内电极是银浆（多见于片式电阻或电容），则需要在银浆与可焊外层（如锡、锡铅、金）之间镀一层镍作为阻挡层，镍阻挡层厚度至少为 1.5μm。在焊接时，镍阻挡层可以阻挡银溶解在融熔的焊锡中，从而防止器件失效。

（2）如果器件引脚基材是铜，外镀层是金，则需要在铜与金之间镀一层镍作为阻挡层，镍阻挡层厚度至少为 1.5μm。这主要是为了避免铜与金之间互相扩散，导致铜被氧化而降低可焊性。

（3）避免使用锡、镍、铜作为导电类器件的接触点外镀层。因为锡、镍、铜的氧化物和钝化层是电的不良导体。

（4）避免使用镍或镍合金作为器件的可焊性外镀层，可以使用适当厚度的金、钯、银、锡铅、锡维持镍的可焊性。注意使用银维持镍的可焊性时，需要小心处置与存储银镀层，以免器件表面失去光泽（钝化）而影响可焊性。

（5）如果器件引脚材料为黄铜，则需要在黄铜与可焊性外镀层之间增加适当厚度的镍阻挡层，这主要是为了避免黄铜中的锌扩散到可焊性外镀层中而降低可焊性外镀层的可焊性。

2．锡、锡铅合金镀层

（1）避免使用纯锡的可焊性外镀层，因为纯锡容易生长锡须，会使近距离的导体之间发生短路。纯锡在低温以及应力作用下还会产生锡瘟，变成较脆的灰色锡。可使用锡铅合金防止锡须与锡瘟的生成，当合金中铅的成分超过 3%时，就能有效抑制锡须与锡瘟现象的发生。

（2）推荐选用锡铅合金作为表贴器件的可焊性外镀层。如果基材为铜（包括铜合金），则需要在铜基材与锡铅镀层之间增加镍阻挡层，镍阻挡层的厚度至少为 1.5μm。检查锡铅镀层的质量时，注意检查拐角处的镀层厚度是否满足要求，因为拐角处的镀层可能较薄，可焊性可能较差。

（3）共沉积的有机物质（如电镀用的光亮剂与整平剂）会缩短锡或锡铅镀层的可焊性保持时间。可要求供应商在电镀可焊性外镀层时，不使用光亮剂与整平剂。

3．金、钯、银镀层

（1）如果使用金、钯作为可焊性外镀层，则要保证器件焊端，以及 PCB 上金、钯镀层厚度不要太厚。要保证焊接后焊点中金或钯的成分少于 3%，以避免形成脆性的 IMC 而降低焊点强度。

（2）不推荐使用焊端镀银的器件。因为银容易与硫化物发生反应而生成不可焊的硫化银。硫化物可能来自空气或含有硫化物的包装容器（如纸箱）中。含有银的焊点容易发生银离子迁移，使焊点本身劣化，还会造成相邻导体间短路。

4．使用导电胶的端子表面镀层

使用导电胶连接的器件建议使用银、金、钯等外镀层，不允许使用镍、锡、铅、锡铅合金镀层。这是因为银的氧化物是导体，金与钯不会氧化，镍、锡、铅、锡铅合金的氧化物是不导电的。当焊点处于潮湿环境时，使用镍、锡、铅、锡铅合金镀层会使湿气渗入导电胶，使导电胶与金属的界面氧化。

7.2.3 器件封装材料

1．塑封材料

（1）塑封表贴器件应避免使用低 CTE 的引线框架与引脚材料，如 42#合金、Kovar 等。因为塑封材料一般具有与 FR4 相近的 CTE，使用低 CTE 的引线框架与引脚材料会降低器件的 CTE，导致器件与 FR4 的 CTE 不匹配，用这样的引脚材料也会遇到可焊性问题。

（2）在认证塑封电子元器件时，需要查证电子元器件塑封外壳的气密性。器件供应商需要验证器件耐温性与封口气密性的试验过程和结果报告。如果气密性不好，则器件可能在焊接和清洗的过程中吸收水分和助焊剂等，使器件内部发生腐蚀失效。密封性问题最有可能发生在引脚（或焊端）与塑封涂层连接的部位。

（3）塑封的 SMT 器件在经过回流焊接或波峰焊接时，一定要保持干燥。如果器件已经潮湿，则必须经过烘烤。潮气在经历高温时会急剧膨胀，使器件内部键合处断裂，甚至会使塑封外壳破裂，这就是所谓的"爆米花效应"。

2．陶瓷材料

避免使用又尖又硬的工具（如烙铁头、ICT 探针、夹具等）接触陶瓷封装的器件表面，这是因为陶瓷材料在外应力的作用下很容易开裂。

7.2.4　器件的耐温性与承受温度应力

1．回流焊接

（1）在认证器件时，必须验证器件的封装材料能否承受回流焊接的高温。附录 E 列出了能承受回流工艺的常用材料。

（2）在选用电感、晶振、电阻（电容）阵列时，需要确认其内部焊点能否承受回流焊接的温度，这主要是为了避免内部焊点在回流焊接时熔化和开路。

（3）要尽量避免塑封器件被多次烘干，过度烘干会导致塑封器件内部聚合物绝缘电阻降低。

（4）回流焊接的升温速率和降温速率要求小于 4℃/s，这主要是为了避免发生热冲击。

2．波峰焊接

BOTTOM 面有表贴器件的 PCB 在进行波峰焊接时，预热后 BOTTOM 面器件的温度与融熔焊锡的温度差应小于 100℃，这主要是为了避免波峰焊接的热冲击，造成 BOTTOM 面上陶瓷电容或电感的破裂。

3．老化

所有器件必须能承受 50℃、20h 的老化条件。

7.2.5　静电敏感器件与潮湿敏感器件

（1）静电敏感器件的设计可参考行业或企业的 ESD 控制规范。
（2）潮湿敏感器件的设计可参考行业或企业的器件存储及使用规范。

7.3　分类器件的特殊要求

（1）如果基板材料为环氧玻璃布，则在选择 PCB 上的无引脚陶瓷或铁氧体封装器件时，器件尺寸不应大于 1210 标准尺寸（12mm×10mm），否则这些器件焊点的可靠性会降低。这些器件包括多层陶瓷电容、片状电阻、电感和排阻。

（2）避免把较大的多层陶瓷电容、表贴电阻、表贴陶瓷电感放置于 PCB 上的高应力区，这样可以避免应力使电容本体破裂或焊点失效。应力主要来自组装过程（包括插件、分板、测试等）中 PCB 的扭曲、弯折、冲击、振动等。在组装器件时，尽量减少作用于 PCB 上的应力，可以使用支撑、夹具等工具减少应力的产生。

（3）尽量不要使用尖硬的工具冲击陶瓷器件本体，避免陶瓷器件开裂或破碎。这里的陶瓷器件包括多层陶瓷电容、电感、片式电阻等。

7.3.1 电阻

1．功率电阻

（1）功率电阻需要布局在 PCB 上通风良好的位置，便于对流散热。

（2）如果功率电阻对 PCB 有抬高要求（功率电阻与 PCB 太近会使 PCB 温度升高），则在装配功率电阻时，使其引脚尽可能短。短的引脚可以减小功率电阻与 PCB 之间的热阻，从而使 PCB 上的铜箔与导线更好地散热。

（3）对于长度超过 1cm 的功率电阻推荐轴向水平安装，以减少长度方向上的局部过热现象。事实上，轴向安装与垂直安装的电阻的平均温度是一样的，但是垂直安装的电阻温度不均匀。

（4）功率电阻群建议轴向垂直安装，相邻电阻应该水平交错安装，这样可以尽量减少电阻之间热气流的相互影响。

（5）对于功率>2W 的电阻，PCB 布局时应该在器件底部设计一片铜箔，这样可以避免电阻故障时烧焦电阻本体下的 PCB。

2．固定电阻

（1）组装固定电阻时需要注意不要损坏固定电阻外面的包封材料，因为包封材料密封不严会使固定电阻膜受到腐蚀，从而使固定电阻失效。

（2）当外界环境温度小于-55℃时，产生的温度应力会使电阻外面的包封材料破裂。当外界环境温度很低时需要特别注意此点。

（3）大于 100kΩ 的小尺寸薄膜电阻对潮湿最为敏感。

（4）如果选用镍铬合金电阻，则镍铬合金中不应该含有铝等掺杂物。如果镍铬合金中掺杂了铝，则此类电阻对卤素极为敏感，容易发生失效。

3．片状电阻

片状电阻大都是静电敏感器件，装配与持取这类器件时要特别注意。这是因为大部分片状电阻是在金属或陶瓷基体上覆盖氧化膜而形成的，这层氧化膜是静电敏感材料。

4．厚膜电阻

厚膜电阻一般用在需要高电压、高电阻、散热性要求较高的场合。厚膜电阻如图 7-2 所示。

（1）为了保证厚膜电阻具有良好的散热性能，推荐选用陶瓷基板作为基材。

（2）在设计厚膜电阻时，尽可能加大地与电源，以及低电压与高电压之间的距离，以降低电位梯度。厚膜电阻一般应用在电压较高的电路中。如果厚膜电阻上集成有源器件，则注意不要把两相邻引脚定为电源与地。如果厚膜电阻只是

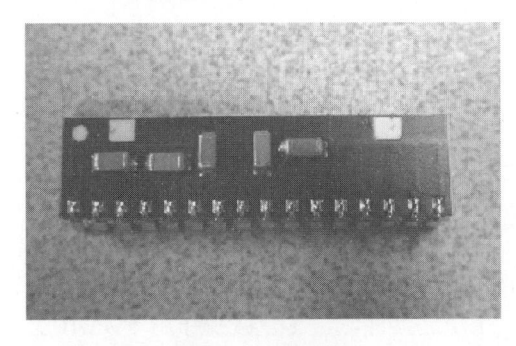

图 7-2 厚膜电阻

作为功率电阻使用，则注意尽量加大器件低电压引脚与高电压引脚之间的距离，以降低电位梯度。

（3）在设计厚膜电阻时，厚膜电阻内部的银导线之间的距离要尽可能大，以避免银离子迁移。

（4）厚膜电阻引脚与内部银焊点之间必须使用含银焊料焊接。

（5）厚膜电阻基板上的器件必须使用含银焊料焊接。

（6）厚膜电阻表面需要涂覆保护。

7.3.2 电容

1．多层陶瓷电容

（1）多层陶瓷电容在返修时最好能预热到150℃以上，这主要是为了避免陶瓷受温度冲击而断裂。陶瓷电容内部的层数越多，介电常数越高，其承受温度冲击和机械应力的能力越差。

（2）尽量不要使用尖硬的工具冲击多层陶瓷电容，避免陶瓷体开裂或破碎。

2．钽电容

（1）相比于铝电解电容，钽电容更加稳定、可靠。

（2）钽电容的极性不要变反，否则会引起电容爆炸。

3．铝电解电容

（1）电解液具有腐蚀性，在选用铝电解电容时，一定要确认封口材料的密封性能是否完好，以保证电解液在组装和运行中不会泄漏。

（2）铝电解电容中的电解质在低温下会凝固。应在电解质凝固点以上、沸点以下的温度环境中使用铝电解电容。

（3）避免使用橡胶（包括天然橡胶、人造橡胶）作为铝电解电容封口密封材料。

（4）铝电解电容的极性不要变反，否则会引起电容燃烧。

4．可变电容（电阻）

（1）尽量不要使用可变电容（电阻），可以用固体开关或可编程电阻替代旋转电阻器和滑动电阻器。

（2）若必须要选用可变电容（电阻），则焊接和清洗可变电容（电阻）时，建议用胶纸或其他方法使其完全密封。这是因为器件本身的密封材料无法防止焊接过程中的助焊剂、清洗液渗入。

（3）用密封可变电容（电阻）时，需要验证其能否承受组装过程中的热量，以及验证密封材料的密封效果。避免使用橡胶作为表贴可变电容（电阻）的封口密封材料。

7.3.3 半导体器件

对于较长的且没有支撑键合线的半导体器件，会对环境的振动和冲击非常敏感，需要在组装时特别注意，可采取加强紧固措施。

7.3.4 光电类器件

具体内容参见《通信设备用的光电子器件的可靠性通用要求》(GB/T 21194—2007)。

7.3.5 射频类器件

（1）不推荐选用平引脚的射频类功放器件。由于器件引脚是扁平结构的，无法减少由于器件与 PCB 的 CTE 不同而产生的应力，热循环时产生的应力会作用到焊点上，焊点在热胀冷缩循环中会疲劳失效。功放器件焊点失效的引脚如图 7-3 所示，焊点失效引脚切片如图 7-4 所示。

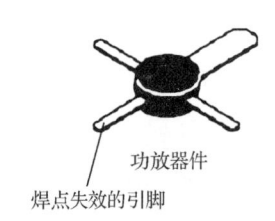

图 7-3 功放器件焊点失效的引脚　　图 7-4 焊点失效引脚切片

（2）在安装 RF 射频类陶瓷基板的功率器件时，需要控制安装面的平面度、安装顺序、扭矩大小等。陶瓷基板的功率器件如图 7-5 所示。

图 7-5 陶瓷基板的功率器件

（3）腔体式射频器件需要有内部空气释放的途径，否则在回流焊接过程中容易功能失效。

7.3.6 其他器件

1. 电池

（1）电池中的液态电解液或凝胶态电解液在高温下会沸腾，需要保证环境温度低于电解液的沸点。

（2）在存储、组装、维修电池时，需要选择绝缘的存放容器，避免电池在存放容器中松散堆叠，从而降低电池短路的风险。电池短路时会释放大量热量，使存放容器内部温度过高，此时电池可能会发生短路。

（3）如果使用电池架，则电池架外镀层与电池外金属镀层之间不要选用会发生电偶腐蚀的电偶对，如镍和锡铅等。

（4）建议使用通孔焊接方式固定电池，这样电池可以承受较大的振动冲击。

2．保险丝

（1）相比插件保险丝，SMT 保险丝的散热效果更差。在进行 PCB 设计时需要考虑 PCB 的散热方法。

（2）可分离的接触器包括按键开关、连接器的弹性接触部分、弹簧片等，这些器件的接触面推荐使用贵金属，但是注意禁止选用金锡、锡锡、锡铅等组合作为接触面金属。

7.4 器件选型要求

7.4.1 可焊性要求

1．可焊性测试规范

生产加工的器件需要按照器件可焊性测试规范进行测试，结果要满足规范要求。在企业的加工条件下，器件的引脚、焊端要保证良好的可焊性。如果加工过程中出现器件可焊性降低的情况，但出于某种原因必须使用该器件，则可考虑使用补焊的方法，或在已经认证的焊料、助焊剂中选用助焊剂活性偏强、含量偏多的焊料。

2．引脚或焊端镀层设计

为了达到可焊性要求，器件引脚或焊端的镀层结构必须合理。例如，插件器件的引脚基材为黄铜，由于黄铜是难以焊接的金属，为了保证器件的可焊性，需要在引脚最外层涂覆可焊性良好的、利于长期保持的金属或金属合金（如锡铅合金）。为了防止基材中的锌扩散到外层涂覆层而降低金属合金的可焊性，需要在基材和外层涂覆层之间设置一个中间阻挡层。中间阻挡层通常为镍层，镍层可以阻挡锌向外层扩散。为了保证中间阻挡层的效果，镍层的厚度通常为 5μm。由于暴露在空气中的镍层容易快速钝化，在器件引脚上涂覆镍层后，需要采取有效的措施确保镍层不会钝化。同时外层涂覆层致密性必须良好，不能有多孔特性，避免后期镍层逐步钝化。

3．其他要求

为确保电子元器件的可焊性，确保电子元器件在长期存储后仍保持良好的可焊性，需要关注引脚或焊端镀层的结构、厚度、材料是否合理。除此之外，应考虑包装材料、运输环境、存储环境、加工工艺条件等因素。包装材料不得含有可能降低器件可焊性的物质，如有机硅化合物、硫化物、聚硫化物（或多硫化物）、酸性物质等。无论是供应商还是企业内部，在处理器件时，严禁用手直接接触器件，避免降低器件的可焊性或造成产品污染。

7.4.2　电子元器件潮湿敏感要求

（1）电子元器件的资料和包装材料必须明确标识该器件的潮湿敏感等级。行业内主流企业不推荐选用潮湿敏感等级为 4 级和 5 级的元器件。严格控制选用潮湿敏感等级为 6 级的器件。相关要求参见附录 G。

（2）潮湿敏感等级为 2 级及以上等级的器件应采用防潮的包装袋进行真空包装。包装袋要防静电，在包装袋上注明该器件是潮湿敏感器件，并注明潮湿敏感等级、烘烤条件、警告标签、包装袋密封日期。包装袋必须为原厂包装，不得重新包装。包装袋内必须有干燥剂和潮湿显示卡。密封后的包装袋应具有良好的气密性，在温度为 20～30℃、相对湿度为 30%～75% 的条件下，在器件要求的存储期限内，潮湿显示卡的湿度不应超过 20%。

> **小提示**
>
> 开真空防潮包装袋后，潮湿显示卡会显示包装袋内的潮湿程度。一般而言，潮湿显示卡上设有三个圆点，分别代表相对湿度为 10%、20%、30%，这三个圆点的初始颜色为蓝色。当某一圆点的颜色由蓝色变为红色时，即表示相对湿度已达到或超过该圆点所对应的湿度。如果潮湿显示卡的读数超过 20%，则意味着在生产前需要对包装袋内的器件进行烘烤处理。

（3）器件的烘烤条件为：在 125℃ 下烘烤 24h，或在 45℃ 下烘烤 192h。推荐选用能承受 125℃、24h 烘烤条件的包装材料。对潮湿敏感器件的包装材料应耐高温。如果包装材料无法耐受高温，而器件又必须进行烘烤时，则可选择更换包装材料，或采用 192h 的低温烘烤方式进行烘烤。

7.4.3　电子元器件静电敏感要求

（1）静电敏感器件必须采用防静电材料包装，在包装上必须有防静电标识，注明该器件的防静电要求、静电敏感等级或静电敏感电压。静电敏感器件的选用要求如下。

- 在其他条件相同的情况下，优先选用防静电能力强的器件，一般要求器件的静电敏感电压大于 1000V。
- 如果选用静电敏感电压在 100～1000V 之间的高静电敏感器件（如 RF 和高速器件），使用此器件前，应提出工艺上防静电的要求和措施，如指定专线生产、贴片顺序调整等。对于特殊操作环节，如手工装配、二次成形、辅助材料处理等，必须提出防静电方面的特殊处理要求。
- 禁止选用静电敏感电压小于 100V 的器件。若有特殊原因必须选用该器件，则操作环境的静电防护能力必须适应器件的要求。

（2）生产线的防静电区域等级划分如下。

- EPA（ESD Protected Area，静电防护区域）划分为两个等级：一级 EPA 和二级 EPA。一级 EPA 为静电放电严格控制区域，二级 EPA 为基本静电放电控制区域。无论是一级 EPA 还是二级 EPA，静电电压控制标准均小于 100V。
- 生产环境的温度为 20～30℃，相对湿度为 30%～75%。

(3) 用于包装静电敏感器件的材料要求如下。
- 在温度为 20~30℃和相对湿度为 10%~20%的环境下,应满足防静电性能指标要求。
- 包装材料进入企业后,其防静电性能指标应保持 1 年半以上。
- 包装材料不能有异味,不能对所包装的器件产生腐蚀等负面作用。

7.4.4 存储条件和存储期限

通常要求器件在库房中的存储时间至少为一年。在该存储时间内,产品的可焊性必须满足企业内部控制的标准。

7.4.5 器件耐受机械应力与应变测试要求

(1) 在加工和测试过程中,PCB 可能会发生变形,器件应能承受这种变形,而不失效或导致其他可靠性隐患。为了减少加工工艺过程中 PCB 变形对器件造成的影响,所有工艺环节(SMT 印刷、贴片、回流焊接、波峰焊接、在线 FT 测试、ICT 测试等工艺环节)都需要注意 PCB 支撑的有效应用。PCB 组装过程中应力对器件的影响如图 7-6 所示。

(2) 在进行器件选型与 PCB 布局时,必须考虑 PCB 变形的方向性、应力范围等因素。为了减少应力对器件的影响,可以采用具有缓和作用的导电性树脂层。图 7-7 展示了 PCB 变形应力对陶瓷电容器的影响,这种影响是显著的。具体来说,厚贴片陶瓷电容器比薄贴片陶瓷电容器对应力的反应更为敏感。此外,大型贴片陶瓷电容器比小型贴片陶瓷电容器更容易发生破裂。

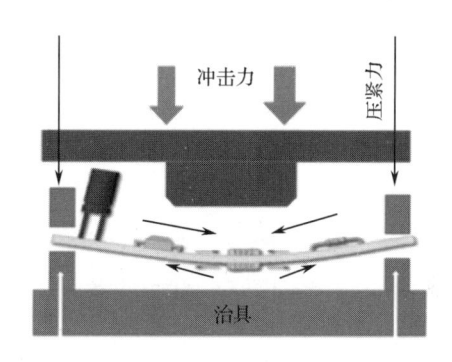

图 7-6 PCB 组装过程中应力对器件的影响

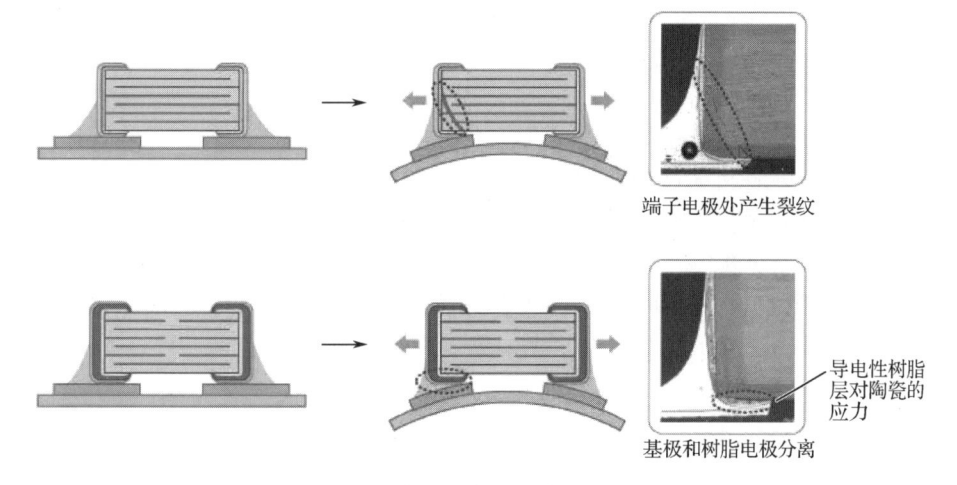

图 7-7 PCB 变形应力对陶瓷电容器的影响

（3）在电子制造业中，PCBA 是一个至关重要的环节，将电子元器件焊接到 PCB 上，以构成完整的可工作电路。在生产过程中，由于受到多种内在和外界因素的影响，组装过程可能会产生不同程度的应力，这些应力可能会对 PCB 的性能和可靠性造成影响。因此，为了确保产品的长期稳定性和可靠性，进行 PCBA 应力测试显得尤为重要。

① PCBA 应力主要来源于膨胀和收缩。在回流焊接、波峰焊接等高温过程中，材料会因受热而膨胀，相反，材料在冷却过程中会收缩。这种热循环会导致材料内部产生应力。如果应力超出了材料的应力承受范围，则可能导致材料产生裂纹甚至断裂，最终影响电路的功能。

② 机械应力同样不容忽视。在生产和使用过程中，PCBA 可能会经历弯曲、扭转、拉伸、压缩等多种机械作用，这些机械作用会在材料内部产生机械应力。特别是在精密间距器件或细间距焊点的情况下，机械应力可能导致焊点损伤。

③ 除了上述物理因素，化学因素如腐蚀和电化学反应也会产生附加应力，从而影响电路的稳定性和寿命。湿度变化也会引起材料的膨胀或收缩，从而在组件内部产生额外的应力。

④ 对 PCBA 进行应力测试非常必要。通过模拟 PCBA 在生产和使用环境中可能遇到的各种情况，检测和分析 PCBA 在受到温度、湿度、机械负荷等因素影响下的应变反应，我们可以评估 PCBA 设计是否合理、材料选择是否恰当、生产工艺是否稳健。这有助于发现潜在的风险，优化产品设计，提高生产质量，确保产品的可靠性和耐用性。

7.4.6 器件耐受高温的要求

（1）考虑到器件通常需要经历 3 次热循环，因此要求器件能承受至少 3 次焊接，最好能承受 5 次焊接，这是为了满足返修需求。

（2）器件封装本体高温耐热性要求如下。

① 应用回流焊接器件（SMD 和通孔回流焊接的插装器件）的耐受温度应为（260±5）℃，停留时间不少于 10s，且在此条件下不应出现质量问题。

② 插装器件（波峰焊）的耐受温度应不低于 180℃，停留时间不少于 10s，且在此条件下不应出现质量问题。

7.4.7 非优选插座器件要求

由于插座的电气连接可靠性不如焊点，应尽量避免使用 IC 插座和保险管插座。使用 PLCC 插座的 PCB 软件可靠性通常较差。

PCB 取消 PLCC 插座的解决方案如下。

（1）推荐使用系统软件的自动加载方式。通过操作系统，利用 PCB 的对外接口进行在线加载或 ICT 加载，无须从整机中拔出 PCB 进行软件更改，同时可以实现异地软件版本的更新。

（2）通过在 PCB 上设计电缆接口进行软件加载。这种方法需要外接电缆线到主机上，以便进行软件升级。

7.4.8 器件封装、外观等要求

（1）器件引脚和端子表面的镀层色泽均匀，不得有露底、黑斑、锈蚀、裂纹、针孔、

划痕、烧焦、剥落等缺陷，且不得有任何明显污染物。

（2）器件封装必须符合相应的国际标准。为确保产品设计和生产加工的顺利进行，器件的封装必须满足这些国际标准的要求。

（3）不同厂家生产的可互相替代的器件的基本特性必须保持一致，这些基本特性包括引脚间距、极性、引脚形状、安装尺寸、封装外形、颜色、重量，且应按照器件的重要性等级依次排序，最重要的特性排在最前。为确保产品设计、应用、检测、加工的顺利进行，要求可互相替代的器件的基本特性保持一致，如果器件的基本特性不一致，则会对产品的设计、装配和加工等环节产生负面影响。

（4）应避免可互相替代的器件存在公制和英制两种长度单位制式。如果供应商提供的封装尺寸制式不一致，则可能导致单位换算产生误差，最终可能造成设计不兼容。

（5）封装标记必须实现标准化，封装标记图像应鲜明、一致，并具有唯一性。器件表面的文字应由连续的线条构成。

① 清晰、一致、唯一的封装标记对管理生产物料、处理生产问题等工作至关重要。

② 对于外形对称的极性器件，必须在其本体的醒目位置清楚标有方向性标识，确保该极性器件安装完成后，方向性标识不被遮挡。

③ 对于引脚不对称的器件，如果器件的安装方向性唯一，则器件上可以不设方向性标识。

④ 对于可以互相替代的极性器件，其方向性标识必须统一且一致。

⑤ 对于需要进行 AOI（自动光学检测）的器件，其外观必须满足 AOI 的测试要求。

⑥ 器件的颜色尽可能少。可互相替代的器件应仅有一种颜色，且不同供应商提供的器件颜色差异应尽可能小。片式电阻和阻排的表面应避免使用绿色。

⑦ 在器件顶视图中，器件本体不得遮挡引脚，以免影响 AOI 结果。

7.4.9 器件在表贴工艺中的应用要求

器件共面度是指焊接面相对于基准面的平整度。器件的共面度需要满足通用焊接工艺的要求。

单边尺寸很长的器件对 PCB 的变形要求比较严格。以 5cm 长的双边缘连接器为例，当 PCB 的翘曲度达到 0.5%时，连接器贴放在 PCB 上后，两端的引脚与中间引脚的垂直高度可能相差 0.25mm。若锡膏的厚度为 0.15mm，即使连接器的引脚共面度为 0，两端的引脚也无法接触锡膏，这可能导致焊接后两端引脚出现开焊等情况。连接器本体的变形也会影响引脚的共面度，进而导致焊接后引脚出现开焊等质量问题。在使用此类器件时，可以采取以下措施避免开焊问题。

- 如果 PCB 尺寸较大，则可使用夹具减少 PCB 在回流时的变形。
- 使用 Tg 较高的 PCB，以提高 PCB 的耐热性和抗变形能力。
- PCB 采用平整度较好的表面处理方式，如电镀镍金。
- 增加锡膏印刷厚度，如使用阶梯钢网等。
- 增大器件的贴片压力。

7.4.10 锡膏印刷工艺对器件的要求

1．引脚间距要求

优先选择引脚间距大于 0.5mm 的翼形引脚器件和引脚间距≥0.8mm 的面阵列器件。对于非优先选择的器件，由于引脚间距较小，对锡膏印刷和器件定位的要求非常严格。为了避免连锡、偏位问题，这些非优先选择的器件可以采取以下措施。

- 使用 Tg 较高的 PCB 材。
- 采用平整度好的 PCB 表面处理方式。
- 钢网的孔壁需要保证足够光滑，便于锡膏脱离。可以使用激光切割与电抛光的钢网，或使用特殊材料制成的钢网。
- 可以使用印刷机的 2D 功能，或使用 AOI，检查器件的印锡质量。需要注意的是，印刷机的 2D 功能可能会降低印刷机的产出效率。

2．长焊端 SMD 的工艺应用

当器件的单个焊端长度大于等于 3.5mm 时，必须确保在印刷过程中焊端处有足够的锡膏量。由于器件焊端较长，需要 PCB 设计对应的长焊盘，如果钢网开口未采取适当措施，则长条形的钢网开口在印刷时可能会产生挖掘效应，这将对锡膏印刷产生不利影响。为避免这种情况，可以在钢网设计时采用分割开口法减少挖掘效应。具体做法是，以宽度大约为 0.4mm 的网格分割钢网开口，网格间距约为 3mm。需要注意的是，采用分割开口法可能会导致锡膏量不足，因此在使用这种方法时必须谨慎。

3．印刷工艺要求

应尽量避免选用与企业现有印刷工艺不兼容的器件。

器件的 standoff（离板高度）应小于 0.15mm。如果器件的 standoff 大于 0.15mm（见图 7-8），则不推荐使用 0.2mm 厚度钢网的刷胶工艺。

在计算器件的 standoff 时，必须注意器件底面凹陷印章的影响，因为这种凹陷可能会增加实际的 standoff。塑封 SOP 器件底部凹槽印章示意图如图 7-9 所示。

图 7-8　器件的 standoff 大于 0.15mm

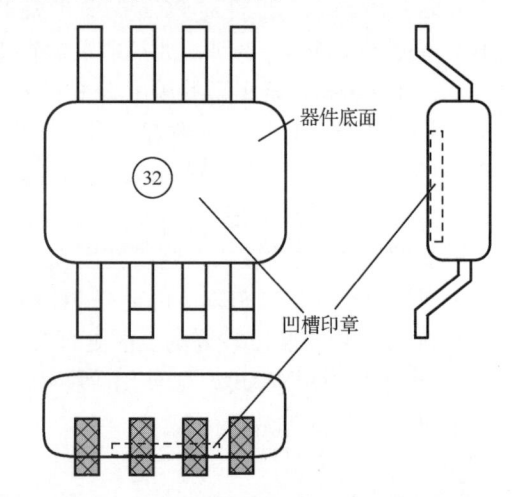

图 7-9　塑封 SOP 器件底部凹槽印章示意图

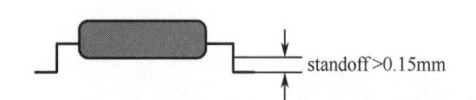

如果器件的 standoff 不满足要求,则可考虑采取以下措施。
- 在不影响刷胶质量的前提下,增大刷胶钢网的厚度。例如,在 PCB 布局时要求刷胶面不能布局小于 0805 标准尺寸的器件,以满足使用 0.25mm 钢网厚度的条件。
- 在器件底部的 PCB 上需在点胶位置设计假焊盘,并覆盖阻焊,钢网要求完全在假焊盘内开口,该方法仅能微调 standoff。设计假焊盘示意图如图 7-10 所示。

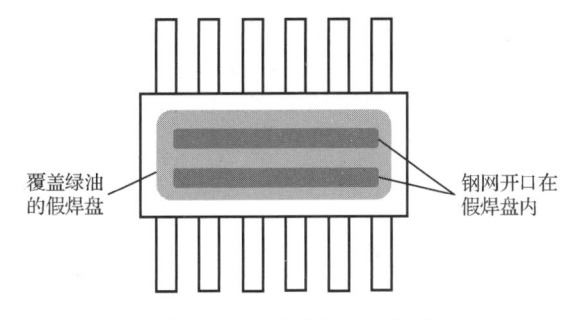

图 7-10　设计假焊盘示意图

- 更改钢网开口形状。如图 7-11(a)所示,1.2mm×8mm 的长方形开口可以优化为 2 个平行的 0.6mm×8mm 的长方形开口 [见图 7-11(b)],以避免挖掘效应和减少胶的塌陷程度,或将长方形开口优化为圆形开口 [见图 7-11(c)],以减少胶的塌陷程度。

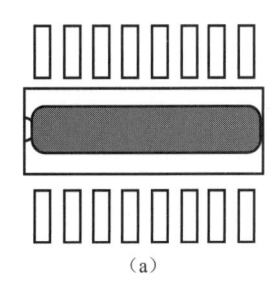

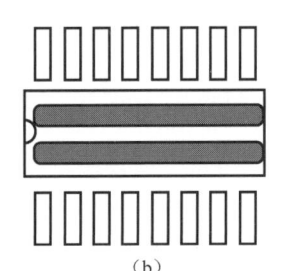

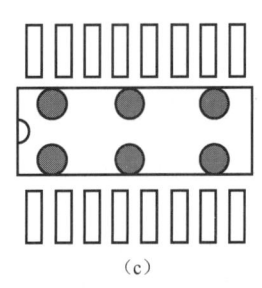

图 7-11　更改钢网开口形状

为了保证最终的胶黏质量,对被胶黏的器件提出以下要求。
- 器件被胶黏的部位的表面材料特性要与胶的适用范围相符合。
- 不同性能的胶适用于不同材料对象。例如,适用于黏结金属材料的胶,不一定适用于黏结橡胶材料。要求器件被胶黏部位的表面材料特性在所使用胶的适用范围内。
- 器件具有一定的可黏附面积,以保证黏附强度。
- 要求器件黏结面清洁,不允许有油污、粉尘、污染。

点胶、印胶工艺所使用的 SMT 胶黏剂型号的建议规格如下。
- 类型:环氧树脂。
- 组份:单组份。
- 颗粒:小于 50μm。

采用点胶工艺时,胶点的特性如下。
- 胶点圆度:长边与短边的长度差值不超过 10%。

- 最小胶点：0.5mm。
- 最小胶量：0.03μL。

采用点胶、印胶工艺的表贴器件有如下条件。

- 能在温度为 160℃的环境中持续 210s 不变形。
- 波峰焊接工艺的温度和时间要求：焊接温度为（248±5）℃时，焊接时间不少于 4s；预热温度为 130～160℃时，预热时间不少于 90s。

为避免陶瓷电容在波峰焊接过程中受到高温冲击，对于封装尺寸达到或超过 1206 标准尺寸的陶瓷电容，不建议采用常规波峰焊接工艺进行焊接作业。陶瓷材料较脆，在遇到不均衡的机械应力或热冲击时，极易产生裂纹乃至断裂。并且，陶瓷材料尺寸增大将提高此类情况发生的概率。鉴于电容结构的特殊性，一旦陶瓷电容产生裂纹，往往会导致电容两极间电气低阻值连接或短路，进而在通电状态下引发周边材料的燃烧风险。因此，对于封装尺寸达到或超过 1206 尺寸的陶瓷电容，通常不推荐采用常规波峰焊接工艺进行焊接。

关于采用波峰焊接工艺的 SMD 器件的具体要求如下。

- 对于尺寸达到或超过 0603 标准尺寸的片式阻容器件，其 Standoff 值需小于 0.15mm。
- 对于尺寸达到或超过 0603 标准尺寸的片式非线圈片式电感或磁珠，其 Standoff 值需小于 0.15mm。
- SOP 器件的间距需超过 1.27mm，且其 Standoff 值应小于 0.15mm。
- SOT 器件的间距需超过 1.27mm，且其引脚须为外露可见。
- 全端子 SMD 器件的高度要求不得超过 2mm，其他类型的 SMD 器件的高度不得超过 4mm。

4．点锡膏工艺对器件的要求

（1）点锡膏工艺适合于对锡膏量要求多或焊端较高的器件。如城堡形器件、DPAK 器件等。

（2）PCB 上的各类器件对锡膏量要求差别较大。如果增加功率器件的钢网开口面积后，仍不能解决锡膏量问题，则可考虑使用点锡膏工艺。

（3）当器件引脚间距小于 0.65mm 时，或 CHIP 器件的尺寸小于 0603 时，不推荐采用点锡膏工艺。

5．贴片工艺对器件的要求

（1）器件的重量必须符合设备能力要求。具体而言，对于 Universal 品牌的 GSM 系列贴片设备，所允许使用的器件不得超过 35g。如果所选器件为 25～35g，则应特别标明该器件仅限于在 Universal 品牌的 GSM 系列贴片设备上使用。

（2）器件顶部必须设有一个平坦、规则的平面作为可吸附面，该可吸附面的面积应不小于 $0.5mm^2$。

- 有些异形器件的可吸附面不在器件顶部，如图 7-12 所示，器件的可吸附面在凹槽底部，此时需要用特制的吸嘴吸取此类器件。在认证此类器件时，需要确认有无对应的吸嘴，如果没有吸嘴，则需要提前向厂家定制吸嘴。
- 有些器件的顶部不规则，器件表面有突出的结构，这时器件顶部的平面并不都能作为可吸附面，这在器件认证时需要特别注意。

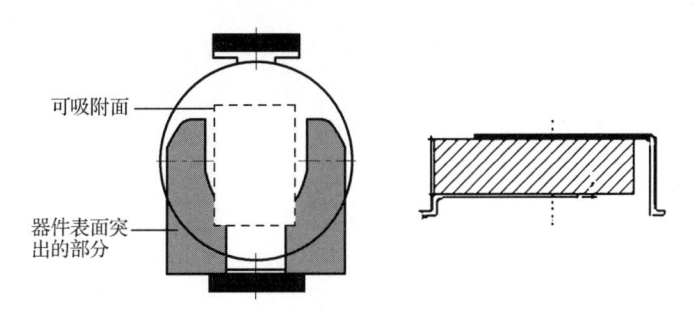

图 7-12　器件的可吸附面在凹槽底部

（3）器件的质量与可吸附面积之比应小于 0.06g/mm²。如果选用了器件质量与可吸附面积之比为 0.06～0.6g/mm² 的器件，则需要特别注明该器件只能在 Universal 品牌的 GSM 系列贴片设备上使用。

（4）器件的重心必须要在可吸附面的垂直投影区域之内，否则器件的吸附不稳定，容易发生抛料、偏位等现象。器件可吸附面要求示意图如图 7-13 所示。

（5）器件的重心不能太高。重心太高的器件在轨道上进行传输时容易移位，因为轨道在启动、停止时有一定的加速度。在实际生产过程中，当器件进行贴片后，产线的轨道在启动时器件容易发生移位。需要调慢产线轨道的启动速度，这样器件才不会位移。

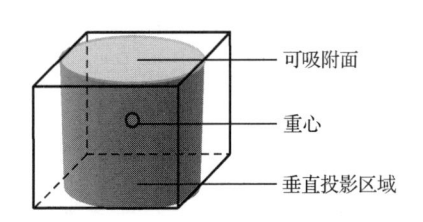

图 7-13　器件可吸附面要求示意图

（6）进行器件的尺寸设计时，应参照贴片机设备的能力。器件的长和宽主要受设备识别相机的视窗范围影响。需要注意的是，西门子常规贴片机能稳定处理的最大器件尺寸为 55mm×55mm（视窗范围）。如果器件尺寸超过上述规定范围，则设备识别相机视窗的范围不能满足器件定位要求，此时可以采用分段处理的方式完成器件的贴装。在使用这种方式时，器件的贴片精度会受到影响，在使用此方式前需要经过仔细评估。

（7）器件的引脚应是规则的形状，如方形、圆形等，引脚不允许是不规则的多边形。

（8）器件的引脚与本体之间的相对位置精度要求比较高。器件引脚与本体之间的距离误差太大会影响设备的识别，并造成焊接问题。

（9）若引脚封装在器件底部，引脚与识别背景间要存在明显色差。基于散热考虑，此类器件本体多为陶瓷材料，陶瓷材料与器件焊端色差不明显，会为贴片机识别带来问题。可以要求器件供应商在陶瓷材料上涂覆与焊端色差明显的材料，以满足器件可识别性的要求。

（10）贴片器件中心要能承受不小于 2.4N 的压力。某些器件有承受最大贴片压力的限制。例如，西门子贴片机的 S 头最小可设置的贴片压力为 2.4N。西门子的 IC 头和环球机的贴片头可以设置 2N 以下的压力。

（11）器件焊端与焊盘的接触面积尽量大，避免点接触或线接触。当器件与锡膏的接触面积过小，容易形成点接触或线接触，锡膏对器件的黏结力太小。当 PCB 在轨道上传输时器件容易发生移位。

（12）器件优选卷带式包装，尽量不选用管式包装。选用卷带式包装主要考虑加工效率与加工质量。相对于管式包装，卷带式包装器件的引脚不易变形，且因为不用频繁加料，贴片效率较高。卷带式包装可以保护脆弱的引脚。需要注意的是，有些器件可能需要在贴片前加载软件，这些器件需要采用管式或卷带式包装，此类器件包括 CPLD 芯片等。不推荐使用先烧后贴的软件加载方法，这样容易碰弯器件引脚，造成器件焊接问题。可以使用 FT 或 ICT 加载软件。

（13）对于卷带式包装，包装尺寸参数须满足相应的国际通用标准。

（14）卷带式包装顶部覆膜的剥离力应满足运输和贴片机供料器要求，一般为 0.1~5N。

（15）卷带式包装需要满足设备能力。卷带式包装的具体尺寸要求可以参见相应的贴片机设备要求。

（16）卷带式包装中器件的引脚不允许与盘壁相碰，二者之间应该留有一定的空隙，要保证包装在振动时器件引脚不会与盘壁触碰。图 7-14 展示了 IC 类器件卷带式包装要求。如果包装不符合上述要求，则器件在运输、存储过程可能会碰弯引脚，从而导致焊接问题。

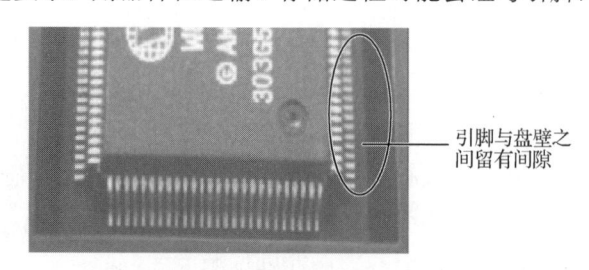

图 7-14 IC 类器件卷带式包装要求

7.4.11 回流焊接工艺对器件的要求

1. 器件引脚和焊端要求

优选引脚、焊端对称且规则排列的器件，引脚或焊端最好相对器件几何中心对称分布，这样可以避免器件在焊接时发生偏位。引脚和焊端不对称会使焊锡作用在器件各个方向上的张力不同，从而影响焊接质量。某些器件的引脚和焊端是不对称的，如 DPAK 器件或某些柔性板连接器的焊端分布在器件的三个面且形状各不相同。对于此类焊端，在焊盘设计和钢网设计上需采取措施，尽量平衡焊锡在四个方向的张力，以避免焊接偏位问题。引脚和焊端不对称的器件如图 7-15 所示，不对称器件的焊盘设计如图 7-16 所示。

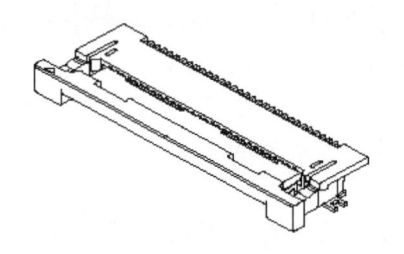

图 7-15 引脚和焊端不对称的器件 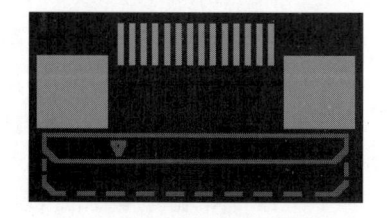　　　　图 7-16 不对称器件的焊盘设计

2. 回流焊接器件密度要求

双面回流焊接时，第一次回流焊接器件的密度需要保证其在回流时不掉件。第一次回

流焊接器件密度要求如表 7-1 所示。

表 7-1 第一次回流焊接器件密度要求

器 件 种 类	器件密度要求（器件质量/引脚与焊盘接触面积）
片式器件	≤0.075g/mm^2
翼形引脚器件	≤0.300g/mm^2
J 形引脚器件	≤0.200g/mm^2
面阵列器件	≤0.100g/mm^2

3．器件的耐温性要求

若器件存在内部焊点，为了保证器件在回流时不会因为内部焊点熔化而造成器件失效，需要保证内部焊点的熔点不会超过回流焊接的最高温度。此类器件主要包括电感、晶振、电阻阵列、电容阵列等。

4．器件的高度要求

器件高度需要满足回流炉设备能力的要求。

5．中空腔体器件的气密性要求

中空腔体器件需要有内部空气的释放出口，否则器件在回流焊接过程中会因为内部气体受热后快速释放而使器件移位。某 RF 射频类中空腔体器件如图 7-17 所示。

6．芯片的结构要求

芯片的内部结构要求设计对称、合理。如果芯片的内部结构设计不合理，则芯片在经受回流焊接的高温时，会因为材料的 CTE 不匹配而发生变形，造成严重的焊接问题。某塑封多层倒装芯片如图 7-18 所示。

图 7-17 某 RF 射频类中空腔体器件

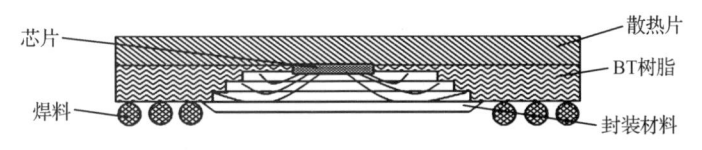

图 7-18 某塑封多层倒装芯片

如图 7-19 所示，某 IC 类器件内部结构不对称，BT 基板中间开槽，晶粒黏结在铜合金散热外壳上。因为晶粒、铜合金、BT 等材料的 CTE 相差很大，此器件在焊接时会发生严重变形，造成严重的焊接问题。

图 7-19 某 IC 类器件内部结构不对称

7.4.12 THT 工艺器件工艺要求

1. 引脚长度要求

径向器件引脚示意图如图 7-20 所示，引脚要有足够的长度 L，保证成型，并保证焊接后至少有 0.5mm 的出脚。此外，还需考虑 PCB 厚度 T、器件的抬起高度 S。

轴向器件引脚示意图如图 7-21 所示。对于轴向器件，引脚长度 L 的确定需要考虑 PCB 厚度 T、器件的抬起高度 S_1+S_2、器件本体到折弯处的长度 S_3。

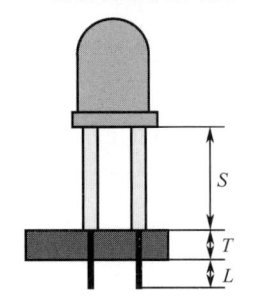

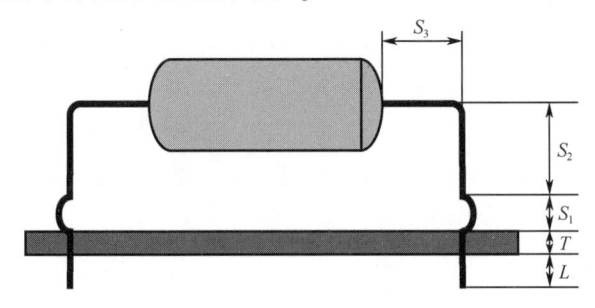

图 7-20　径向器件引脚示意图　　　　图 7-21　轴向器件引脚示意图

确定 PCB 厚度时应以一系列 PCB 中最大厚度为准，以保证器件的通用性。器件是否需要抬高主要取决于两方面：器件的功率和结构装配要求。对于功率大于 1W 的器件，通常需要抬高 2~6mm。

对于引脚长度不能满足要求的器件，可考虑以下解决方法。
- 采用阶梯孔或阶梯板。
- 选用替代器件，如用压接器件替代焊接器件。

若以上方法均不能解决问题，且必须使用引脚长度不能满足要求的器件时，焊接时可以采用波峰焊接、选择性波峰焊接、穿孔回流焊焊接，不推荐使用手工焊接。

2. 器件引脚形状

器件引脚的直径（如果引脚是方形，则为对角线长度）应<3mm。如果器件引脚的直径≥3mm，则可要求供应商在交付时完成引脚的成型工作，需要制作专用的成型工装对引脚进行加工，以满足特定的组装要求。

3. 器件引脚材料

如图 7-22 所示，器件引脚上绝缘物直接插入焊接孔，会导致焊接效果不佳。如图 7-23 所示，将器件引脚折弯，即可解决焊接效果不佳的问题。

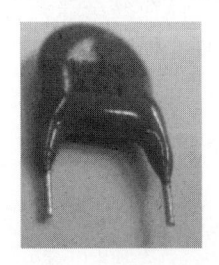

图 7-22　器件引脚上绝缘物直接插入焊接孔　　　　图 7-23　将器件引脚折弯

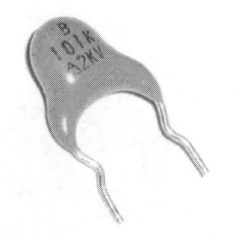

4. 包装

包装要满足自动化成型要求，优选编带包装。包装尺寸参数须满足相应的国际通用标准。

7.4.13 插件前对 THT 器件的要求

1. 模块底部绝缘要求

金属壳体器件要求模块底部进行绝缘或抬高处理。如果器件底部为金属且未进行绝缘或抬高处理，则可能会对 PCB 表层走线造成干扰，此时可加绝缘膜或绝缘垫。

在空间允许情况下，可以通过使用插针或插座抬高模块。这种方法可以有效地将金属壳体器件与 PCB 表层走线隔离。底部绝缘模块通过转接板抬高示意图如图 7-24 所示。

图 7-24 底部绝缘模块通过转接板抬高示意图

2. 螺钉安装孔要求

器件引脚排布应满足螺钉安装禁布区的要求。螺钉安装孔排布示意图如图 7-25 所示。螺钉安装孔中心到最近引脚中心的距离 $L \geq 0.5d_1 + d_2$，其中 d_1 为螺钉的禁布区，d_2 为引脚直径。如果器件不能满足此要求，则可采用以下解决措施。

- 安装螺钉时加绝缘垫。
- 将存在短路隐患插孔的焊盘改为椭圆焊盘。

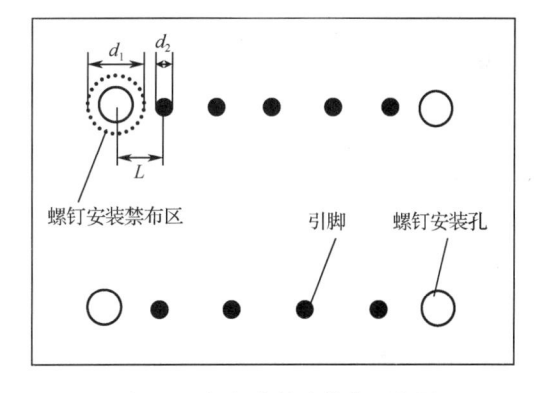

图 7-25 螺钉安装孔排布示意图

7.4.14 插装对 THT 器件的要求

1. 组合器件要求

对于插针和插座配合的器件，尽量选用单个器件，避免选用多个器件，如图 7-26 所示。一体化器件能保证两排引脚位置平行度与间距的精度。

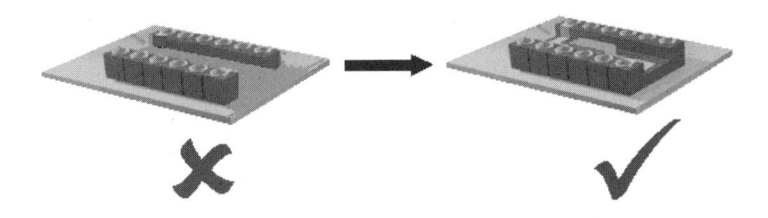

图 7-26 避免选用多个器件

若选用了分离器件，同时存在高精度位置要求时，则可用限位工装进行定位，如图 7-27 所示。

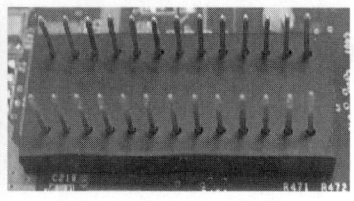

图 7-27 用限位工装进行定位

2. 引脚承受的质量和器件重心

器件单个引脚承受的质量不得超过 5g，器件的重心应位于引脚支撑面内。如果引脚承受的质量较大，则可采取胶粘等机械固定方式。如图 7-28 所示，锂电池单个引脚承受质量大，此时锂电池可以通过胶粘方式固定引脚。

对于重心完全偏离器件支撑面的器件，可以通过制作专用工装确保器件的稳定性。弯式同轴连接器重心偏离支撑面如图 7-29 所示。

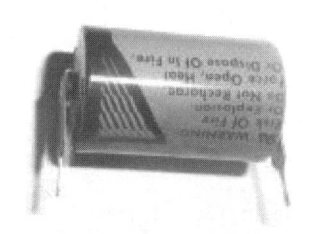

图 7-28 锂电池单个引脚承受质量大

三层插针如图 7-30 所示。对于三层插针这种重心比较高的器件，在焊接过程中三层插针可能会偏位，为了保证定位精度，可采用胶粘固定方式。

图 7-29 弯式同轴连接器重心偏离支撑面

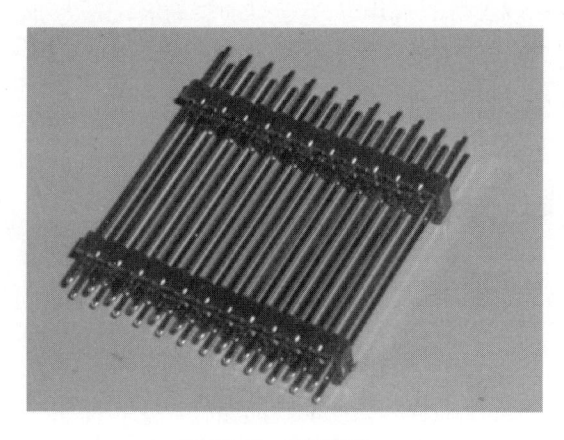

图 7-30 三层插针

7.4.15 常规波峰焊接对 THT 器件的要求

1. 耐温性要求

PCB 的 TOP 面波峰焊接温度曲线如图 7-31 所示。

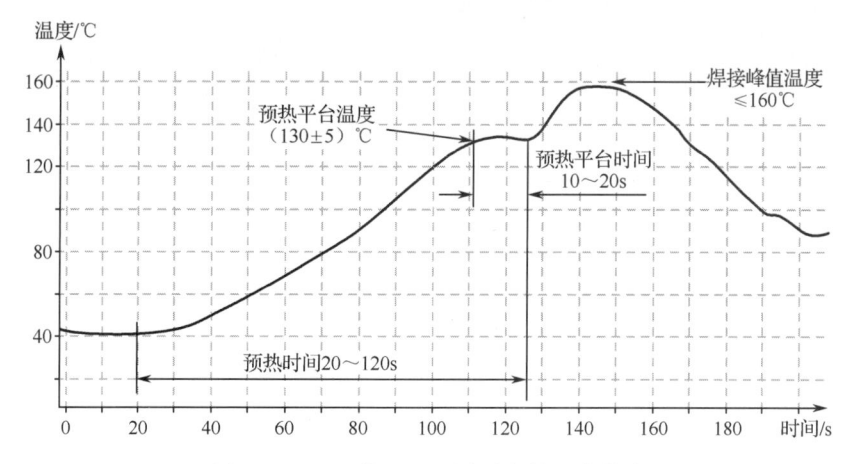

图 7-31　PCB 的 TOP 面波峰焊接温度曲线

2. 稳定性要求

不推荐选用与 PCB 点接触或线接触的器件。如图 7-32 所示，快恢复二极管插装后与 PCB 形成点接触，在波峰焊接过程中稳定性不好，可能会造成快恢复二极管倾斜，一个引脚出脚过长，另一个引脚没有出脚。如果选用了这类器件，则可进行成型处理。快恢复二极管的成型方式如图 7-33 所示。

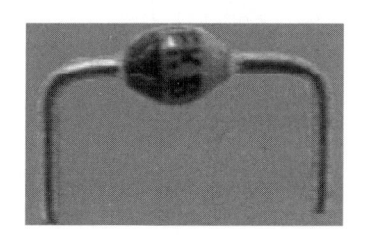

图 7-32　快恢复二极管插装后与 PCB 形成点接触

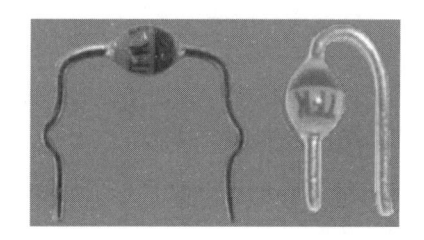

图 7-33　快恢复二极管的成型方式

7.4.16　压接对器件的要求

7.4.16.1　插针结构要求

（1）压接引脚优选柔性插针。柔性插针是指在压接过程中插针受挤压而变形，而孔不变形。柔性插针有利于 PCB 的设计和制作，因为它可以减少插入力，允许在同一孔上进行多次插接操作，并且允许电镀通孔孔径有较大的公差。慎选压接刃产生侧向力的连接器，如 C 形压接刃。C 形压接刃在压接时，压接刃变形会产生侧向力，容易导致跪针。

（2）插针和引脚端头都应设计倒角或倒圆。插针端头的倒角或倒圆有助于连接器在配合时顺利进行插拔操作，减少插拔过程中的阻力和磨损。同样，引脚端头的倒角或倒圆有利于连接器顺利插装到 PCB 上，确保安装过程的顺畅和连接的可靠性。

（3）直式连接器中的母型插针应具有足够的刚度，以确保能顺利压入 PCB。在压接过程中，模具可以从母型插针的顶部施加压力，直接将母型插针压入 PCB，同时保证母型插针不失稳或弯曲。母型插针的压接方式示意图如图 7-34 所示。

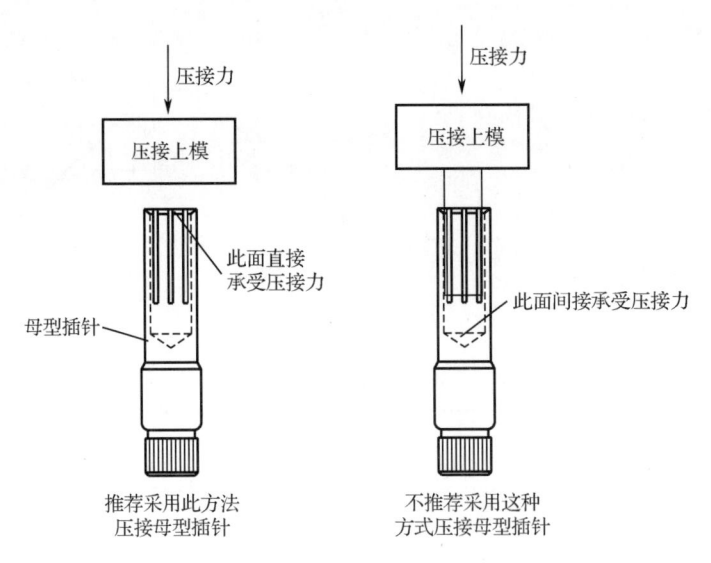

图 7-34 母型插针的压接方式示意图

(4) 压接引脚应具备足够的变形空间和材料容屑空间，并确保压接连接器与 PCB 之间具有足够的保持力。

- 对于压接引脚直径≥3mm 的压接连接器，压接引脚应设有应力释放槽或材料变形容余槽，以保证在压接过程中应力能够有效释放，避免材料堆积。
- 对于具有塑料定位柱或固定柱的压接连接器，塑料定位柱或固定柱与壳体接触的部位应设计有容屑槽，以便在压接过程中容纳材料屑，保证压接连接器的稳定性和可靠性。
- 对于压接引脚直径≥3.5mm 的压接连接器，压接针或连接器需要具备螺钉紧固的功能。

对于大引脚的压接连接器，应力释放槽或容屑槽的设计应确保插针具有足够的变形空间，防止 PCB 出现过大的变形。当压接引脚直径≥3.5mm 时，压接连接器的引脚数量通常较少，这可能导致压接连接器与 PCB 之间的保持力不足，从而引发器件失效。因此，需要对压接连接器进行辅助紧固。电源插针的应力释放槽示意图如图 7-35 所示。

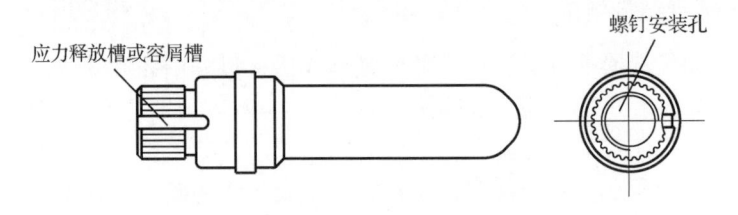

图 7-35 电源插针的应力释放槽示意图

在压接过程中，塑料定位柱或固定柱可能会挤出少量多余的材料屑。如果没有容屑槽，则这些材料屑可能会导致压接连接器与 PCB 之间存在间隙，从而影响连接的稳定性。定位柱和容屑槽示意图如图 7-36 所示。

(5) 压接引脚的材料硬度、结构不会影响压接连接器和 PCB 的可靠性。压接插针的针体结构和硬度需要保证 PCB 孔径无较大的变形，以及无破裂现象。压接引脚后需要保证压接孔壁无破裂。压接连接器的水平截面变形示意图如图 7-37 所示，压接连接器的纵向截面变形示意图如图 7-38 所示。其中，$a \leqslant 70\mu m$，$c \leqslant 50\mu m$。

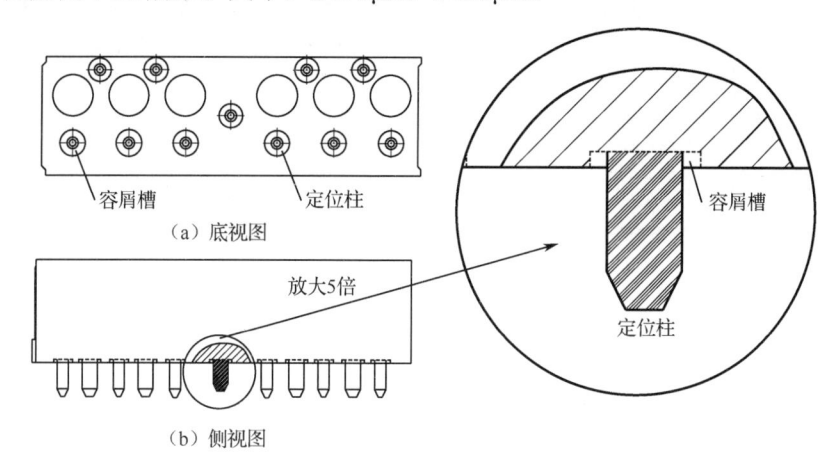

图 7-36　定位柱和容屑槽示意图

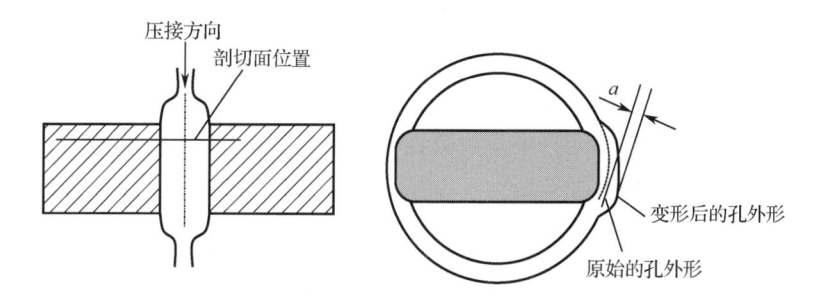

图 7-37　压接连接器的水平截面变形示意图

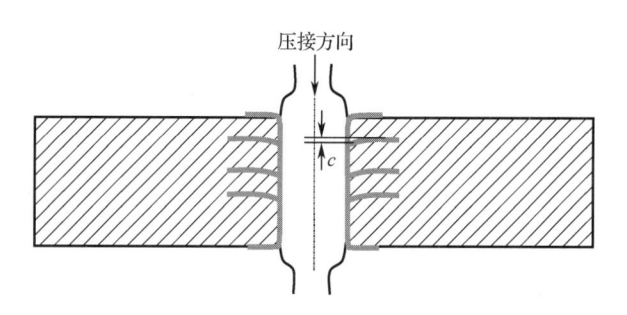

图 7-38　压接连接器的纵向截面变形示意图

7.4.16.2　壳体结构及强度要求

（1）具有配合功能的连接器的壳体结构需要具有导向能力。
- 公型连接器（包括直公、弯公连接器）壳体应具有导向斜面。
- 母型连接器（包括直母、弯母连接器）前端壳体的两侧应具有倒角或倒圆。
- 母型连接器前端端面应具有导向能力。

连接器壳体导向结构要求示意图如图 7-39 所示。当直公连接器的插针 d<1mm 时，对

应的母型连接器前端端面的尺寸 D 应≥3d。当直公连接器的插针 d≥1mm 时，对应的母型连接器前端端面的尺寸 D 应≥d+2。

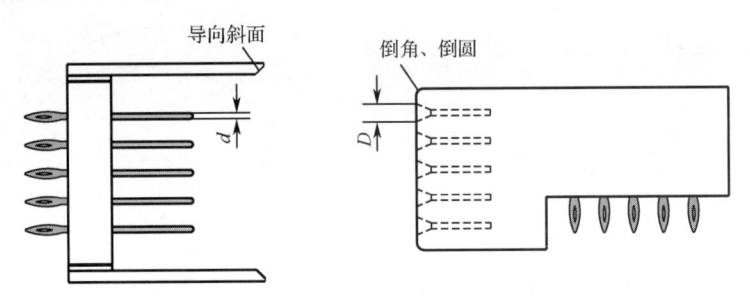

图 7-39　连接器壳体导向结构要求示意图

（2）连接器的壳体强度应满足插拔要求，壳体结构和材料应能承受一定的横向静电负荷能力，去除施加的静电负荷后，连接器应没有影响操作的位移，连接器本身应无任何损坏。静电负荷测试示意图如图 7-40 所示。如果连接器为 50mm 的长器件，则 F_1=100N，F_2=75N，F_3=50N。如果为其他长度的器件，则 F_1=50N，F_2=40N，F_3=25N。器件的结构必须确保在插拔 PCB 的过程中，弯母连接器前端的壳体不会脱落，直公连接器的壳体也不会从连接器插针上拔出。在满足导向精度的前提下，当带有屏蔽罩的弯母连接器与直公连接器配合时，屏蔽罩应无弯曲、变形或脱落等现象。对于壳体材料为金属的器件，壳体的强度和变形程度不应影响器件的功能和结构特性。

（3）对于自带塑料导向销的连接器，其塑料导向销的强度必须满足插拔要求。导向销受力位置示意图可参考图 7-41。以 2mm 的 HM 连接器为例，在导向销距连接器前端端面 0.5mm 处向内施加压力时，导向销发生断裂的最小力 F 应不小于 50N。若导向销的强度无法满足这一要求，在工艺结构设计时，应在槽位两端增设辅助导向结构。同时，连接器和辅助导向结构的定位基准必须保持一致。

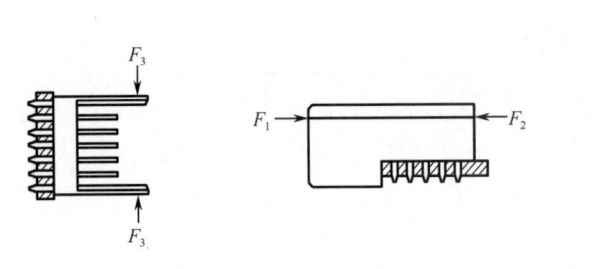

图 7-40　静电负荷测试示意图

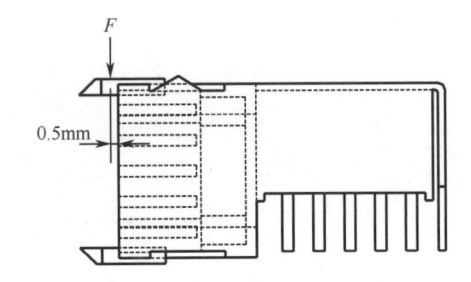

图 7-41　导向销受力位置示意图

（4）连接器壳体要求如图 7-42 所示。对于只有两侧有塑料壳体的连接器，其壳体内缩尺寸 |H_0-H| 应不超过 0.2mm。连接器壳体底面应平齐或均匀分布支撑点，如图 7-42（b）所示，不推荐选择只在壳体底面两侧有支撑点的设计。壳体内缩尺寸应保证在压接过程中能顺利取放模具。如果内缩尺寸过大，则不易取放模具，可能导致压接后壳体内缩尺寸超出规定范围，严重时甚至可能出现壳体断裂的现象。如果壳体底面悬空，则容易造成图 7-42（c）中的不良现象。

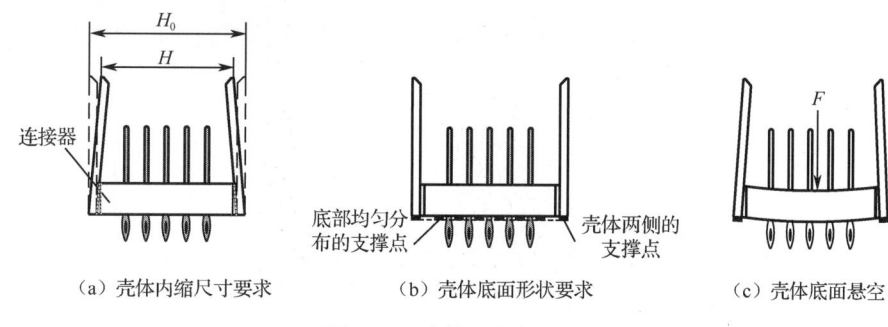

(a) 壳体内缩尺寸要求　　(b) 壳体底面形状要求　　(c) 壳体底面悬空

图 7-42　连接器壳体要求

7.4.16.3　长针连接器的结构要求

长针连接器的结构设计应便于将其插装到 PCB 上。对于引脚截面尺寸小于 0.4mm×0.5mm 的长针连接器，长针末端应配备塑料保护片，从而对长针进行保护。同时，长针与塑料保护片之间的摩擦力应不超过 30N。塑料保护片示意图如图 7-43 所示。

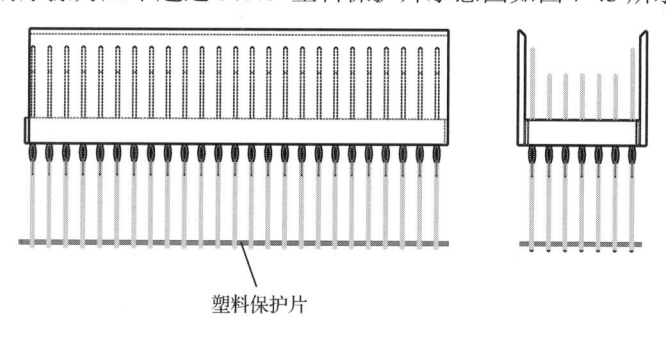

图 7-43　塑料保护片示意图

对于引脚密集的 HM、HS3 连接器，为了能顺利地将连接器插入 PCB 上，引脚必须具有良好的位置精度。使用塑料保护片对长针进行保护是一种有效的方法，塑料保护片可以防长针在运输、周转、使用过程中出现歪斜或弯曲等现象。然而，如果塑料保护片与长针之间的摩擦力过大，则人工插件将变得异常费力。塑料保护片的插入位置示意图如图 7-44 所示。如果在塑料保护片没有完全插入到位的情况下直接进行压接，则模具的重心过高，容易造成模具失稳。

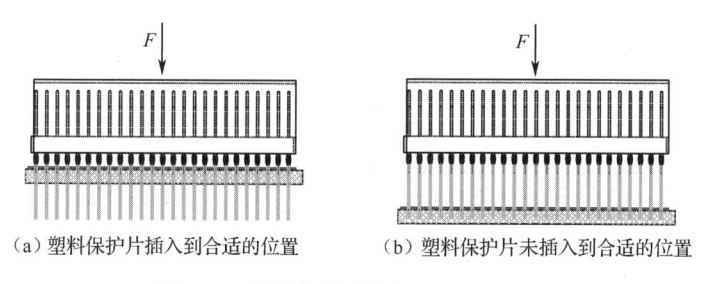

(a) 塑料保护片插入到合适的位置　　(b) 塑料保护片未插入到合适的位置

图 7-44　塑料保护片的插入位置示意图

长针连接器压接示意图如图 7-45 所示。长针连接器的针形结构设计应便于在压接后插装护套。压接完成后，长针连接器引脚的弯曲和倾斜精度应满足以下要求：$\Delta L_1 \leq 0.5d$，

$\Delta L_2 \leq 0.5d$，d 为长针尺寸。这一精度要求能确保护套方便地插装到连接器的长针内，同时避免引起长针的弯曲或倒针现象。

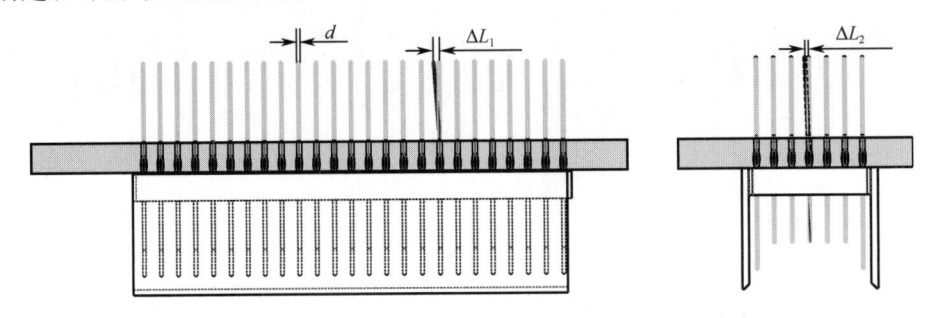

图 7-45 长针连接器压接示意图

7.4.16.4 插针的位置精度要求

插针、引脚的位置示意图如图 7-46 所示。插针、引脚应具有良好的位置精度。插针、引脚偏离连接器中心的距离（即 ΔL_1 与 ΔL_2）不应超过 $d \times 15\%$，d 为插针尺寸。如果连接器的引脚位置精度偏差过大（特别是长针连接器），则会影响插件效率。如果插针位置精度偏差过大，则不利于取放模具，甚至在取放模具的过程中会刮伤插针表面镀层。

7.4.16.5 护套结构和插拔力要求

护套的安装孔必须具备导向功能，安装孔的初始端面尺寸应不小于 3 个针体的尺寸。安装孔的导向能力示意图如图 7-47 所示，其中，$L \geq 1\text{mm}$。这样在插针倾斜等情况下，可将安装孔顺利插装到护套中。

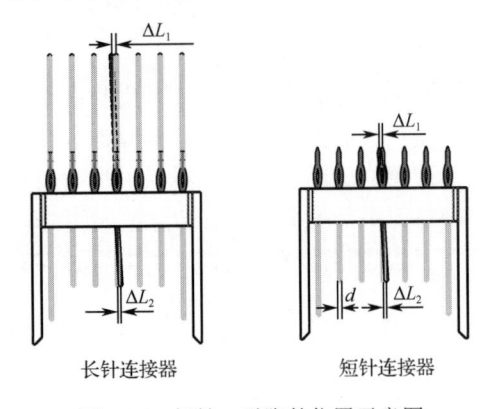

图 7-46 插针、引脚的位置示意图

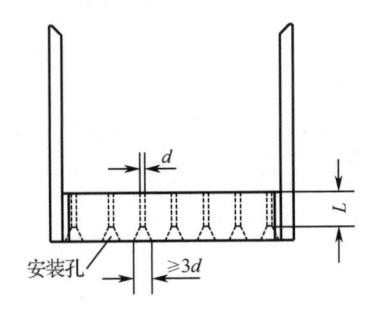

图 7-47 安装孔的导向能力示意图

护套的插入力和取出力应满足组装工艺的要求。护套的安装过程示意图如图 7-48 所示。对于通过铆接或螺钉紧固的护套，当引脚数<100 时，其插入力应≤15N；当引脚数≥100 时，插入力应≤30N，取出力应至少为护套自重的 5 倍，这能确保在铆接或安装螺钉时护套不会脱落。如果护套的插入力过大，则只能通过压接的方式进行护套组装，这将严重影响插装护套的效率。自锁紧护套的压装力应≤500N。对于锁片锁紧式护套，在未锁紧护套前，护套的插入力应不超过 15N。

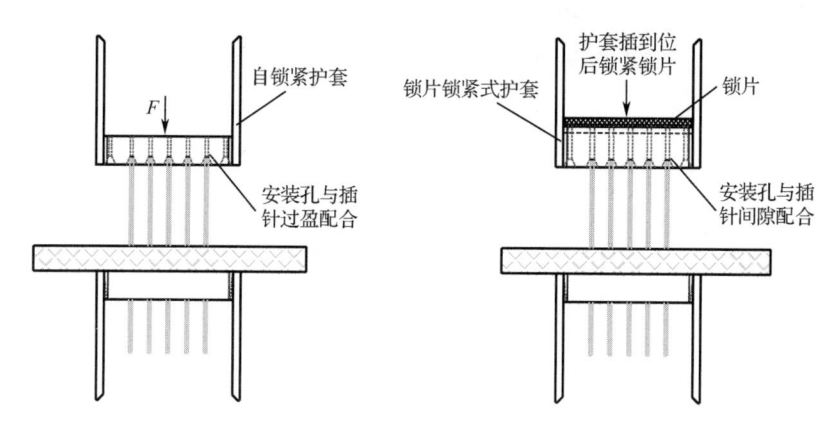

图 7-48 护套的安装过程示意图

2mm 的 HM 连接器的自锁紧护套主要通过插针与安装孔之间的过盈配合来锁紧护套。如果压装力过大,则在压装护套时容易造成连接器的插针弯曲,从而降低护套的安装效率。对于锁片锁紧式的护套,首先需要将护套完全插入,直至护套底面与 PCB 表面紧贴,然后通过锁片锁紧护套。在护套安装后,需要进行插板或插装电缆操作。为了防止在插拔电缆或 PCB 的过程中因护套保持力过小而被拔掉,必须确保护套具有足够的保持力。

7.4.16.6 电缆连接防反插、防松脱要求

电缆连接器在结构设计上必须满足防反插和防松脱的要求。电缆的防反插可以通过采用外壳结构的不对称设计(如 D 形连接器)或在外壳上设置不对称的缺口(如牛头插座)等防反插结构实现。此外,电缆连接器必须配备防松脱的锁紧结构,这可以通过锁扣、螺钉、螺母等实现,从而减少在振动环境下与电缆连接器的相对运动。牛头插座防反插、防松脱示意图如图 7-49 所示。

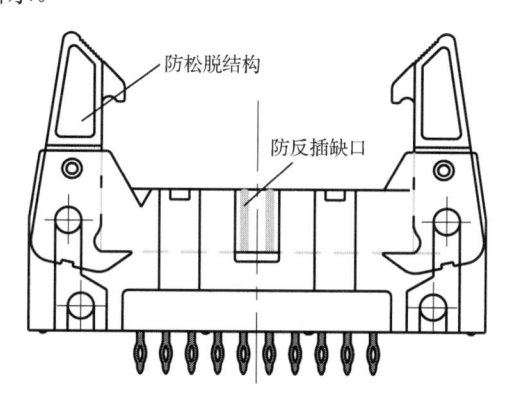

图 7-49 牛头插座防反插、防松脱示意图

7.4.16.7 辅助安装方式要求

采用螺钉或螺母都可以进行装配紧固的器件推荐使用螺钉进行安装。例如,D 形连接器在很多情况下可以采用螺母和组合螺钉进行紧固。然而,采用螺母紧固的效率明显低于螺钉紧固的效率。

7.4.16.8 压接力、保持力要求

连接器的压接力和保持力要求如表 7-2 所示。

表 7-2 连接器的压接力和保持力要求

压接孔径大小/mm	压接力/N	保持力/N
$\phi<0.7$	≤100	≥10
$0.7\leqslant\phi<1$	≤150	≥20
$1\leqslant\phi<2$	≤200	≥30
$\phi\geqslant 2$	<500	≥120

对于引脚数量较少的器件，如 2mm 的 HM 电源连接器、压接型单端口 RJ45 等连接器，需要特别注意 PCB 孔与器件之间的配合。PCB 的孔径公差必须严格按照器件资料的规定进行设计，以确保连接器与 PCB 之间的配合紧密可靠。不当的孔径公差可能导致连接不稳定。

7.4.16.9 可维修性要求

压接连接器的结构设计应便于维修。对于直公连接器，应能从塑胶体前面退针，且在此过程中塑胶体不发生连孔、裂纹等异常现象。这意味着在维修时，不需要将整个压接连接器的壳体拔出，就可以进行换针操作。

7.4.16.10 包装要求

连接器的包装必须为插针提供充分的保护，以确保插针在运输和存储过程中不受损害。对于带有插针的连接器，推荐使用盒式或管式包装，这些包装类型能为插针提供更好的保护，防止插针弯曲或损坏。对于没有插针的护套类器件，可以采用散装类型的包装。

7.4.16.11 压接工艺性要求

（1）压接连接器的结构设计应便于压接操作。压接针推荐采用压肩式结构，这有利于模具的设计和制作，确保压接过程的稳定性和效率。

- 对于承受压力的连接器壳体，其受力面必须保持平整，不应有异形或凸出等结构，以保证在压接时力的传递中心垂直向下，避免壳体在压接后出现大的变形或裂纹。
- 对于自带压接模具的连接器，模具的压接面必须保持平整。在压接过程中，模具和连接器壳体不应出现大的变形、破裂或损坏。压接完成后，模具应易于取出，且不对插针造成任何影响。

（2）连接器压接过程示意图如图 7-50 所示。插件后的 PCB 上表面距离器件顶部的高度不应超过 35mm。在进行双面压接时，通用的压接垫板厚度 H_2 为 30mm。压接第一面的连接器底部到顶部的高度 H_3 不应超过 25mm。在压接第二面时，必须确保 H_3 小于 H_2。同时，考虑到压接垫板的变形和公差等因素，要求第一面器件本体底部与器件顶部的尺寸 H_3 不超过 25mm。如果器件的高度超过此尺寸，则压接垫板的厚度需要进行特殊设计。由于压接模具的高度加上被压器件的厚度 H_1 为 35mm，因此要求插件后的器件高度不超过 35mm，防止在压接过程中损坏器件。如果插件后的器件高度超过 35mm，则需要特殊设计压接模具。

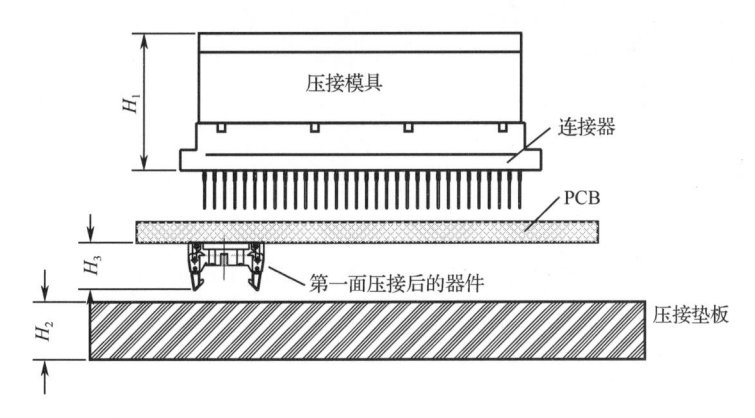

图 7-50　连接器压接过程示意图

（3）推荐压接连接器的长宽尺寸范围为 2mm×2mm 至 200mm×100mm。对于尺寸小于 2mm×2mm 的压接连接器，模具设计上存在困难，这些小尺寸的器件在进行插件和压接操作时也较为困难。通常情况下，压头尺寸为 100mm×200mm，当器件尺寸超过 200mm×100mm 时，模具与压头的有效接触面积将小于器件本体尺寸。超出压头尺寸的部分在压接时由于受力不均匀，容易导致压接连接器两端翘起，这将不满足压接连接器与 PCB 的间隙不超过 0.2mm 的质量要求。压接连接器超出压头示意图如图 7-51 所示。

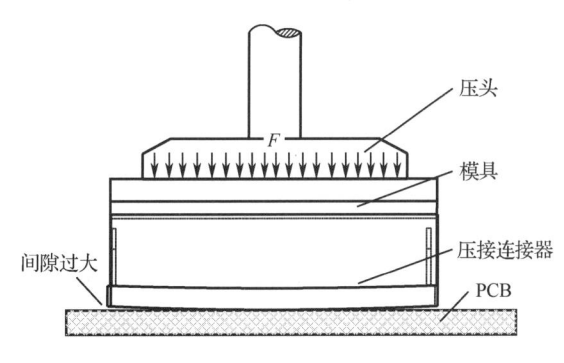

图 7-51　压接连接器超出压头示意图

7.4.17　涂覆对器件选型要求

（1）器件的密封性要求严格。对于敞开的器件，不允许进行全面涂覆，但部分器件允许表面有极少量涂料飞溅。不允许器件完全或大面积被涂料覆盖。允许进行涂覆的器件如下。

- 连接器。
- 温度传感器。
- 散热器。
- 电池。
- 发光二极管。
- 可擦除存储器。
- 带散热器的功率器件。

- 带金属散热面的 IC。
- 保险管及其底座。
- 电源模块。
- 水泥电阻。
- 已插装的 IC 插座。
- 工控卡（含奔腾模块）。
- 硬盘。
- 其他各类板卡（不含厚膜）。
- 陶瓷热敏电阻。

（2）部分器件有活动的部件，或者可以发声。器件的涂覆过程中，不允许完全覆盖这些器件，以免影响其正常功能。这些器件如下。
- 蜂鸣器。
- 微动开关。
- 拨码开关。
- 按键开关。
- 电位器（包括可调电阻）。
- 可变电容器和半可变电容器。

（3）光、电通路区域的器件禁止被涂覆。任何可能影响光、电通路的器件都应绝对禁止涂覆，所有依赖接触导电的部位都不得进行涂覆，具体包括但不限于以下器件。
- 光纤的光口处。
- 插座。
- 跳线（短路器）。
- 敞开的继电器。
- 内存条插座。
- 保险管 IC 插座孔。
- 接插件的插针。
- 内存条上的金手指。
- PCB 上的金手指。
- 光模块。
- 未插 IC 的插座。
- 湿度传感器等。

（4）器件本体必须与涂覆材料（如聚氨酯、有机硅树脂）不发生化学反应。在涂覆前，器件必须清洁，无油污等污染。

7.4.18 返工、修理对器件选型要求

（1）器件必须能承受返修过程中的焊接温度和时间。

① 使用烙铁进行返修时，器件引脚应能承受的最低条件为：在 360℃ 的温度条件下能持续 5s。同时，器件应能承受 100℃ 的温度。

② 使用热风进行返修时，器件应能承受的最低条件为：温升速率 4℃/s，峰值温度

235℃，在大于 183℃的条件下回流 80s。

③ 使用小锡炉进行返修时，器件引脚应能承受的最低条件为：在 260℃的温度条件下能持续 10s，器件应能承受 130℃的温度。

（2）器件的尺寸和引脚间距必须满足返修设备的技术要求。返修设备原装的热风喷嘴对器件的尺寸要求范围是 5～45mm。如果器件超出这一范围，则需要自制热风喷嘴以适应返修设备。返修设备的光学对位系统能处理边长为 2.54～50mm 的器件，处理的最大器件高度为 15mm，且能够处理 0.5mm 的 Bump Pitch 器件。

（3）表面贴装陶瓷的电容器不宜采用手工焊接，推荐使用热风返修方式。手工焊接很难保证器件两端受热一致，且预热困难，容易导致器件受到热冲击和热不平衡，从而造成器件失效。如果必须采用手工焊接，则必须指派经验丰富的操作员执行。操作前应先将电容器和基板预热至 150℃，使用恒温烙铁或功率不大于 20W、烙铁头直径不超过 3mm 的电烙铁，确保烙铁温度不超过 240℃，焊接时间控制在 5s 以内。操作过程中要非常小心，避免烙铁接触贴片的陶瓷，因为这样可能导致陶瓷局部高温而破裂。

（4）CCGA 返修时必须严格按照操作要求执行。
- 在返修前，需要制作测温板，并根据测温板精确设定 CCGA 的加热曲线。如果一块 PCB 上存在多个 CCGA，则每个 CCGA 都必须独立确定加热曲线。CCGA 陶瓷封装柱状引脚示意图如图 7-52 所示。
- 要求整板预热。
- 在拆除器件的过程中不得损坏焊盘。在拆除器件前，器件的焊点温度必须超过 190℃。
- 返修时要保证器件所有焊点温度一致。
- 器件在拆除后需要保证焊盘平整、无残留。
- 印锡量对直通率和可靠性都有较大的影响，要控制返修时的印锡量。
- 为保证自校正效果，引脚至少有 60%的面积位于焊盘上。
- 为避免开路发生，需要对器件进行支撑。
- 在回流焊接过程中，焊点峰值温度必须为 200～220℃。

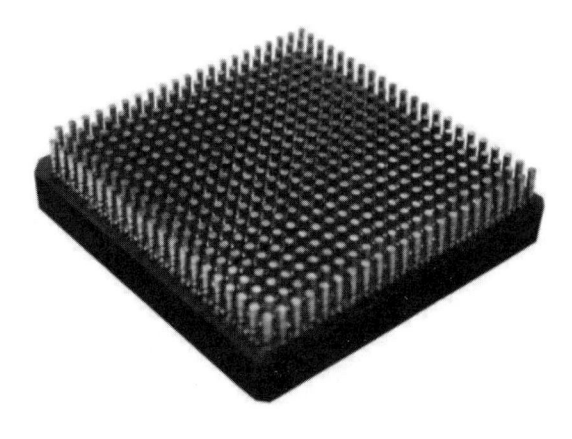

图 7-52 CCGA 陶瓷封装柱状引脚示意图

第 8 篇 器件 PCB 封装库设计指南

8.1 总体要求

(1) PCB 封装库定义器件和 PCB 之间的物理接口，为 PCB 的组装和维护提供了必要的信息，如器件的形状、符号、焊盘数量、位置、参考引脚、极性等。

(2) 一个完整的 PCB 封装库是由许多不同元素组合而成的，不同的器件所需的元素也有所差异。在封装设计过程中，必须考虑这些元素：焊盘（包括阻焊、孔径等）、丝印、装配线、位号字符、第 1 脚标识、安装标识、占地面积、器件最大高度、极性标识、原点。

8.1.1 面阵列封装器件焊盘设计

(1) 面阵列器件推荐使用 NSMD（Non-Solder Mask Defined）焊盘。相比于 SMD（Solder Mask Defined）焊盘，NSMD 焊盘的焊点可靠性是 SMD 焊盘的 1.25～3 倍。

(2) 在进行面阵列封装焊盘设计时，较小的焊盘有利于提高焊点的可靠性。此外，使用较小的焊盘可以降低走线的难度，提高 PCB 布局的灵活性。

8.1.2 有引脚封装器件焊盘设计

(1) 翼形引脚的焊盘内侧延伸对焊点的可靠性至关重要。

(2) 对于采用 J 形引脚的 PLCC（塑料引线芯片载体）器件，焊盘设计需要提供充分的外侧焊盘延伸，以确保有足够的空间形成优质的焊缝。焊缝是承受大部分应力的关键部分，对形成有效的焊缝、提高焊点的可靠性至关重要。

8.1.3 无引脚封装器件焊盘设计

对于引脚数大于 44 的 LCCC（集成电路封装形式）器件来说，确实有必要增加焊盘延伸值，以提高焊点的可靠性。

封装材料与基板材料 CTE 不匹配时，可采用较大的焊盘设计。

8.1.4 通孔器件焊盘设计

(1) 在进行插装器件封装焊盘设计时，总公差为

$$T = 0.5 \times \sqrt{A^2 + B^2 + C^2 + D^2}$$

式中，A 为引脚直径制造公差；B 为 PCB 制造孔径最大公差；C 为器件引脚位置最大公差；D 为插装操作过程公差。

(2) 焊接孔的孔径应根据器件引脚尺寸的最大横截面进行选择。

8.2 封装焊盘设计原则

8.2.1 封装设计基本要求

1．焊点质量

焊点质量与焊盘设计直接相关，焊盘设计不仅决定了焊盘的焊接缺陷、可测试性、可维修性、可清洗性、可加工性，而且决定了焊点的强度和可靠性。

2．焊盘设计

根据企业的生产工艺和能力对焊盘进行设计。焊盘设计一般包括器件组装的工艺路线、器件占地范围、阻焊窗尺寸、焊盘尺寸（考虑器件的三维尺寸和焊端形状），并确定其他要素，包括过孔、走线禁布区、丝印标识等。

3．原点

原点是描述器件尺寸要素的共同参考点，对于贴片机的贴装至关重要。原则上，所有贴装器件的原点应位于实体的几何中心。对于非对称器件或几何中心不易确定的器件，原点的确定方法如下：首先，取器件封装体和引脚端部最外侧边缘延长线构成的矩形；然后，该矩形对角线的交点即为该器件的原点。器件的原点如图 8-1 所示。

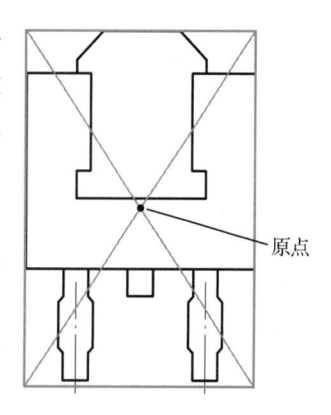

图 8-1 器件的原点

4．方向

为兼顾贴片机的工作原理，PCB 封装的角度应与贴片机的角度保持一致。

5．高度

贴装器件的高度需要综合考虑整机结构的要求、生产设备的加工能力、检验维修的需求。贴装器件的最大高度的限制为：PCB 厚度+PCB 翘曲量+贴装器件高度≤13.5mm。

6．占地面积

占地面积是指器件安装到 PCB 上后，为确保该器件与其他器件不发生冲突所需的最小投影面积。对于贴装器件而言，器件的占地面积通常是指器件实体本身和引脚（不包括 PCB 封装焊盘）的投影面积。在封装库文件中，器件的占地面积为丝印外框的面积。

7．引脚排序

封装库中焊盘的序号必须与实际器件相对应。在确定引脚排序时，首先应以厂家提供的资料为依据，因为资料上规定的器件引脚排列顺序具有最高的优先级。对于那些在器件资料中没有定义引脚排序的器件，应参照已有的同类型器件的排序方法来进行引脚排序。同类型器件的引脚排序方法应尽量保持统一，便于设计、生产和维护工作的顺利进行。

8. 焊盘

在封装设计中，通常采用 NSMD 焊盘。

9. 阻焊

阻焊的开窗大小要考虑制造商的控制能力，并确保阻焊层不会污染测试焊盘与器件焊盘。

10. 禁布区

器件的占地面积范围内一般不得布置其他器件，但可以布置走线和过孔，且过孔通常需要进行塞绿油处理。在进行器件布局时，必须满足自动贴装和返修贴装器件之间的最小设计间距要求。对于 BGA 器件，在返修时需要留出比器件实物大 5mm 的工艺区。在封装库中应增加相应的禁布区。

如果除了焊接引脚，器件还有金属部分接触 PCB，或金属部分与 PCB 上表面的距离不足 0.3mm，则应在金属体对应的 PCB 位置设置走线打孔禁布区，以确保良好的焊接和电气连接。

11. REF 的位置

REF 应摆放于器件的正上方，且距离器件的丝印外框 2.54mm。

12. 丝印

丝印应准确反映器件实体的轮廓、极性方向、引脚信息。在必要时，丝印也应用于标识器件的内部特性。为了便于识别和操作，贴装器件的丝印可以比器件实体的轮廓线向外延伸 0.2～0.3mm。

对于连接器类封装库，如果插入连接器的部件在插拔时需要一定的空间要求，则要在连接器类封装库中用丝印标注需要的最小空间。

13. 其他要求

焊盘的尺寸会影响器件的高频特性。焊盘的间距要符合按规爬电距离的要求。较大的焊盘有利于提高散热效率。热增强性器件要进行特别的散热焊盘设计。

8.2.2 出线和过孔

（1）焊盘设计需兼顾走线设计。对于 BGA 焊盘的设计，应考虑走线和过孔的空间要求。如有必要，可以适当减小焊盘直径以满足空间需求。

（2）过孔的尺寸设计应符合 PCB 厂家的加工能力。在 PCB 厚度较大和布局密度较高的情况下，可以采用埋孔和盲孔的方式来降低过孔的中心纵横比，从而提高可靠性。过孔出线方式比较图如图 8-2 所示。

（3）焊盘的走线设计要充分利用器件的引脚分布特点。密间距的 BGA 器件引脚有时会采用不连续矩阵设计，如果充分利用这个特点，则可设计更大的过孔和更粗的走线。

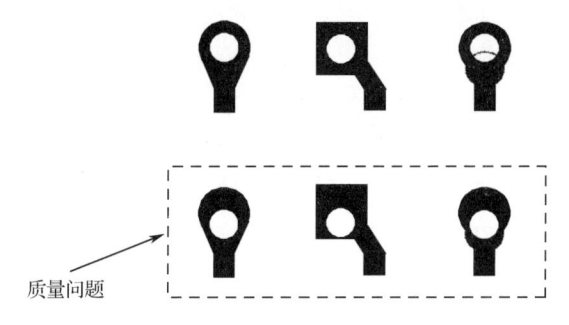

图 8-2 过孔出线方式比较图

（标注：质量问题）

8.2.3 焊盘公差计算要求

在焊盘尺寸设计过程中，必须综合考虑器件封装的尺寸及公差分布，同时还需考虑 PCB 制造商和 PCB 组装的能力，主要需要考虑焊盘尺寸公差、位置准确度、SMT 印刷机的定位印刷精度、贴片机贴片精度、钢网开口尺寸和位置公差等。只有在综合考虑上述尺寸以及公差的条件下，才可能设计出紧固的焊盘，保证组装过程中有足够大的工艺窗口。

在回流焊接盘设计中，主要考虑器件本身的尺寸公差，其他因素（如焊盘尺寸公差、位置准确度、SMT 印刷机的定位印刷精度、贴片机贴片精度钢网开口尺寸和位置公差等）可在设计时统一进行补偿。这样可以确保在焊接过程中有足够的工艺窗口，从而提高焊接的可靠性和一致性。

8.2.4 PCB 封装库设计的密度等级

2005 年 2 月，IPC 发布了《表面贴装设计和焊盘图形标准通用要求》（IPC-7351B CN）。该要求不仅强调了更新后的焊盘图形，如方形扁平无引线封装（QFN，Quad Flat No-Lead）和小外形无引线封装（SON，Small Outline No-Lead），而且强调了焊盘图形的研发、分类和定义的更新。该要求认为要满足器件密度、高冲击环境和对返修的需求等变量的要求，只有一个焊盘图形推荐技术标准是不够的。该标准为每一个器件提供了三个焊盘图形几何形状的概念。

密度等级 A：最大焊盘伸出，适用于高器件密度产品，如手持式产品或暴露在高冲击环境中的产品。该等级的焊接结构是最坚固的，并且该等级的产品在需要的情况下很容易进行返修。

密度等级 B：中等焊盘伸出，适用于中等器件密度的产品，提供坚固的焊接结构。

密度等级 C：最小焊盘伸出，适用于有最小的焊接结构要求的微型器件，可实现最高的器件组装密度。

图 8-3 展示了矩形片式器件焊盘公差设计示意图。表 8-1 为矩形片式器件三种密度等级的焊盘设计表。

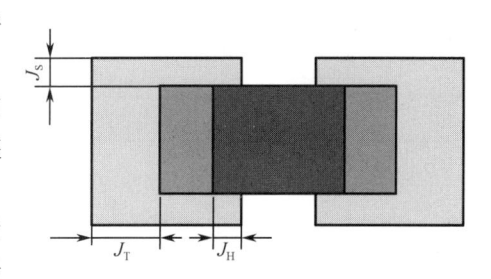

图 8-3 矩形片式器件焊盘公差设计示意图

表 8-1　矩形片式器件三种密度等级的焊盘设计表（单位：mm）

元 器 件	伸 出 长 度	密度等级 A	密度等级 B	密度等级 C
1608（0603）以上规格的矩形片式器件	趾部（J_T）	0.55	0.35	0.15
	跟部（J_H）	0	0	0
	侧面（J_S）	0.05	0.03	−0.05
	贴装区冗余量	0.5	0.25	0.1
1608（0603）以下规格的矩形片式器件	趾部（J_T）	0.3	0.2	0.1
	跟部（J_H）	0	0	0
	侧面（J_S）	0.05	0	−0.05
	贴装区冗余量	0.2	0.15	0.1

图 8-4 展示了欧翼形引脚器件焊盘公差设计示意图，表 8-2 为欧翼形引脚器件三种密度等级的焊盘设计表。

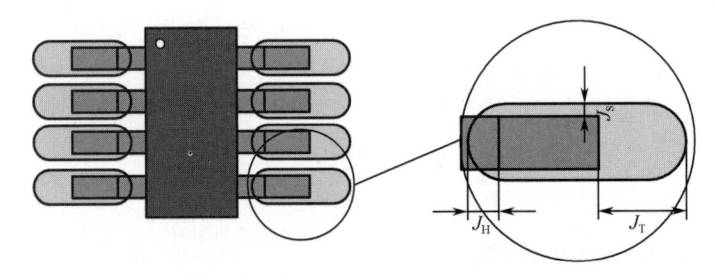

图 8-4　欧翼形引脚器件焊盘公差设计示意图

表 8-2　欧翼形引脚器件三种密度等级的焊盘设计表（单位：mm）

元 器 件	伸 出 长 度	密度等级 A	密度等级 B	密度等级 C
欧翼形引脚器件（节距>0.625mm）	趾部（J_T）	0.55	0.35	0.15
	跟部（J_H）	0.45	0.35	0.25
	侧面（J_S）	0.05	0.03	0.01
	贴装区冗余量	0.5	0.25	0.1
欧翼形引脚器件（节距≤0.625mm）	趾部（J_T）	0.55	0.35	0.15
	跟部（J_H）	0.45	0.35	0.25
	侧面（J_S）	0.01	−0.02	−0.04
	贴装区冗余量	0.5	0.25	0.1

图 8-5 展示了表贴底部端子器件焊盘公差设计示意图，表 8-3 展示了表贴底部端子器件三种密度等级的焊盘设计表。

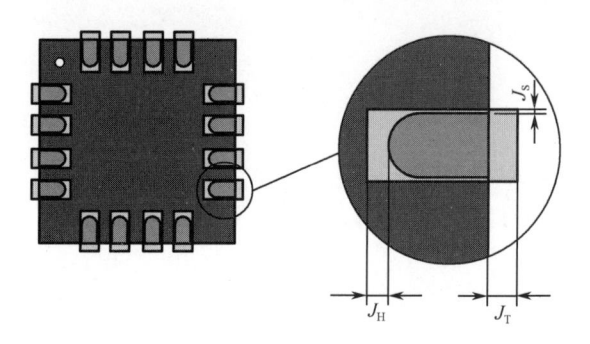

图 8-5 表贴底部端子器件焊盘公差设计示意图

表 8-3 表贴底部端子器件三种密度等级的焊盘设计表（单位：mm）

器 件	引出端部分	密度等级 A	密度等级 B	密度等级 C
BTC	趾部（J_T）	0.4	0.3	0.2
	跟部（J_H）	0	0	0
	侧面（J_S）	−0.04	−0.04	−0.04
	贴装区冗余量	0.5	0.25	0.1

第 9 篇　刚性 PCB 设计指南

9.1　基于可靠性的材料选择

9.1.1　潮湿

（1）在高湿度运行环境和高直流电压偏压作用下，应使用抗 CAF 的 PCB 材料。这是因为在树脂与玻璃纤维界面之间，以及通孔、过孔与相邻导线之间，可能存在水分、较高的直流电压和可电离污染物，这些因素可能导致界面间发生电化学腐蚀，进而产生树枝状结晶或 CAF。

（2）PCB 应选择 PI，尤其是柔性板，通常采用 PI。相较于 FR4 材料，PI 更容易吸收水汽。如果板材在空气中吸湿，则在焊接过程中可能会发生阻焊层与板材之间的分层。

（3）在一般工作环境下，推荐在板材上覆盖阻焊层。在盐雾等恶劣工作环境下，推荐对板材表面进行额外的保护。阻焊层能封闭可水解的离子污染物和水分，并降低电化学腐蚀的可能性。

（4）推荐选用低吸水性的板材，并尽量减少板材吸潮的机会。对于具有密间距表贴器件的板材，由于焊盘之间无法涂覆阻焊层，更需注意板材的吸潮问题。

9.1.2　热膨胀系数 CTE

（1）建议选用低 CTE 的材料。在 PCB 的制作、焊接、返修等热过程中，高的 CTE 会导致在通孔和过孔中产生较大的循环拉伸应力。此外，聚合物板材本身也存在 CTE 不匹配的问题。

（2）在可靠性要求较高的场合，如果需要进行可靠性预测，则必须测量各种材料的 CTE。通常情况下，器件和板材在不同方向上的 CTE 也会有所不同。

（3）对于无引脚器件，推荐使用 PI 柔性板材。PI 柔性板材能维持较低的弹性模量，从而减少焊点的残余应变，提高焊接可靠性。

（4）在采用 FR4 等板材时，应尽量避免使用 LLCCC（Large LCCC）封装器件。

（5）在特殊情况下，可使用支撑板。支撑板能提高机械强度、改善散热性能，并约束 CTE，以满足特定的 CTE 要求。

9.1.3　玻璃化转化温度

（1）玻璃化转化温度表示为 Tg。建议选用高 Tg 的材料，BT、PI 等材料具有较高的 Tg。高 Tg 的板材有助于减少通孔在热循环中的失效风险。

（2）选择板材时需要考虑板材的温度适应性，低温会使聚合物板材失去弹性和耐冲击性。因此，为了确保板材在极端温度下的性能，选择具有良好温度适应性的板材至关重要。

9.2 PCB 设计

9.2.1 PCB 布局设计要求

（1）要正确布置器件的位置及方向，以增强产品在生产和使用过程中对弯曲、振动和冲击的抵抗能力。需要关注如下内容。

- 高应力区器件的布局，如靠近板边的连接器、分板区、安装螺钉、双边缘连接器附近的器件布局。
- 插框导槽的校正作用引起的应力。
- 大尺寸器件。
- 密间距器件。
- 多层陶瓷器件。

（2）在布局设计中，应考虑引起腐蚀的因素，包括进风口灰尘沉积对器件可靠性带来的影响，以及进风口附近空气中的水蒸气凝结对器件可靠性造成的影响。

（3）防止 ESD 损伤的布局设计应考虑如下内容。

- ESD 敏感器件应尽量避免布置在板边以及容易被操作人员接触的区域。
- ESD 敏感器件应尽量远离未接地的金属部件，特别是尖锐的螺钉和冲压件，以降低静电损伤的风险。

（4）对于结构易损的器件，在布局时可采用其他器件将其包围，以达到保护器件的目的。器件布局间距要求如图 9-1 所示。

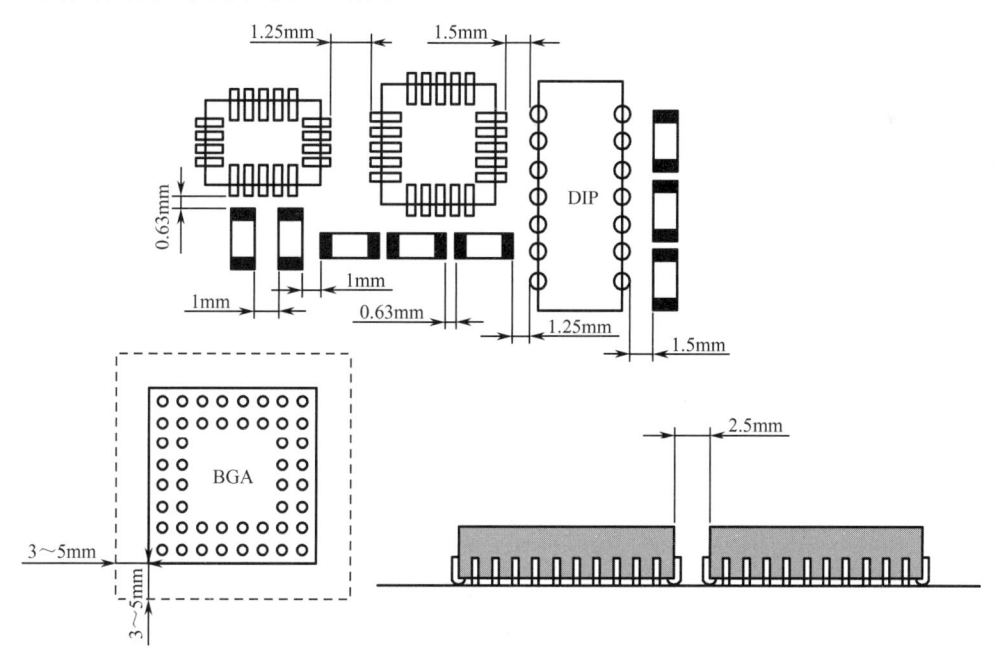

图 9-1 器件布局间距要求

(5) 依据基准点在 PCB 上所处的位置及其作用,可将基准点分为拼板基准点和单元基准点两类。拼板基准点示意图如图 9-2 所示。

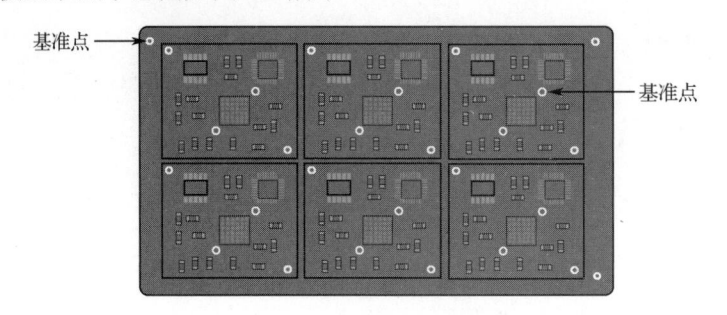

图 9-2　拼板基准点示意图

(6) 单元基本点结构（见图 9-3）。
- 形状：直径为 1mm 的实心圆。
- 阻焊开窗：以基准点为圆心,形成直径为 2mm 的圆形区域。
- 保护铜环：以基准点为中心,形成对边距离为 3.0mm 的八边形铜环。

(7) 局部基本点结构（见图 9-4）。
- 形状：直径为 1mm 的实心圆。
- 阻焊开窗：以基准点圆心为圆心,形成直径为 2mm 的圆形区域。
- 保护铜环：无须设置。

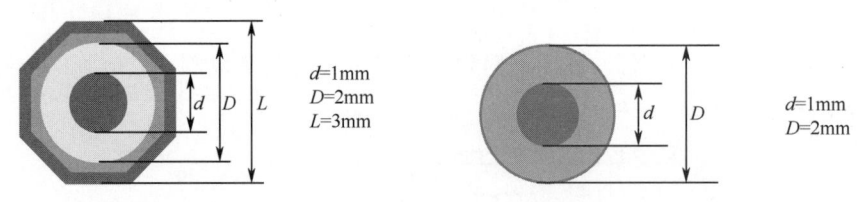

图 9-3　单元基本点结构　　　图 9-4　局部基本点结构

(8) 经 SMT 设备加工的 PCB 务必设置基准点,未经 SMT 设备加工的 PCB 无须设置基准点。单面基准点的数量应不少于 3 个。在进行 SMD 单面布局时,仅需在 SMD 器件面设置基准点。当进行 SMD 双面布局时,基准点应在双面进行设置。如图 9-5 所示,对于双面设置的基准点,除镜像拼板外,基准点的双面位置基本一致。

(9) 拼板时需设置拼板基准点与单元基准点。单元板的基准点数量应为 3 个,基准点在板边呈 L 形分布,各基准点之间的距离应尽量大。基准点中心与板边的距离必须大于 6mm。若无法确保四个边均满足该要求,则至少要保证传送边符合要求。边上基准点的位置要求如图 9-6 所示。

(10) 镜像对称拼板基准点要求如图 9-7 所示。ID1～ID6 均为基准点。

(11) 对于引脚间距≤0.4mm 的翼形引脚封装器件以及引脚间距≤0.8mm 的面阵列封装器件,需设置局部基准点。局部基准点的数量为 2 个,以器件中心为原点时,要求这两个基准点中心对称,详见图 9-8。

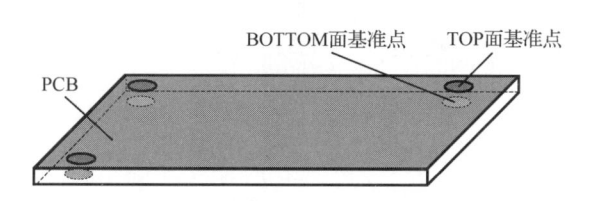

图 9-5 基准点的双面位置基本一致

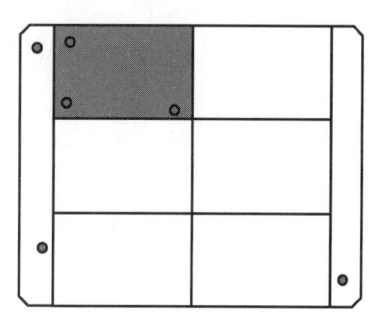

图 9-6 边上基准点的位置要求

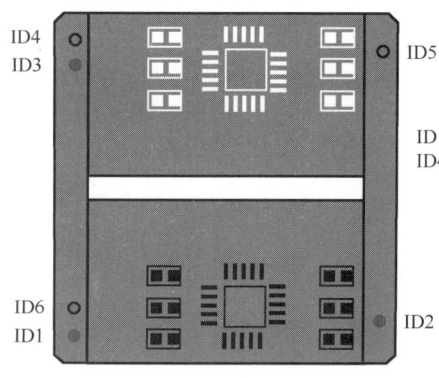

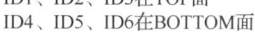

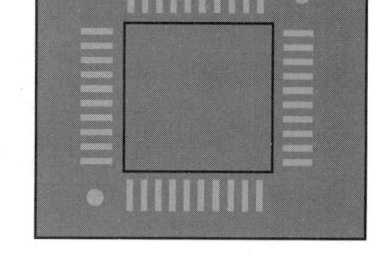

图 9-7 镜像对称拼板基准点要求

图 9-8 基准点中心对称

（12）PCB 的实际尺寸、定位器件的位置等应与工艺结构要素图相吻合，在有限制器件高度要求的区域内，器件布局需满足工艺结构要素图的相关要求。

（13）拨码开关、复位器件、指示灯的位置应合理，拉手条与其周边器件不应有位置干涉情况。

（14）各类需添加的附加孔应无遗漏，且设置准确无误。

（15）在进行双面贴装回流焊接布局时，贴片器件引脚与焊盘接触面积示意图如图 9-9 所示。假设 A=器件质量/引脚与焊盘的接触面积，各类器件的要求如下。

- 片式器件：$A \leqslant 0.075 \text{g/mm}^2$。
- 翼形引脚器件：$A \leqslant 0.3 \text{g/mm}^2$。
- J 形引脚器件：$A \leqslant 0.2 \text{g/mm}^2$。
- 面阵列器件：$A \leqslant 0.1 \text{g/mm}^2$。

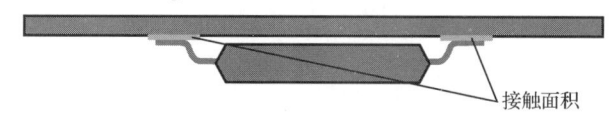

图 9-9 贴片器件引脚与焊盘接触面积示意图

（16）常规 SMT 贴片器件之间的距离应满足要求：同种器件的间距应≥0.3mm；异种器件的间距应≥（0.13h+0.3）mm，h 为近邻器件的最大高度差。同种器件布局图如图 9-10 所示。

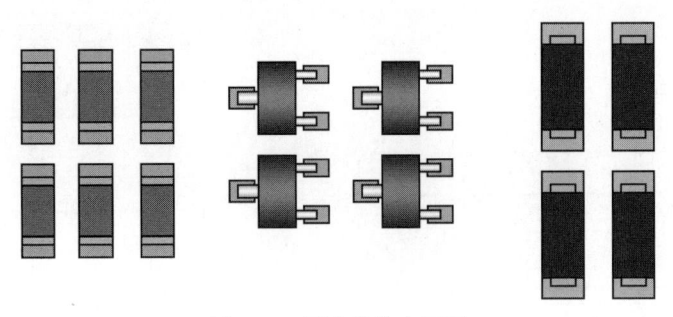

图 9-10　同种器件布局图

（17）经波峰焊接加工后的器件，其引脚间距、器件方向、器件间距、器件库等方面均应充分考虑波峰焊接加工的相关要求。

（18）对于经过波峰焊接加工的异种器件，要求焊盘边缘距离不小于 1mm。异种器件布局图如图 9-11 所示。

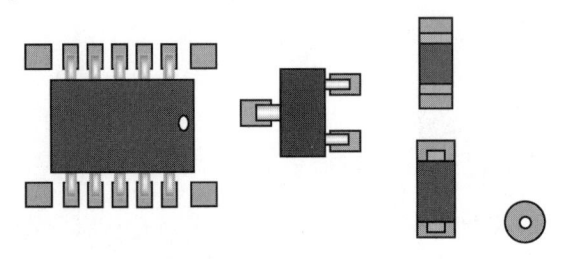

图 9-11　异种器件布局图

（19）弯公、弯母压接器件周围 3mm 内不得有高于 3mm 的器件，周围 1.5mm 内不得有任何焊接器件。在压接器件的反面，距离压接器件的插针孔 2.5mm 范围内不得有任何器件。弯公、弯母压接器件正面和背面禁布区如图 9-12 所示。

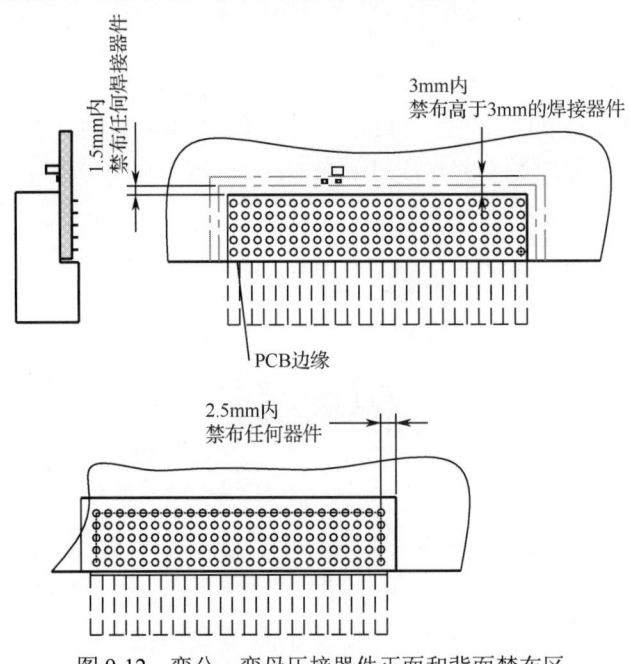

图 9-12　弯公、弯母压接器件正面和背面禁布区

（20）高器件之间不得有矮器件，且高度大于 10mm 的器件之间，在 5mm 范围内不得放置贴片器件和小的插装器件。
（21）极性器件应有极性丝印标识。
（22）所有器件应有明确标识。
（23）有缺口的板边（异形边）应使用铣槽和邮票孔的方式进行补齐。
（24）PCB 安装孔禁布区要求如表 9-1 所示。

表 9-1 PCB 安装孔禁布区要求（单位：mm）

类　　型	紧固件的直径规格	表层最小禁布区直径范围
螺钉孔	2	7.1
	2.5	7.6
	3	8.6
	4	10.6
	5	12
铆钉孔	4	7.6
	2.8	6
	2.5	6
定位孔、安装孔	≥2	安装金属件最大禁布区面积+孔与导线的最小间距

（25）热源器件在 PCB 上应分散分布。热敏器件（如铝电解电容器）应尽量远离热源。
（26）发热器件和外壳裸露器件不宜紧邻导线和热敏器件，其他器件之间也应保持适当距离。
（27）散热器的放置需考虑对流问题，散热器投影区域内不得有高器件，并应在安装面用丝印标示散热范围。
（28）应考虑散热通道是否合理、顺畅。电解电容器应适当远离高热器件，并考虑大功率器件与扣板下器件的散热问题。
（29）PCB 布局的信号完整性要求如下。
- 始端匹配应靠近发送端器件，终端匹配应靠近接收端器件。
- 退耦电容器应靠近相关器件放置。
- 晶体、晶振及时钟驱动芯片等应靠近相关器件放置。
- 高速与低速电路、数字与模拟电路应按模块分开布局。
- 根据分析仿真结果或经验，确定总线的拓扑结构，以满足系统要求。
- 同步时钟总线系统的布局应满足时序要求。

（30）PCB 布局的 EMC 要求如下。
- 电感、继电器和变压器等易发生磁场耦合的感性器件不应相互靠近放置。若有多个电感时，应使其方向垂直，以避免耦合。
- 为避免 PCB 焊接面器件与相邻 PCB 间发生电磁干扰，PCB 焊接面不应放置敏感器件和强辐射器件。
- 接口器件应靠近板边放置，并采取适当的 EMC 防护措施，如带屏蔽壳、电源地挖空等措施，以提高 EMC 能力。
- 保护电路应放置在接口电路附近，并遵循先防护后滤波原则。

9.2.2 PCB 走线设计

9.2.2.1 常规走线设计要求

（1）直角走线对信号的影响主要体现在两方面：一是拐角可以等效为传输线上的容性负载，减缓上升时间；二是阻抗不连续会造成信号的反射。

（2）信号布线应遵循 3W 原则，该原则是一种设计者无须其他设计技术即可遵守的 PCB 布局原则。然而，3W 原则会占用较多面积，可能会导致布线更加困难。使用 3W 原则的基本出发点是使走线间的耦合最小化。3W 原则可以表示为：走线的距离间隔（走线中心间的距离）是单一走线宽度的三倍。3W 原则的另一种表示为：两条走线的距离间隔必须大于单一走线宽度的两倍。

（3）PCB 的载流能力取决于以下因素：线宽、线厚、温升。PCB 走线越宽，其载流能力越大。

（4）所有平行信号线之间应尽量留有较大的间隔，以减少串扰。如果存在两条相距较近的信号线，则应在两线之间留一条接地线，这样可以发挥屏蔽作用。

（5）在设计信号传输线时，应避免急剧拐弯，防止信号传输线特性阻抗突变而产生反射。应将信号传输线设计成具有一定尺寸的均匀圆弧线，以保持阻抗的连续性。

（6）PCB 的宽度可根据微带线和带状线的特性阻抗进行计算。PCB 上的微带线特性阻抗通常为 50~120Ω。要获得较高的特性阻抗，线宽必须做得窄一些，但过细的线宽不易制作。综合考虑各种因素，一般选择 68Ω 左右的特性阻抗较为合适，因为 68Ω 的特性阻抗可以在延迟时间和功耗之间达到最佳平衡。

（7）对于双面 PCB 来说，PCB 两面的线路应互相垂直，以防因互相感应而产生串扰。

（8）如果 PCB 上装有大电流器件，如继电器、指示灯、喇叭等，则地线应分开单独布线，以减少噪声。这些大电流器件的地线应连接到独立的地总线上，并与整个系统的接地点相连接。

（9）如果 PCB 上装有小信号放大器，则放大前的弱信号线应远离强信号线，走线应尽可能短。

（10）差分信号是指驱动端发送两个等值、反相的信号，接收端通过比较这两个电压的差值来判断逻辑状态是 0 还是 1。承载差分信号的走线称作差分走线。与普通的单端信号走线相比，差分信号最明显的优势体现在以下三方面：抗干扰能力强；能有效抑制 EMI；时序定位精确。

（11）蛇形走线是经常使用的一类走线方式，其主要目的是调节延时，满足系统时序设计要求。最关键的两个参数是平行耦合长度和耦合距离。信号在蛇形走线上传输时，相互平行的线段之间会发生耦合，呈差模形式。耦合距离越小，平行耦合长度越大，耦合程度越大，从而导致传输延时减小。处理蛇形走线时的建议如下。

- 尽量增加平行线段的距离，平行线段的距离至少大于 3 倍的信号走线到参考平面的距离。

- 带状线或埋式微带线的蛇形走线引起的信号传输延时小于微带走线。
- 对于高速以及对时序要求较为严格的信号线，应避免蛇形走线。
- 可以采用多角度的蛇形走线，能有效减少耦合。
- 在高速 PCB 设计中，蛇形走线没有抗干扰的能力，只能降低信号质量，因此只作时序匹配之用。
- 可以考虑采用螺旋走线的方式进行绕线。仿真表明，螺旋走线的效果要优于正常的蛇形走线。

9.2.2.2　PCB 布线时的可制造性要求

（1）决定最小线宽时，必须考虑以下因素：腐蚀误差、侧蚀、锯齿状、镀层颗粒大小，以及电流密度、导线温升造成的电迁移。决定最小走线间距时，必须考虑直流电压、湿度引起的电化学迁移。

（2）走线时应尽量使用圆角，避免使用尖角或锐角，线宽变化时应光滑过渡。

（3）应避免将走线设计成细长条。细长条的走线可能导致材料在照相显影工序中脱落。

（4）应使用使导线温升小于 5℃ 的线宽。对于有散热需求的走线，应加宽走线，以降低温度，减小电迁移应力。

（5）绝缘层两边的铜皮厚度应对称分布，PCB 上同一层的铜箔应分布均匀。

（6）与铜箔连接的焊盘应使用隔热焊盘，因为隔热焊盘在外部焊盘和散热平面之间增加了热阻，这样可以降低所需的焊接温度，减少 PCB 应力。

（7）层间对称可以避免 PCB 在高温下曲翘，减少器件本体和焊点内的应力。

（8）应将大面积的铜分成小块，以避免发生起泡或偷锡现象。

（9）确保如下间距能适应正常产品的运行环境（包括湿度、污染物、热循环、电压差、腐蚀性的气体）而不需要额外的涂覆保护。

- 最小的电气间距（导线间、过孔间、器件焊端间）。
- 金属化孔壁到内层导线间。
- 金属化孔壁之间的距离。
- 导线与器件引脚间的距离。

（10）细间距器件焊盘周围不建议大面积铺铜，避免阻焊比焊盘高。

9.2.3　线宽、线距及走线安全性要求

（1）线宽和线距设计与铜厚有关系，铜厚越大，则需要的线宽和线距就越大。

（2）在金属壳体器件（如散热器、电源模块、金属拉手条、卧装电压调整器、铁氧体电感等）直接与 PCB 接触的区域，不允许布设走线。金属壳体器件与 PCB 接触区域向外延伸 1.5mm 的区域应被划定为表层走线禁布区。金属壳体器件表层走线禁布区示意图如图 9-13 所示。

（3）PCB 在机框内插拔时，为了避免损伤走线，在 PCB 和插槽接触的区域不允许走线。插槽区域的禁布区示意图如图 9-14 所示。

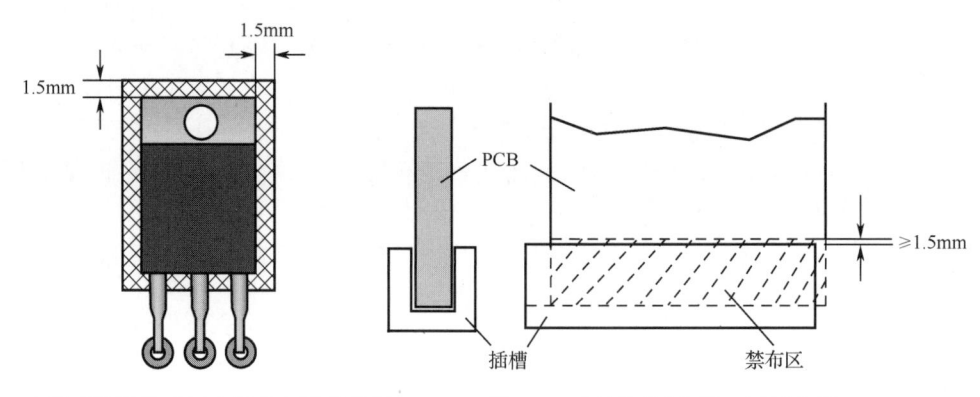

图 9-13　金属壳体器件表层走线禁布区示意图　　图 9-14　插槽区域的禁布区示意图

9.2.4　出线方式

（1）器件和焊盘连接要避免不对称走线，对称走线与不对称走线示意图如图 9-15 所示。

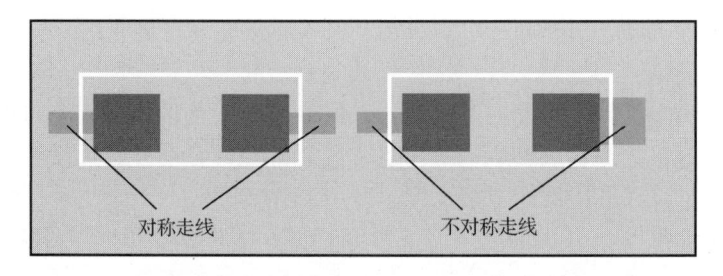

图 9-15　对称走线与不对称走线示意图

（2）器件出线应从焊盘端面中心位置引出。焊盘中心出线示意图如图 9-16 所示。

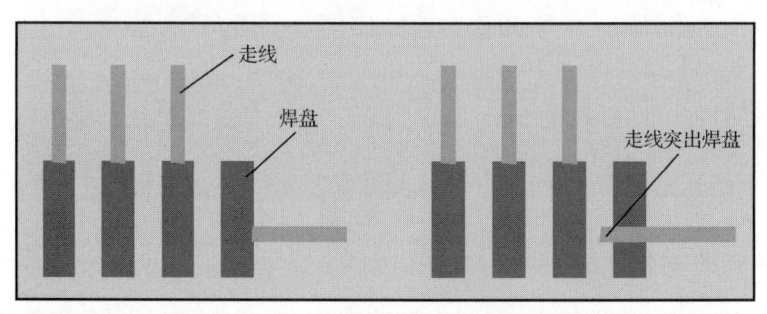

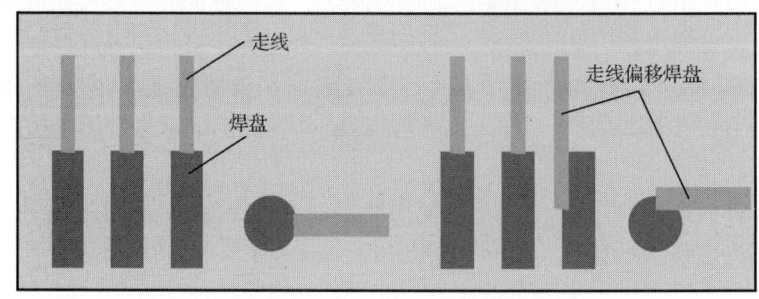

图 9-16　焊盘中心出线示意图

（3）当与焊盘连接的走线宽度超过焊盘宽度时，走线不应覆盖焊盘，而应从焊盘的末端引出走线，避免走线从焊盘中部引出。密间距的 SMT 焊盘引脚需要连接时，应从焊脚的外部进行连接，不允许在焊脚中间直接进行连接。焊盘出线要求如图 9-17 所示。

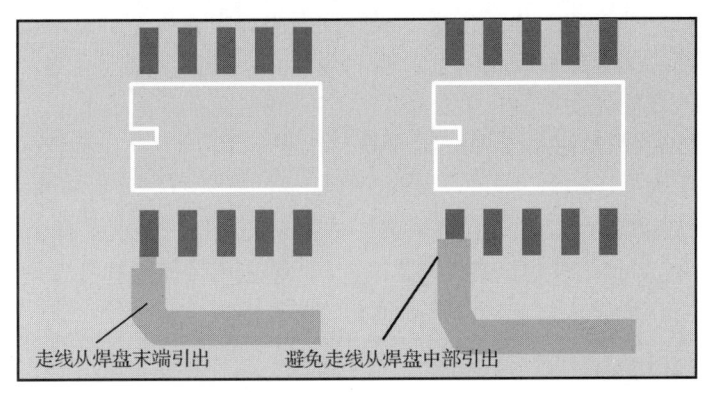

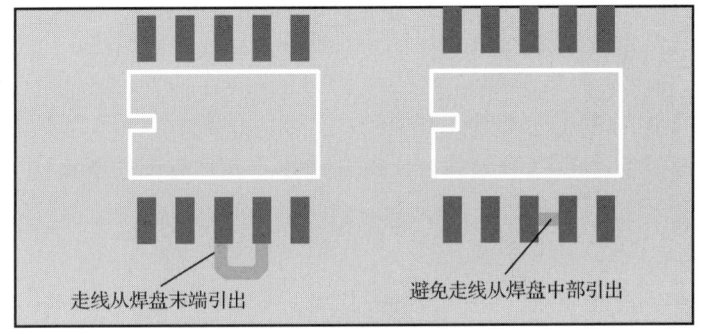

图 9-17　焊盘出线要求

（4）走线与过孔的连接方式如图 9-18 所示。

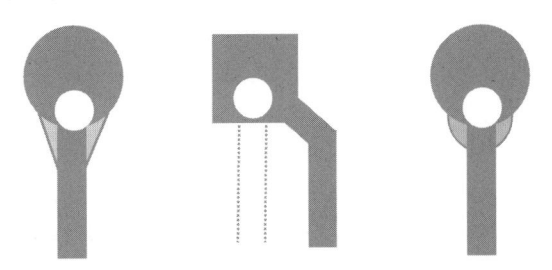

图 9-18　走线与过孔的连接方式

9.2.5　PCB 孔设计

（1）对于需要波峰焊接的 PCB，不应在悬空距离较小的器件下方放置开放的过孔。如果使用助焊剂（如水溶性助焊剂、焊膏），则建议堵住所有金属化过孔。器件下的过孔应进行阻焊且不开窗。此外，还可以使用锡、环氧树脂堵住过孔。这些操作有助于防止助焊剂残留腐蚀过孔，避免测试夹具因助焊剂残留而发生腐蚀。

（2）对于厚径比大的通孔，孔壁上的镀铜质量是一个关键因素，在铜上镀镍可以提高通孔抵抗温度循环的能力。

（3）在 PCB 结构和钻孔直径不变的情况下，使用盲孔和埋孔可以有效降低 PTV 的厚径比。相较于厚径比大的通孔，盲孔的热应力可靠性更佳。

（4）对于在严酷环境下工作的有阻焊开窗的通孔，建议进行塞孔处理，以防焊接时焊锡部分填充通孔。在严酷的工作条件下，最好使用阻焊填充孔。尽管用焊锡填充孔的可靠性比不填充孔要高，但很难确保所有孔都被完全填充。在部分填充孔内，完全填充部分与不完全填充部分的过渡处会产生应力集中，这将降低填充孔的可靠性。

（5）建议 PTV 的厚径比小于 10。对于厚径比大于 10 的通孔，推荐使用高温延展性电解铜箔。当厚径比大于 10 时，信号、电源、地铜层的质量变得尤为重要。标准的 E1 铜箔具有粗糙的柱状结晶结构，其纹理边界垂直于铜箔表面，且只要求具有 2% 的延展性。这种脆性的 E1 铜箔容易导致信号层断裂。因此，在设计时应尽量使通孔孔径增大、厚径比降低。

（6）尽量使用有盘设计工艺，以提高过孔的可靠性。

9.2.6　PCB 半孔板设计

（1）PCB 半孔是沿着 PCB 边界钻出的成排的孔，当孔被镀铜时，孔边缘被修剪掉，使沿边界的孔减半。

（2）模块类的 PCB 基本上都设计有半孔，主要是方便焊接，因为模块面积小，功能需求多，所以半孔通常设计在 PCB 边缘处。PCB 最小半孔示意图如图 9-19 所示。

图 9-19　PCB 最小半孔示意图

（3）最小半孔的工艺制成能力为 0.5mm，条件是孔必须居中，即板内必须保留至少 0.25mm 的孔径。如果不满足这一条件，则在生产过程中孔壁的铜可能会脱落，导致孔内无铜，成品无法使用。PCB 最小半孔设计示意图如图 9-20 所示。

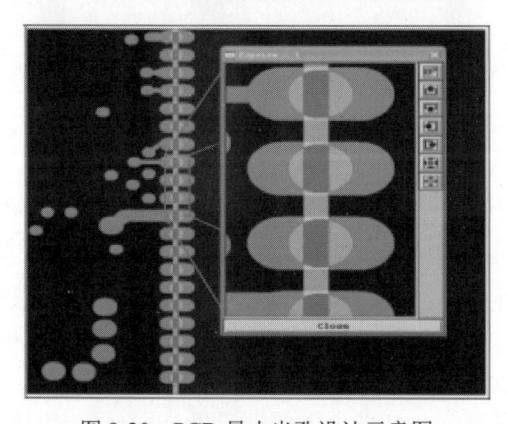

图 9-20　PCB 最小半孔设计示意图

（4）在生产制造过程中，孔径需要进行补偿，以确保补偿后的半孔间距不小于 0.35mm。因此，设计的半孔间距应不小于 0.45mm。半孔对应的线路焊盘在补偿后应保证孔径不小于 0.25mm。半孔对应的阻焊开窗焊盘之间必须设置阻焊桥，具体做法见图 9-21。

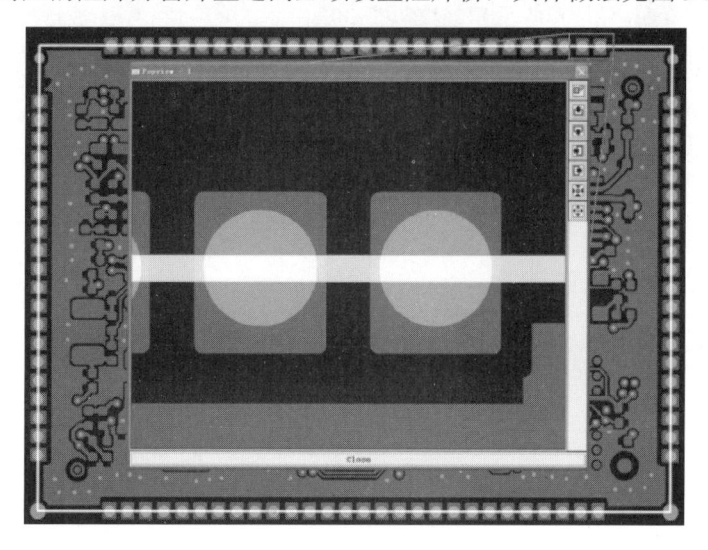

图 9-21　设置阻焊桥

（5）在设计长方形引脚时，半孔的孔径与焊盘宽度相等。此时，部分工程师可能会增加焊盘的宽度以确保孔环，却忽略了焊盘之间的间距。这种做法在组装焊接过程中可能导致锡焊短路。实际上，半孔只需在孔周围形成焊环即可，无须增加整个引脚的宽度。因为板外一半的孔在成型时会被铣掉。半孔板拼板设计如图 9-22 所示。

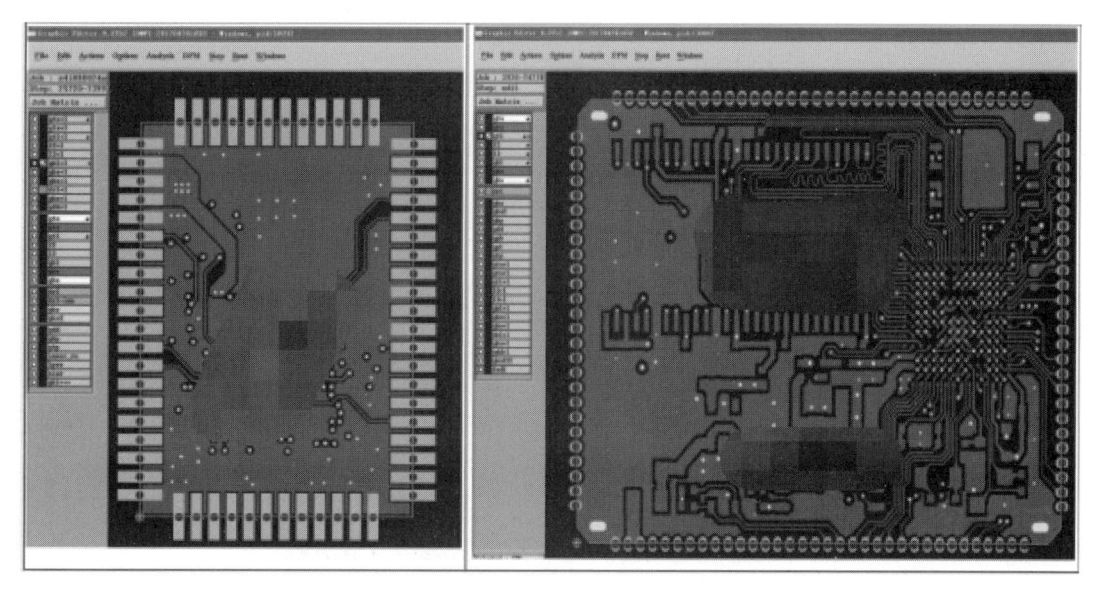

图 9-22　半孔板拼板设计

（6）在拼板时，半孔应预留一定的间距，以便成型铣半孔。半孔板的生产制造要求如图 9-23 所示。

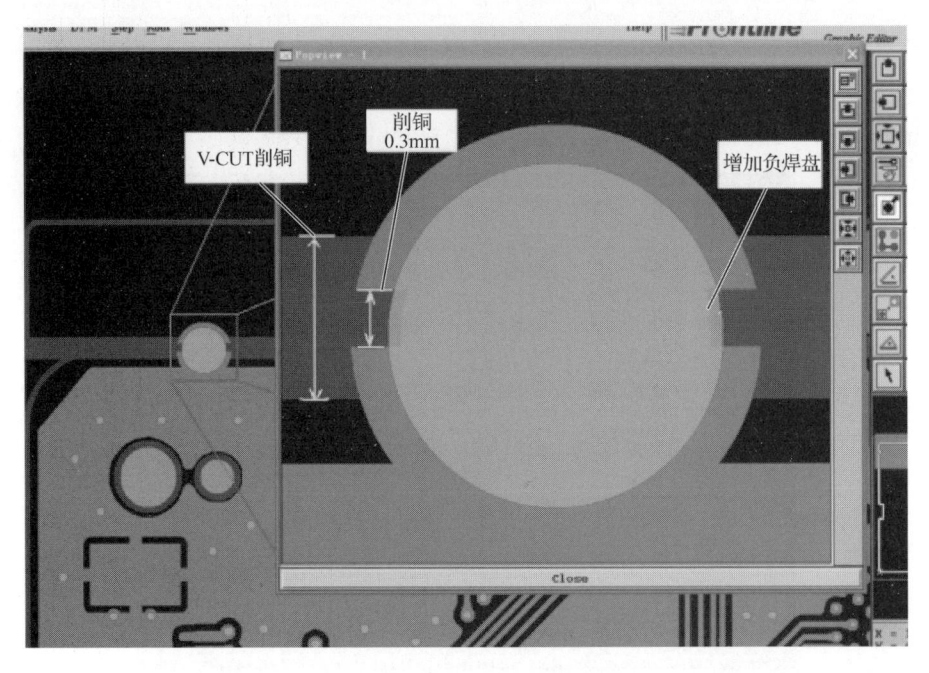

图 9-23 半孔板的生产制造要求

（7）半孔是指设计的金属化孔一半在板内，一半在板外，产品要求孔壁的铜皮要保留器件孔，其工艺流程为：钻孔→沉铜→板面电镀→外层线路→图形电镀→镀铅锡→铣半孔→退膜→蚀刻→退锡。

（8）当半孔为槽孔时，需要在槽孔的两端各增加一个直径为 0.8～1.1mm 的导引孔（见图 9-24），这些导引孔应单独放置在二钻层，以防槽孔受力不均匀导致铜皮起翘。此外，在铣半孔之前需要加入二钻流程，以确保加工的精确性。这一工艺要求有助于保证半孔的质量和产品的可靠性。

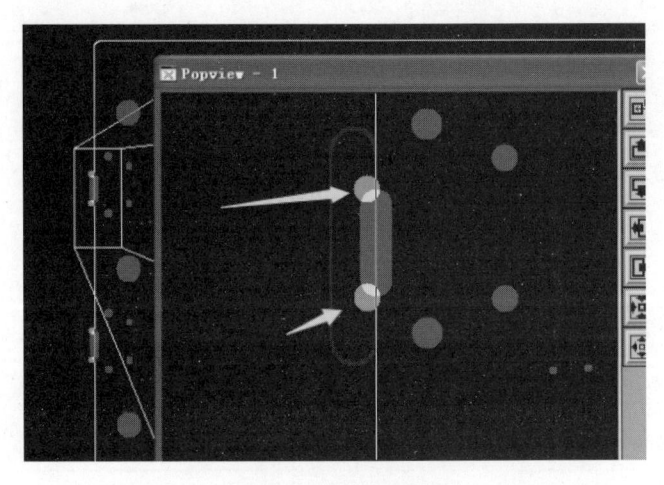

图 9-24 导引孔

（9）在制作半孔板时，需要形成一个闭合的外框，其宽度为 1.6mm。如果存在 SET 拼板，则在 SET 拼板中需要制作蚀刻前铣半孔。重要的是，闭合区域不能进入板内，画锣带能更好地识别半孔区域（见图 9-25）。这一工艺要求对确保半孔板的加工质量和后续工序的准确性至关重要。图 9-26 展示了 PCB 半孔连接位。

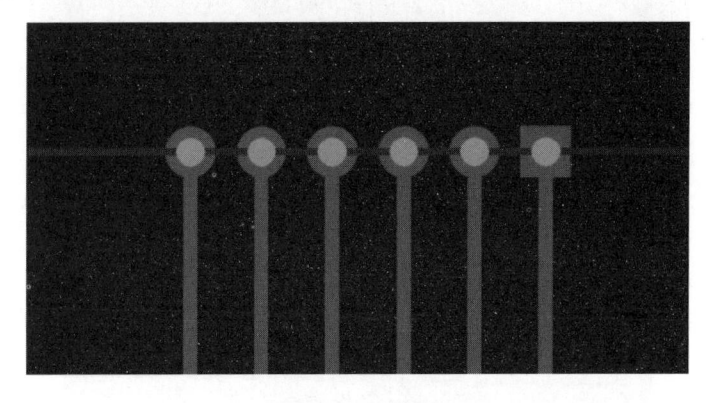

图 9-25　画锣带

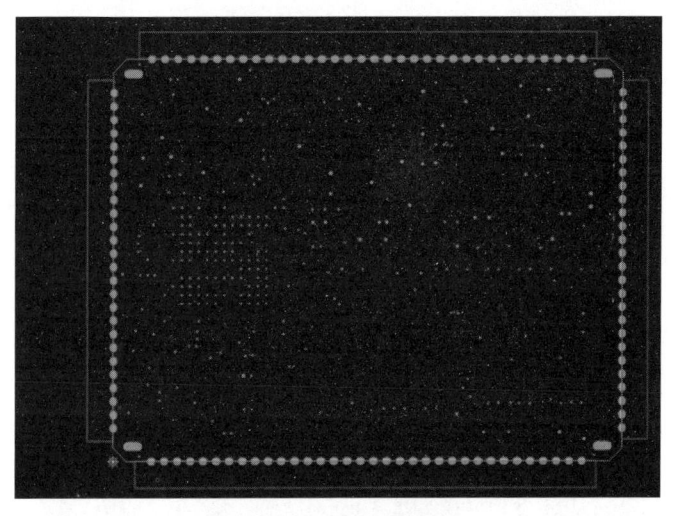

图 9-26　PCB 半孔连接位

（10）对于以 PCB 交货的半孔板，如果 PCB 四周都有半孔，则每个角的桥连尺寸必须大于 2mm，以增强 PCB 的强度，防止在生产过程中发生断裂。在四周半孔进行拼板时，应在 PCB 的四个角增加邮票孔以保持连接。如果半孔板的角连接位小于 1.6mm，则无须额外添加邮票孔。图 9-27 为半孔、钻孔线路制作示意图。

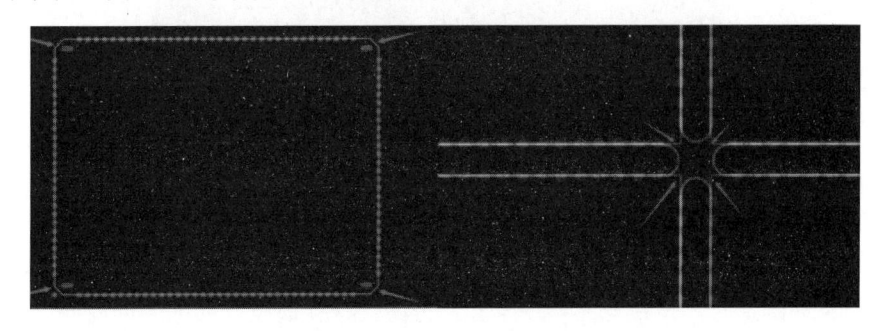

图 9-27　半孔、钻孔线路制作示意图

(11) 图 9-28 为 PCB 半孔阻焊制作示意图。

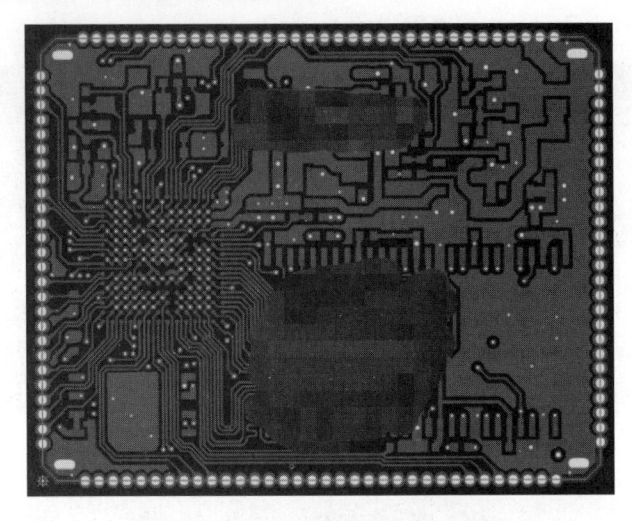

图 9-28　PCB 半孔阻焊制作示意图

(12) 半孔板的钻孔工艺与正常板相似，仅需正常补偿即可。最小半孔孔径应为 0.5mm。在外形处理上，半孔板需要正常削铜，随后进行叠层线路焊盘的制作。焊盘的间距应不小于 0.25mm，这是为了防止成品焊接时出现连锡短路的问题。图 9-29 为 PCB 半孔文件检查示意图。

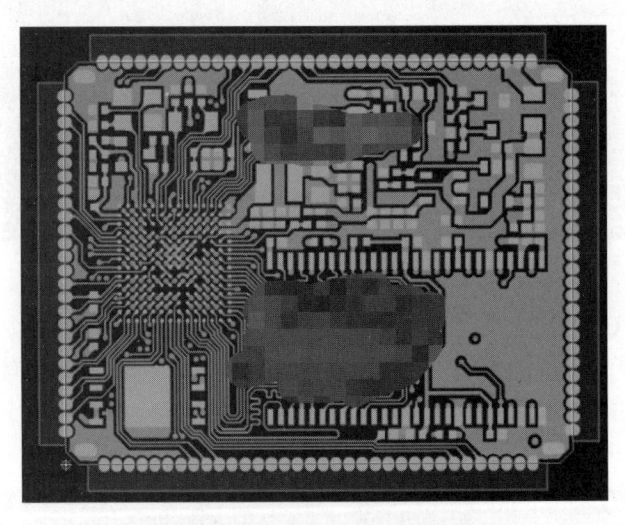

图 9-29　PCB 半孔文件检查示意图

(13) 在投板前，可以利用专业的 DFM 软件检查半孔板，以提前预防半孔板的可制造性问题，避免在生产制造过程中出现品质问题。这样的检查可以确保半孔设计文件的准确性，避免将半孔板错误地按照普通板进行投板生产。此外，由于半孔板的生产流程比普通板复杂，相对成本也较高，如果没有提前进行设计和生产的检查，可能会算错半孔板的制造成本。如果在制造时才发现产品存在半孔，可能会耽误研发产品的生产周期。图 9-30 为半孔板投板生产前的 DFX 检查。

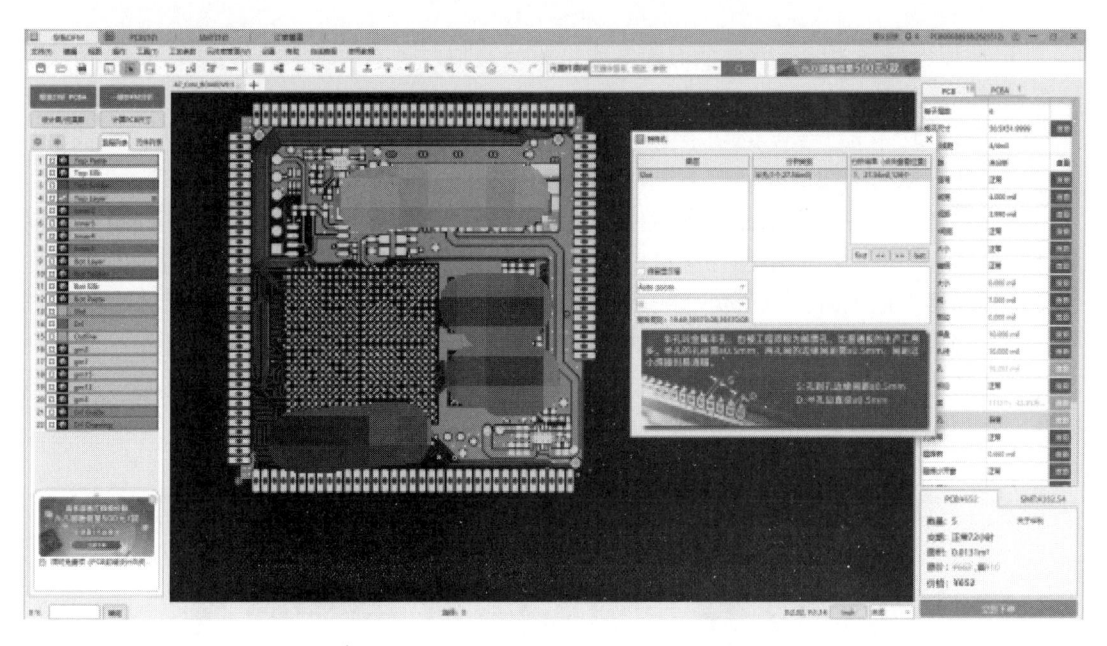

图 9-30 半孔板投板生产前的 DFX 检查

9.2.7 PCB 的阻焊设计

（1）阻焊层不得与器件底部接触，以免在热循环或电源通断过程中降低焊点的可靠性。

（2）应谨慎使用临时阻焊胶。临时阻焊胶主要用于防止组装过程中焊锡和溶剂的影响。然而，在表贴组装过程中，回流焊接的高温可能会导致暴露的临时阻焊胶发生热损伤。这可能会使临时阻焊胶中的某些物质转变为更黏的物质，这些物质会牢固地黏附在 PCB 表面，难以清除。与通孔插件产品相比，表贴组装产品的清洗更为困难，也更易出现问题。

（3）采用 Pads-Only Board 设计的 PCB 无须阻焊层。

（4）不建议在有焊锡层的导体表面涂覆阻焊层。因为在后续加工中，焊锡层可能会熔化并流动（尤其是在热风整平或波峰焊接时），这可能导致导体与阻焊层表面之间发生分层，容易藏污纳垢。

（5）阻焊层不得污染测试焊盘和器件焊盘。阻焊层若覆盖在测试焊盘上，则会降低 PCB 的可测试性。同样，若阻焊层覆盖在器件焊盘上，无论是设计缺陷还是加工缺陷，都会导致焊盘的可焊接区域减少，进而影响焊点的可靠性。

（6）在进行 PCB 设计时，建议将阻焊开窗的长度设计得比 SMD 焊盘或通孔焊盘多 0.125mm，这样的设计可以消除阻焊制作时对公差的影响，确保焊盘的准确对位，从而提高焊接质量和产品的可靠性。

9.3 PCB 热设计

（1）为了加强功率器件的散热效果，建议采用以下方法。

① 使用导热过孔（避免使用隔热焊盘）。

② 利用电源层和地层作为散热层，必要时可增加对称的地层以增强散热效果。

③ 增加内层铜箔的厚度，同时需考虑供应商的制造能力。在器件与 PCB 之间放置导热胶以提高热传导效率。

（2）对于功率大于 2W 的功率电阻，在 PCB 布局时建议在器件底部设计大面积铜箔。这样的设计可以防止在故障情况下电阻下方的 PCB 被烧焦。

（3）热敏感器件应布局在功率器件的上游，并确保功率器件之间保持一定的距离，以降低功率密度。同时，功率器件应尽可能靠近板边，并布局在较高器件的上游。发热器件应位于较高器件的上游，以避免形成热回流漩涡。

（4）功率电阻应垂直轴向安装，并在水平方向交错排列。这样做可以避免将热空气直接传导给旁边的垂直安装器件。这种排列方式有助于提高散热效率，减少热影响。功率电阻的安装与布局示意图如图 9-31 所示。

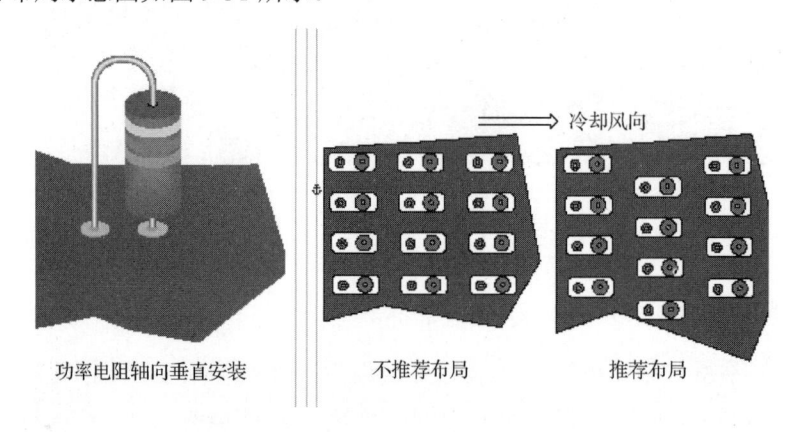

图 9-31　功率电阻的安装与布局示意图

（5）为了降低成本，减少风扇噪声，建议采用导热铜层、金属导槽和导热结构支架等设计，通过热传导和自然对流将热量散发到空气中。

（6）在设计风道时，需要考虑 PCB 之间的距离、器件之间的距离、空气流速对散热的影响。

① 对于又长又高的器件，如连接器，最好沿着气流流动的方向布置，以利于热量的散发。

② 将大功率器件放置在板边可以改善其温升情况，因为这些器件的散热通道直接，在板边散热效果好。应避免将大功率器件放置在 PCB 中心，否则会影响散热效率。

③ 功率电阻应放置在通风良好的位置，以确保热量能够有效散发，避免功率电阻过热，从而导致性能下降。

9.4　PCB 结构设计

将连接器组装到 PCB 上时，必须采取适当的机械固定措施，以减少连接器相对 PCB 的旋转或其他形式的位移。否则，焊点可能会因应力集中而失效。

在硬件设计中，应尽量避免产生高应力区域。坚硬的器件（如插件的层压汇流线、射频屏蔽罩和 PGA 封装等）会使 PCB 变形，从而在某些区域产生高应力，影响产品的可靠性。高应力区域的识别方法为：在 PCB 布局图上，沿着插拔类器件的对角线画线，这些线的交叉点即为高应力区。另一个高应力区域是异形 PCB，如 L 形板。

9.5 PCB 的表面处理

PCB 的表面处理措施如下。

（1）对于搭载细间距和超细间距器件的 PCB，不建议采用热风整平工艺。这是因为热风整平工艺可能会导致焊盘平面度下降，尤其是在细间距和超细间距器件的应用中，这种影响更为明显。

（2）在铜表面镀锡、铅、金时，必须确保内层金属完全被覆盖。此外，可以在铜与最外层镀层之间增加镍阻挡层，以增强保护效果。

（3）在电镀镍金工艺中，需要严格控制磷的含量，防止磷层的富集对焊接可靠性造成不利影响。

（4）重复对 PCB 进行热风整平工艺可能会导致 IMC 暴露，IMC 会迅速氧化，导致可焊性变差。

（5）在选择 PCB 表面处理工艺时，必须考虑 PCB 表面处理工艺与组装工艺、辅料的兼容性，以确保整个生产过程的顺利进行和最终产品的可靠性。

9.5.1 热风整平

热风整平也称为热风平整，是指在 PCB 的裸露金属表面上覆盖一层锡铅合金。锡铅合金的厚度为 1~25μm。

热风整平在控制镀层厚度和焊盘图形方面存在一定难度，因此不推荐用于搭载细间距器件的 PCB。这是因为细间距器件对焊盘的平整度有较高的要求，而热风整平过程中焊料的流动性可能导致焊盘平整度难以控制，影响焊接效果。

热风整平的热冲击可能会导致 PCB 翘曲，因此对于厚度小于 0.7mm 的超薄 PCB，不推荐采用这种表面处理方式。

9.5.2 化学镍金

化学镍金是指在铜表面上镀厚度为 2.5~5μm 的非电解镍层，或镀厚度为 0.08~0.23μm 的金层。化学镍金能提供较为平整的表面，适用于搭载有细间距器件的 PCB。

9.5.3 有机可焊性保护层

有机可焊性保护层（Organic Solderability Preservatives，OSP）是指在裸露的 PCB 铜表面用特定的有机物进行表层覆盖的工艺。对于需要采用常规波峰焊接和选择性波峰焊接工艺的 PCB，不允许使用 OSP 进行表面处理。

9.5.4 选择性电镀金

选择性电镀金是指在 PCB 的局部区域电镀金，而其他区域采用不同的表面处理方式。电镀金的过程包括在铜表面先涂覆镍层，随后电镀一层金。镍层的厚度通常为 2.5~5μm，金层的厚度为 0.6~1.3μm。在可以选择其他表面处理方式的情况下，应尽量避免使用这种工艺，以减少氰化物的污染。

9.6 PCB 制作要求

9.6.1 PCB 过孔

（1）在 PCB 设计中，应尽量使用大直径的过孔，以确保钻孔和镀层的质量。使用标准电镀工艺在小直径的过孔中镀上高质量、一致的铜层是非常具有挑战性的。在厚重的多层 PCB 上，小直径的过孔会承受更为严苛的载荷条件。

（2）孔壁镀镍可以增强过孔在温度循环中的表现，镍层的厚度应达到 2.5μm，以提高镀层的耐热循环性能。

（3）孔壁的镀铜厚度应有明确的要求。为了确保良好的可靠性，最薄的镀铜厚度应为 25μm，40μm 的镀层是最优选择。然而，如果镀层过厚，则会增加过孔肩部断裂的风险。

（4）为了分散孔壁应力，可以尽量增加内层焊盘。

（5）PCB 过孔孔壁的粗糙度应小于 30μm，以确保过孔的质量和可靠性。

（6）如果需要进行塞孔处理，则应选择弹性模量大、CTE 小的塞孔材料，并且要求塞孔材料能填满孔洞，以提高结构强度和可靠性。

9.6.2 PCB 阻焊

（1）PCB 阻焊的基本要求如下。
- 阻焊材料必须具备耐热和抗溶剂等能力。
- 在 PCB 表面印刷阻焊之前，必须彻底清洗可电解物质。否则，在高湿度环境下，可能会导致阻焊起泡或出现白斑。
- 不建议在有焊锡涂层的导体表面涂覆阻焊膜。因为焊锡涂层在后续加工中可能会熔化并流动，这可能导致导体与阻焊之间发生分层，分层之间容易藏污纳垢。
- 液态感光型阻焊的厚度应为 15~30μm，焊盘应高于阻焊。
- 在印刷锡膏时，当钢网下降至底部与焊盘紧贴时，应确保钢网与焊盘之间无空隙，避免焊膏因挤压而污染钢网底部。
- 不推荐使用干膜阻焊。
- 干膜阻焊的厚度应为 75~100μm。干膜阻焊应高于表贴焊盘。

（2）在 PCB 的设计和加工过程中，必须避免阻焊覆盖在焊盘上。通常在 PCB 设计时，阻焊开窗的尺寸会比 SMD 焊盘或通孔焊盘大 0.125mm，这样可以消除阻焊制作时对准公差的影响。焊盘上的阻焊或阻焊残留物会减少焊点的尺寸，如果阻焊覆盖了焊盘，则会减少焊盘的可焊接区域，从而影响焊点的可靠性。同样，如果阻焊覆盖了测试焊盘，则会降低测试的可靠性。因此，设计时应确保阻焊不会与焊盘重叠，以保证焊接和测试的质量。

（3）PCB 上使用的临时性阻焊胶在剥离后不留任何残留物。如果剥离后的残留物未能彻底清洗干净，则将对接触性、可焊性产生不良影响，并可能干扰后续的涂覆工艺。某些可剥离的阻焊胶含有铵离子，这种阻焊胶不仅会腐蚀金属，还可能在不同金属表面间引发电化学腐蚀。需要注意的是，经过高温处理后，阻焊胶可能会变得难以去除。

9.6.3　PCB 表面处理

对于热风整平处理后的焊盘，其可焊性可能会因锡、铅、氯化物、锡铜合金层的氧化物，以及焊盘上的油污、指纹等因素而降低。

应尽量减少 PCB 经历高温的次数，以降低对 PCB 寿命的损害。在需要频繁插拔的压力触点和采用表贴技术的 PCB 上，可以选择性电镀金。此时，要求形成 0.6μm 厚的致密金，并在铜与金之间电镀 2μm 的镍层，以防铜渗入金中。

在铜表面镀锡铅或金时，必须确保镀层完全覆盖内层金属。此外，可以在铜与最外层镀层之间增加镍阻挡层，以增强保护效果。

9.6.4　PCB 枝晶、CAF 及其他可靠性难点

（1）PCB 供应商必须严格控制检测区域的湿度、温度和洁净度，因为这些环境参数对 PCB 的性能有重要影响：体积电阻受温度变化的影响，表面电阻受湿度及湿度变化的影响，基材的分层、起泡、白点等缺陷与基材的清洁度密切相关。

（2）在 PCB 基材的搬运、层压和存储过程中，要确保周围环境的清洁。在 PCB 表面涂覆阻焊剂之前，必须进行彻底清洁。助焊剂中不应含有亲水性溶剂（如聚乙二醇）。如有必要，可以通过表面绝缘电阻测试来验证清洗方法的有效性。

（3）PCB 表面不得存在导电污染物，内层也不得有可容纳导电溶液的空洞，以防树枝状结晶的发生。如果 PCB 表面存在导电污染物，尤其是卤素，则会导致电化学污染和金属迁移。常见的电子金属（如银、铜、锡、铅、金）在高温高湿的测试环境下可能产生树枝状结晶。这些树枝状结晶通常在 PCB 表面，如果 PCB 内部有可容纳导电溶液的空洞，或 IC 分层区域有助焊剂残留，则同样会产生树枝状结晶。

（4）为避免 CAF 生长，需评估 PCB 在组装前后受到应力时，阻焊与导体之间、导体与基材之间、金属化孔壁与基材之间的分层倾向。要阻断 CAF 生长路径，每两层铜之间至少使用两张半固化片，且 PCB 边缘应平滑无裂缝。

（5）PCB 铜箔等级要求：对于 PCB 厚径比大于 10 的通孔，推荐使用高温拉伸的 E3 铜箔。

第 10 篇　FPC 设计指南

10.1　FPC 尺寸设计总则

10.1.1　FPC 尺寸范围

FPC 是指柔性印制电路板，其尺寸不应超过 500mm×610mm，当 FPC 的长度超出范围时，可以采用脉冲加热回流焊接、连接器转接等方法，但需要评估这些方法对信号质量的影响。

10.1.2　FPC 外形要求

（1）FPC 应有圆弧内角，且圆弧直径 $\phi \geqslant 3.2$mm。圆弧内角如图 10-1 所示。

（2）切口或沟槽末端需设计一个直径 $\phi \geqslant 1.6$mm 的圆（或圆弧），以避免应力集中，并能提高结构强度。切口和沟槽如图 10-2 所示。

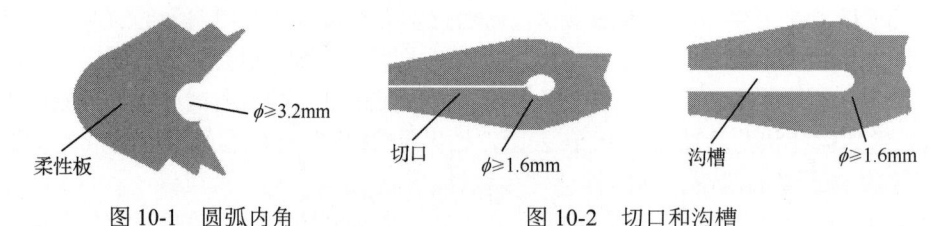

图 10-1　圆弧内角　　　　图 10-2　切口和沟槽

（3）黏合剂填充物示意图如图 10-3 所示。在 FPC 设计中，为了防止撕裂，Type 4 刚柔结合处或 Type 1、Type 2、Type 3 的加强板区域可以使用黏合剂填充物。这些黏合剂填充物的宽度 W 为 1～2.5mm，以增强结构的稳定性和可靠性。

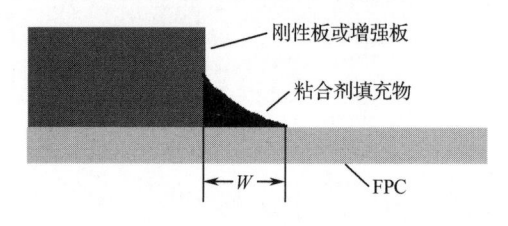

图 10-3　黏合剂填充物示意图

10.1.3　FPC 弯曲半径要求

为了确保 FPC 在弯曲时不会损坏或缩短使用寿命，需要遵循特定的最小弯曲半径标准。弯曲半径示意图如图 10-4 所示，单面和双面 FPC 的最小弯曲半径 R 应为 $6T$，多层 FPC 的最小弯曲半径 R 应为 $12T$（T 为 FPC 的厚度）。这些标准有助于确保 FPC 在各种应用场景中的可靠性和耐用性。FPC 弯曲示意图如图 10-5 所示。

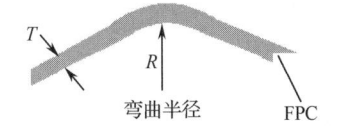

图 10-4 弯曲半径示意图

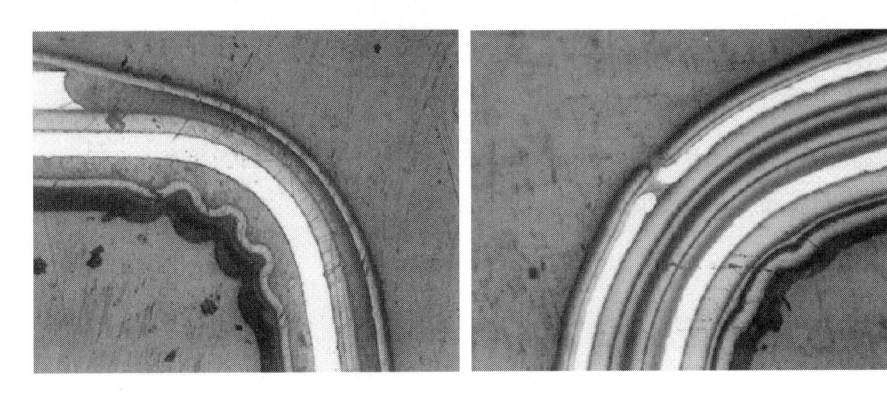

图 10-5 FPC 弯曲示意图

10.1.4 FPC 板材利用率

在 FPC 设计中，为了提高板材利用率，满足不规则形状的要求，建议尽量将 FPC 设计成长条状，并通过弯折形成不规则形状。设计时需要具备三维空间概念，通过设计优化有助于提高板材利用率。FPC 设计方案 1 如图 10-6，FPC 设计方案 2 如图 10-7 所示，FPC 设计方案 2 明显提升了板材利用率，因此 FPC 设计方案 2 优于 FPC 设计方案 1。

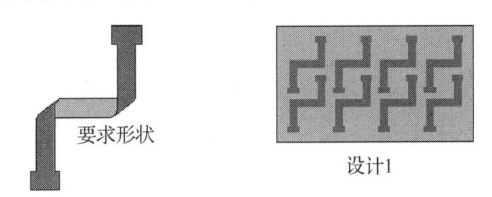

图 10-6 FPC 设计方案 1

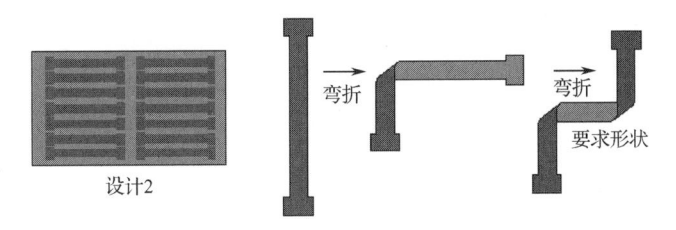

图 10-7 FPC 设计方案 2

10.2 FPC 叠层设计指南

10.2.1 材料对设计的要求

1．柔性基材

默认的柔性基材为聚酰亚胺。除了聚酰亚胺，柔性基材还包括聚酯类和聚氟类。聚酰亚胺以其耐高温特性、高介电强度以及卓越的电气和机械性能，成为生产挠性印制板及刚挠印制板的首选材料。聚酯类材料在许多性能上与聚酰亚胺相似，但耐热性较差，仅适用于简单的挠性印制板。聚四氟乙烯材料主要用于对低介电常数有要求的高频产品。对于有高可靠性要求的产品，建议选用无胶介质材料。

2．屏蔽层

（1）可使用银浆、铜浆等材料作为屏蔽层，这些材料在成本和柔韧性方面均优于铜箔。若使用非铜箔的屏蔽材料（如银浆），需要在设计文件中明确标注。

（2）屏蔽层应有覆盖层保护，以确保其完整性。

（3）设计时需考虑银浆印刷的精度。

（4）表贴器件的器件面、插接器件的焊接面及其对应区域不应设计网印式屏蔽层，如银浆、铜浆等。

3．增强层

（1）对于有表贴器件、安装孔的区域，要求有增强板。增强板一般选用 FR4 材料。对于表贴器件，默认增强层的厚度为 2mm，对于插接器件，增强层的厚度须保证器件出脚等基本要求。

（2）增强层的类型、尺寸、厚度应在设计文件上进行规定。建议在正视图与侧视图中标明增强板的粘贴位置。

4．阻焊油墨

阻焊油墨一般只用于 Type 4 刚挠印制板的刚性部分。

10.2.2 叠法设计要求

（1）尽量选用薄的铜箔与介质厚度，以提高柔韧性。常见的铜厚为 25μm、50μm、75μm。常见的覆盖膜厚度为 25～125μm。

（2）在满足电性能的前提下，建议将地层、电源层（包括银浆等屏蔽层）设计成网格状，以确保柔韧性。

（3）FPC 在叠法设计上可以不对称。

（4）USE B 尽量设计为单面 FPC。

（5）双面和多层 FPC 通常应用于 USE A。

（6）当 FPC 相邻层间导体平行时，建议错开设置。FPC 相邻层间导体如图 10-8 所示。

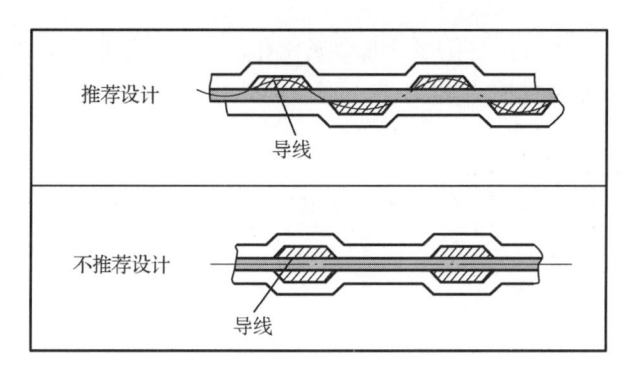

图 10-8　FPC 相邻层间导体

> **注意**
> USE A 通常是指对性能和可靠性要求较高的应用场景。例如，双面和多层 FPC 通常应用于 USE A，这些应用需要更高的电气性能和机械强度，以满足复杂电路和高密度连接的需求。
> USE B 通常是指对成本和简单性要求较高的应用场景。对于 USE B，应尽量设计单面 FPC，以降低成本，简化设计。

（7）对于 4 层及 4 层以上、弯曲超过 90°且弯曲区域长度 L（见图 10-9）大于 20mm 的 FPC 或刚柔板，在电性能、结构允许的情况下，弯曲区域处可以不层压在一起，这种设计可以改善多层 FPC 在弯曲情况下可能导致的分层情况。例如，如图 10-9 所示的 6 层刚柔板，可以在弯曲处按三个双面 FPC 进行设计，其他区域为 6 层结构。

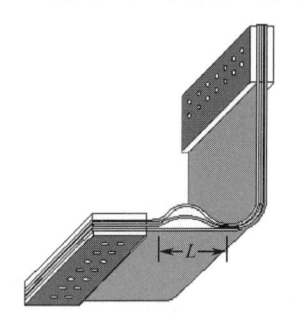

图 10-9　6 层刚柔板

10.3　孔设计

（1）在 FPC 和刚柔板的设计中，孔壁与孔壁的间距 D 应≥0.508mm，孔盘与孔盘间距 B 应≥0.127mm，孔到边的距离 E 应≥1.27mm。这些设计规则有助于确保 FPC 的可靠性和耐用性。FPC 过孔距离要求如图 10-10 所示。

（2）过孔孔径一般≥0.254mm。对于银浆灌孔，推荐孔径为 0.3mm。

（3）过孔避免布置在弯曲区域，应至少距离弯曲区 2.54mm。

(4) 通常情况下，增强板的孔都是非金属化孔。对于压接器件，增强板的孔径 $\phi=\phi_1+0.0508\text{mm}$，$\phi_1$ 为此压接器件用于 PCB 时所对应的孔径大小。

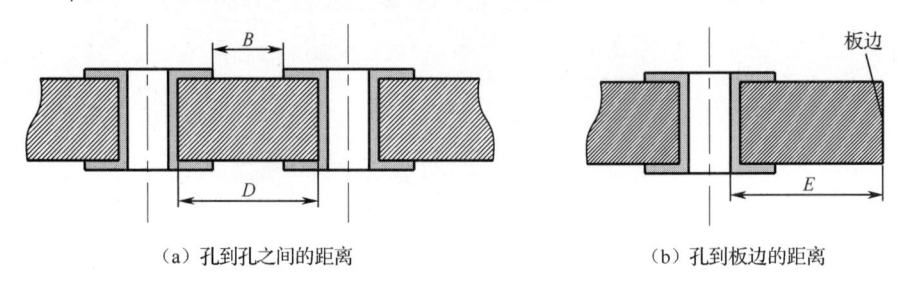

(a) 孔到孔之间的距离　　　　(b) 孔到板边的距离

图 10-10　FPC 过孔距离要求

10.4　走线设计

当导体直径超过 25.4mm 时，导体在保持连通性或功能性的前提下，应设计成网格形状，弯曲区域的导体宽度应一致。FPC 弯曲区域导体宽度如图 10-11 所示。

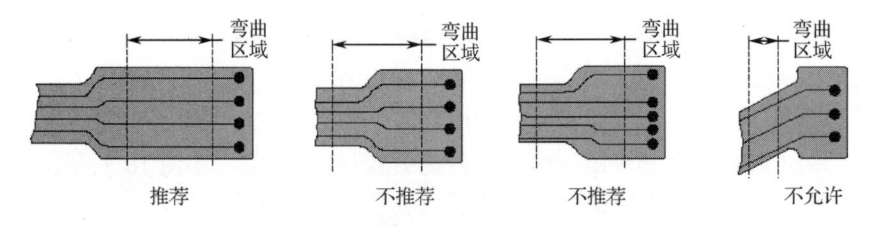

推荐　　　不推荐　　　不推荐　　　不允许

图 10-11　FPC 弯曲区域导体宽度

10.5　焊盘设计

(1) 焊盘应布置在刚柔板的刚性区域或 FPC 不需弯折的区域，并且距离弯曲区 ≥ 2.54mm。

(2) 推荐使用阻焊定义的焊盘，焊盘直径通常比覆盖膜开窗大 0.36mm 以上。SMD 焊盘的阻焊设计图如图 10-12 所示。

非阻焊定义的焊盘　　　　阻焊定义的焊盘

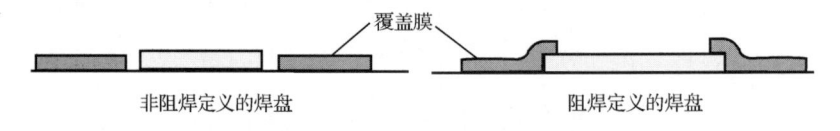

图 10-12　SMD 焊盘的阻焊设计图

(3) 如果焊盘无法做成 SMD 焊盘，则建议将焊盘做成盘趾形状。盘趾形状的焊盘如图 10-13 所示。

(4) 在 FPC 应用中，存在许多专用插接连接盘，FPC 上的连接盘可根据实际要求进行设计。用于插接的 FPC 焊盘如图 10-14 所示。

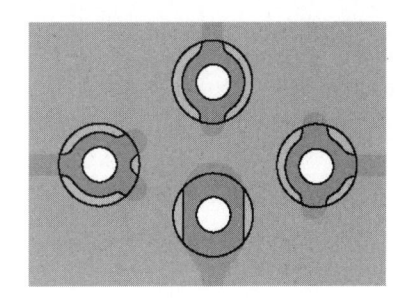

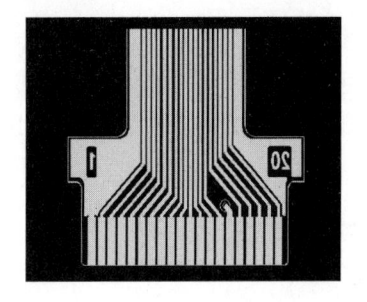

图 10-13　盘趾形状的焊盘　　　　　图 10-14　用于插接的 FPC 焊盘

10.6　阻焊设计

（1）为保证柔韧性，FPC 一般采用覆盖膜实现阻焊功能。

（2）由于对位精度、最小阻焊桥宽度及流胶等限制，阻焊开窗应比焊盘尺寸大 0.3mm 以上，最小阻焊桥宽度为 0.3mm。FPC 焊盘阻焊开窗尺寸如图 10-15 所示，阻焊尺寸设计表如表 10-1 所示。

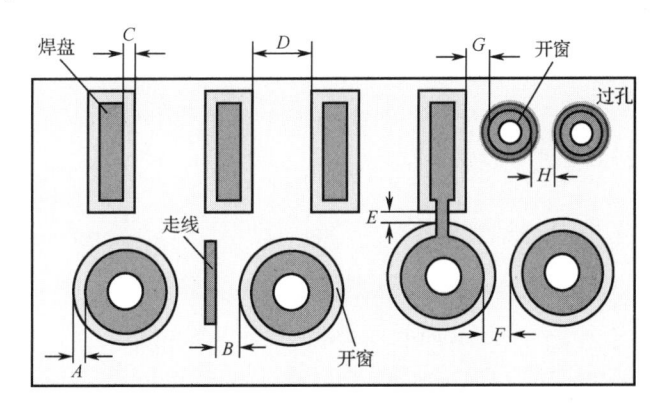

图 10-15　FPC 焊盘阻焊开窗尺寸

表 10-1　阻焊尺寸设计表

项　目	最小值/mm
THD 焊盘覆盖膜开窗尺寸（A）	0.152
走线与 THD 焊盘之间覆盖膜桥尺寸（B）	0.127
SMD 焊盘覆盖膜开窗尺寸（C）	0.152
SMD 焊盘之间的覆盖膜桥尺寸（D）	0.3
SMD 焊盘和 THD 焊盘之间的覆盖膜桥（E）	0.3
THD 焊盘之间的覆盖膜桥（F）	0.3
SMD 焊盘和过孔之间覆盖膜桥（G）	0.3
过孔和过孔之间的覆盖膜桥（H）	0.3

（3）过孔一般应采用覆盖膜盖孔，如图10-16所示。

（4）矩形焊盘的覆盖膜开窗建议采用圆形或槽形余隙孔，如图10-17所示。若采用方形开窗，则需要模具开孔，这将导致成本上升。

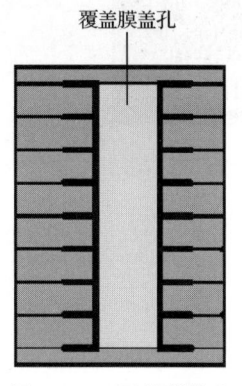

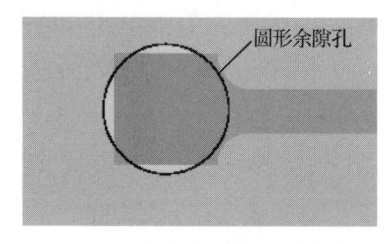

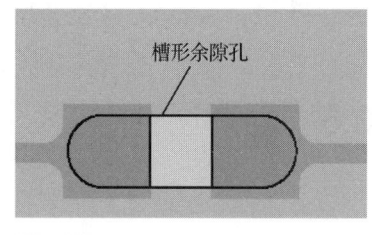

图10-16 覆盖膜盖孔

图10-17 圆形或槽形余隙孔

（5）对于边缘间距≤0.61mm的SMD焊盘，若需保留覆盖膜桥，则要在图上特别注明。

第 11 篇　PCBA 组装过程

11.1　组装焊接

在组装焊接时，下面的因素会影响产品组件的可靠性。

（1）热过程：影响焊点可靠性的最显著因素。组装焊接的热过程会导致 PCB 过孔和焊点的寿命耗损。

（2）应力作用：组装焊接会对组件产生应力，组装完成后应确保器件、焊点和 PCB 不处于受应力状态。

（3）溶剂和化学物质：PCBA 在加工、维修以及正常工作时会受到溶剂（包括水）和化学物质的影响。这些溶剂和化学物质不仅会对阻焊、PCB、涂覆层、器件的极性标识等产生不良影响，还会损害塑封器件的薄弱部位及受机械应力的部位。

11.1.1　器件对组装焊接的热要求

（1）在焊接过程中，应避免器件过热，并严格控制工艺参数。高温可能会对器件造成损伤，其中一些损伤是可恢复的，如器件内双金属片的变形。然而，更多损伤是不可恢复的，如器件裂纹和封装材料的软化。

（2）高温会对器件产生如下不可恢复的影响。

- 内部和外部的表贴集成电路封装器件存在内外部封装分层和开裂、晶片表面及其微连接的机械损伤，以及晶片金属层腐蚀等潜在危险。无源器件网络也可能出现分层、开裂和腐蚀现象。
- 绝缘聚合物会出现暂时软化、抵抗穿透能力下降等现象，也可能出现电介质绝缘强度和机械强度的永久损伤。
- 敏感聚合物易产生应力裂纹，如透明尼龙光学器件受内部或外部机械应力的影响，特别是在某些溶剂存在的情况下，容易出现应力裂纹。
- 电容、电感、晶振内部焊点的连接可能出现熔化、开路等情况。
- 聚合的电容电介质（如聚苯乙烯、聚碳酸酯、聚丙烯）因高温下的应力释放而变薄，这些电容电介质会熔化或软化。变薄的电容电介质会导致电容不可控增长以及电介质击穿电压下降。弹性物质（如硅胶和室温下的硫化胶）在灌封器件时，会出现膨胀现象。
- 弹性物质因软化和松弛会失去密封性，并引起腐蚀。
- 轴向和径向电容上的低 Tg 涂覆材料会出现软化和裂纹，进而导致腐蚀。
- 组件（如晶体和混合电路晶振）内部环氧树脂之间的连接会软化。塑料器件（如表贴连接器和 LED 显示扰频器）会软化、扭曲或变形，其尺寸会变化。

- 如果用作绝缘用途的聚合物过度烘干，则会导致绝缘电阻降低。非固态电介质电容内的液体沸腾和蒸发，会导致电容降低、等效串联电阻增加。

（3）表贴塑封类器件需遵循电子产品全流程潮敏要求。表贴塑封类器件内部界面处的凝结水汽在焊接过程中遇高温会迅速变为气体，可能导致塑封材料、引线框、晶片表面产生裂纹。这些缺陷会导致树枝状结晶生长、薄膜断裂，以及键合点焊盘受损、成坑、腐蚀，进而使产品出现间歇性或永久性开路与短路。此现象通常发生在220℃左右，部分器件在220℃以下也会发生此现象。

（4）为防止器件组装过程中的热冲击，温度变化率应<4℃/s，从预热到最高温度的温差应<100℃。热冲击常见于回流焊接、波峰焊接、手工焊接等工序。若预热不足，则热冲击可能导致多层陶瓷或铁素体器件内层介质产生裂纹，如多层陶瓷电容或电感产生裂纹，且脆性介质的层数越多，器件越容易在温度及机械应力冲击下受损。

11.1.2 PCB对组装焊接的热要求

（1）在PCB的焊接过程中，应尽量减少PCB在高温环境下使用。PCB的通孔经历180℃的温度变化时，孔壁铜镀层与PCB材料Z方向的CTE不匹配。一般来说，FR4基材在Z方向的CTE失配为20ppm/℃左右。当温度高于Tg时，材料处于胶态，CTE通常会增大。这种不匹配可能导致材料在温度变化时产生应力，进而引发各种可靠性问题。

（2）PCB焊接时应避免温度超过260℃。当焊接温度高于260℃且持续时间过长时，PCB内的环氧树脂或玻璃聚合体间的界面会发生分离或分层，从而产生白斑。对于FR4基材来说，这种现象在260℃时就会发生。在产生白斑的地方，CAF可能会在通孔之间产生高阻或低阻的导电通道。多数玻璃聚合体的印制板材料应通过漂锡测试，并评估白斑的情况。当玻璃聚合体具有较高的吸湿量时，会增加产生白斑或分层的可能性。聚酰亚胺基板在经受高温前应先进行烘干处理。

（3）在生产、维修高Tg的材料前，应对板材进行烘干操作。因为高Tg的材料比FR4基材更易吸收水蒸气，烘干操作可以减少导体与树脂、玻璃纤维之间的分层。

（4）当PCB在潮湿空气中暴露的时间过长且未经烘干便直接经过高温过程时，会使阻焊层与基材分层。若PCB在高温环境中停留时间过长，则会使阻焊层的热性能降低，还会在基材表面产生白斑。

（5）应严格控制加热温度的升高和降低速度，尽量减少因PCB层间及铜分布设计不对称而导致的PCB变形及翘曲现象，俗称"炸土豆片"现象，以避免由此引发的器件本体和焊点内产生的应力。

11.1.3 组件对组装焊接的热要求

（1）应注意器件或PCB的防潮及包装要求。若PCB上有潮湿敏感器件，则需按照潮湿敏感等级最高的器件进行操作。当应用环境的相对湿度较高时，器件或PCB表面会形成一层水膜，如果器件或PCB在这种环境下暴露的时间过长（在25～35℃下暴露几个星期），则潮气会渗入材料内部，在来料前的制造过程以及之后的组装焊接过程中，水汽可能会导致器件或PCB出现分层、断裂、空洞等问题。

（2）为了防止组件翘曲，应尽量减少对组件的热冲击。组件翘曲会产生拉应力和剪切应力,这些应力远远超过稳态时 CTE 不匹配所引起的应力。在热冲击条件下,即使组件内各材料的 CTE 匹配良好,也可能会发生焊点失效。

(3) PCB 焊接形成的锡铜 IMC 厚度应控制在 1~2μm。冷焊用于进行器件引脚与 PCB 之间的机械连接,故工作一段时间后焊点可能会出现开裂现象。PCB 在组装或返修时,若锡铜 IMC 过厚,也会降低焊点的可靠性。

(4) 在组装焊接的过程中,表贴器件承受的应力要比通孔器件大,这是因为这两种器件的引脚柔性、CTE、焊点高度不同。有研究表明,I 形引脚焊点的拉伸与剪切强度比 J 形或鸥翼形小 65%,I 形引脚焊点对工序相关的操作、贴片、回流焊接更加敏感,柔性更差。

11.1.4 特殊器件的焊接要求

(1) 针对焊端镀层为烧结银或银钯的陶瓷与铁氧体器件,如多层陶瓷电容、片状电阻、片状电感,需要严格控制其焊接温度。原因在于银可以迅速溶解到熔化的焊料中,较高的银含量会降低焊点延展性,焊端中银的流失会导致焊端与陶瓷的结合力降低。

(2) 为确保含银器件在生产中形成可靠的焊点,需采用特殊工艺材料,如使用含银焊料,并严格限制焊接时间。器件引脚镀层或含银焊料可能导致焊点快速失效,因为银会迅速熔入融化的焊锡中,导致焊点弱化。为了避免此问题,可在银上镀一层镍作为阻挡层,在镍层上再镀一层薄薄的银或钯。

(3) 要求器件焊端或 PCB 上金镀层的厚度小于 0.1μm。

(4) 对于镀金器件,可以将器件的焊端浸入焊锡并去除金元素。必须对锡锅进行监控,以免过多的金堆积。

11.1.5 波峰焊接

(1) 可采用波峰焊锡或阻焊填充过孔,以防过孔中藏匿助焊剂,从而避免孔壁腐蚀、表面绝缘电阻下降、污染测试夹具或引发电化学腐蚀。

(2) 助焊剂的使用应严格遵循供应商推荐的应用参数。PCB 上残留的助焊剂会吸收水分,加之水解性污染物的溶解,可能导致表面绝缘电阻及体积湿气绝缘电阻降低。

(3) 临时性阻焊层剥离后必须确保无残留物存在。若剥离后的残留物未彻底清洗干净,则会影响阻焊层的接触性、可焊性以及后续的敷形涂覆。在表贴组装过程中,回流焊接的高温可能导致暴露的临时阻焊层及胶带发生热损坏,进而使临时阻焊层中的某些物质转化为更黏的物质,这种物质会紧密附着于 PCB 表面。相较于通孔插件产品,清洗表面组装产品更为困难且更易产生问题,因此在选择临时性阻焊胶带时,必须验证其与组装流程的相容性。某些有机溶剂可能与助焊剂载体的成分发生反应,生成物可能会降低产品的可靠性。此外,临时性阻焊的残留物可能藏匿助焊剂,进而导致腐蚀。

11.1.6 返修

(1) 在使用热风返修或拆除潮湿敏感器件时,应使用温度测量仪器对 PCB 和器件的温度进行测量和控制。在返修焊接过程中,器件暴露在高温环境的时间应尽可能短。若需对拆下的器件进行失效分析或再利用,则拆除器件前应先对器件进行烘干处理。在拆除器件的过程中,若温度超过塑封材料的 Tg(为快速拆除器件,返修设备设置的热风温度有时会超过 350℃），则可能引起器件内晶片表面的内部应力。晶片表面金属层的破裂可能导致开路或晶片功能失常，而晶片表面钝化层的损伤可能引发金属层的长期腐蚀或开路。此外，拆除器件时的温度超过 Tg 还可能导致塑封材料从晶片或引线框架表面脱离，凝结的水汽可能在脱离部位聚集，并引发树枝状结晶或腐蚀。若这种脱离现象发生在晶片表面的键合盘或键合线处，则可能导致连接断裂。

（2）使用热风或红外设备进行返修时，应尽量减少周围器件的受热。可采用隔离罩将加热部位隔离，以保护周围器件免受高温影响。

（3）在拆除器件的过程中，应避免对附近器件施加机械应力。严禁使用附近器件作为杠杆转轴或支点，以免造成周围器件的损坏。

（4）使用波峰焊接和小锡炉返修器件时，若加热时间过长，则金属间化合物可能会被焊锡带走，甚至铜焊盘也可能因扩散溶解到焊锡中而受损。

（5）在返修过程中，应避免通孔插装孔长时间浸入熔融焊料中。由于 CTE 不匹配、镀铜厚度等原因，长时间浸入熔融焊料可能使通孔插装孔肩部的应力过大，加之铜在焊料中的熔化，可能引发通孔插装孔肩部开路。

（6）在返修多层陶瓷器件（如多层陶瓷电容或多层陶瓷滤波器阵列）时，需将器件预热至 150℃以上，并严格控制温升。若电烙铁设置温度较高且电烙铁尖热容量较大并被焊锡润湿，则电烙铁的快速传热可能导致焊端下的陶瓷开裂。较厚且电容值较大的多层陶瓷器件更容易受到损伤。若返修过程中熔化的焊锡接触到多层陶瓷器件的焊端，则可能会在焊端下的陶瓷体中产生肉眼不可见的裂纹，此时在潮湿和偏压条件下可能引发树枝状结晶。

（7）使用锡炉拆卸连接器、PGA 等器件时，应尽量减少 PCB 与熔锡的接触面积，并减少熔锡中的过孔数量。设计上可采用较厚的镀铜或镍阻挡层（特别是在通孔和过孔的肩部区域）。

（8）在返修过程中，拆除器件后的焊盘上应保留少量焊锡，以防暴露的金属间化合物迅速氧化而变得不可焊接。由于拆除器件时会产生高温，会加速焊锡时锡与铜之间的反应，生成较脆的金属间化合物，金属间化合物附近的共晶焊锡会形成富铅层。若富铅层表面暴露在外并氧化，氧化物会导致富铅层表面不可焊接。

（9）返修过程中应尽量避免对焊点进行手工补焊处理。补焊过的焊点可靠性会降低，因为焊点在 150℃以上的环境中会促使金属间化合物附近形成富铅层。这种成分的焊点延展性不如共晶成分，疲劳寿命也较短。此外，金属间化合物在过载情况下易成为断裂界面，在拆除或更换器件时，器件周围的焊点会受到影响。

（10）使用热风和红外设备拆除器件时，若器件温度超过 260℃并持续 10s 以上，则不建议再次使用该器件。

（11）器件在返修过程中应避免冲击、振动等导致 PCBA 过度变形，否则可能引发器件裂纹、焊端分离、焊点过载甚至焊点失效。

11.2 来料

（1）应检验塑封表贴器件是否满足焊接峰值温度的要求。

（2）可采用润湿平衡法和 Dip and Look 法检验来料的可焊性。润湿平衡法能测试来料的润湿时间与润湿程度，是一种通过标准图形评估工艺变化的方法。Dip and Look 法是一种简单的、经济的且非量化的方法，主要通过目视观察来料浸锡后的表面状态。

（3）焊盘上不允许存在明显的锡铅氧化物（或氯化物）、锡铜合金层氧化物、油污、手指印等。这些缺陷多源自热风整平工艺，会显著降低焊盘的可焊性。

（4）潮湿敏感器件应采用密封包装。在组装潮湿敏感器件时，按照相关文件说明进行操作有助于减少内部分层与断裂，但无法消除已经存在的内部分层与断裂。

（5）应谨慎使用以下器件。

- Tg 小于 125℃ 的 PCB。
- 通孔孔径比大于 10∶1 的 PCB。
- 非优选器件。
- 使用过时技术生产的器件，如阳极为银的铝电解电容器。
- 仅用橡胶密封的包含液体的器件。
- 带旋转封口的器件。
- 焊端采用厚银或金镀层的器件。
- 含有腐蚀性或有极性液体的器件。
- 电气机械连接镀层的金属分别是金与锡的器件（异种金属）。
- 调整范围超过 50% 的薄膜电阻。
- 焊接温度变化在 4℃/s 以上的多层陶瓷器件，如电容、电感。
- 除了片状电阻和片状电容，使用浸焊、波峰焊接的表贴器件。
- ESD 敏感器件。
- 可变电阻。

（6）要注意控制电子物料仓库存储的湿度。电容内部的绝缘膜如果吸收了水分，则容易泄漏电流。一些塑封体及填充物如果吸收了水分（水的质量达到材料质量的 1%），则会造成材料膨胀。周期性的湿度变化会造成塑封材料或填充材料蠕变。如果环境非常干燥（相对湿度很低），则容易产生 ESD 问题。某些封装体聚合物吸收了水分后，Tg 降低，强度下降，CTE 增大。当器件引脚是黄铜材料时，如果引脚面存在裂纹或黄铜材料外露，则在潮湿条件下，会形成原电池效应，导致材料腐蚀。

11.3 印锡

（1）大面积钢网开口应设计成网格状，否则可能出现"挖掘"现象。

（2）当 PCB 上有不同间距的器件时，可采用以下钢网设计方法保证各种器件的焊接质量。

- 使用阶梯钢网，细间距器件处的钢网较薄。
- 减小细间距器件的钢网开口。
- 细间距器件使用交错式开口。
- 使用一些特殊开孔，如泪滴形、三角形等。

（3）一般要求焊盘的高度要高于阻焊厚度，这样可以避免印刷时焊膏因挤压而污染钢网的底部。常用的液态感光型阻焊的厚度为 15~30μm。当钢网下降时，钢网底部与焊盘紧贴，钢网与焊盘之间不存在空隙，此时必须保证PCB组装、印锡后焊盘上的锡膏一致性。为了形成厚度一致的理想焊点，SMT器件的引脚也必须是共面的，只有这样才能保证引脚同时与焊膏接触。任何一个引脚与焊盘之间出现了间隙，都可能会出现问题。

11.4 涂覆

（1）PCB和器件在进行涂覆前，一定要保证表面干净、无残留物，这里的残留物包括水溶性物质、残留离子、油脂等，这些残留物会影响涂覆材料的附着效果，会藏匿湿气，还会使涂覆层起泡或产生白斑，甚至在相邻导体间产生树枝状结晶。注意，没有添加清洁剂的极性溶剂或水很难洗掉此类残留物。超声波可以清除PCB上附着的颗粒，也可以清除缝隙中的污染物。

（2）PCB在涂覆之前，表面要保持干燥，不能有湿气与溶剂附着。湿气与溶剂在高温时会汽化，从而造成涂覆层与PCB之间分层。

（3）在涂覆保护膜时，电子产品与导体之间不应存在夹杂物。

（4）PCB阻焊材料与电子产品涂覆材料要相容。

（5）电子产品涂覆固化时，应稳固，没有裂纹和空洞。

（6）PCB上不应使用含有硫酸电解液的钽电容、含有乙二甲酰胺电解液的电容，因为这些电解液会使阻焊和涂覆层劣化。

（7）要确保涂覆层在高温、紫外线照射、臭氧环境下不会产生应力。

（8）在清除PCBA的涂覆层时，不要让溶剂损害周围的涂覆层。涂覆层与阻焊层之间的界面最容易被损害，涂覆层与阻焊层界面之间的空洞在潮湿工作环境以及直流电压作用下会产生导电树枝状结晶，从而使相邻导体短路。

11.5 操作

（1）如果PCB上有表贴陶瓷器件，则操作时应尽量减少PCBA的振动、机械冲击及弯曲。表贴陶瓷器件的本体与焊端之间的开路通常是由于机械应力损害造成的，这些应力可能源于插件机在插件、分板、测试过程中产生的扭曲、振动、冲击等。

（2）应对PCB上的高应力区提供足够的支撑，并通过夹具减小振动、机械冲击、弯曲，从而降低PCBA的机械应力，避免对大型器件或易受损器件造成损伤。

（3）在进行器件插件、分板或测试时，焊点会经受机械应力，要尽量减少这种机械载荷作用。当PCB密度较高且厚度较薄时，PCB的强度较弱，此时要特别注意器件本体与焊点是否损坏。

> **注意**
>
> PCB在分板工序时承受的冲击与应力可能超过其在正常使用与运输过程中承受的应力。在PCB组装过程中，机械应力可能出现在以下环节。
>
> - 插件、贴片、铆接、测试、测试夹具、探针、分板：这些工序中可能因操作不当或设备问题导致机械应力集中。

- PCB 装配到机箱或母板中：可能因对准不良或紧固不当引发应力。
- PCB 跌落到硬的工作台或地板上：可能导致焊点开裂或器件损坏。
- 盒式产品在周转过程中出现反弹和晃动：周转过程中的振动和冲击可能对 PCB 造成隐性损伤。

（4）表贴器件不得采用插件式插座。

（5）在 SMT 的组装过程中，要注意设置贴片机的贴片压力和速度，因为贴片可以引起机械冲击，导致多层电容或焊点断裂。

（6）要合理设计隔离产品与外界机械能的弹性体，如果弹性体使用不当，则弹性体内存储的能量可能会使产品受到伤害。

（7）要避免用坚硬的工具冲击陶瓷器件，避免导致陶瓷器件开裂或破碎。

（8）在进行产品组装时要保持清洁，避免用手指直接接触 PCB，在持取、存储 PCB 时要保证其周围环境干净。手指印、唾液、食物会造成电化学腐蚀的水解或电离。手指印中的油脂残留物会导致涂覆层无法对导线和焊盘起到保护作用。

（9）不管器件是否静电敏感，只要器件旁有静电敏感部件，就应该使用防静电材料包装该器件。

（10）在库房、生产线、维修道路等工段，应将电池存放在合适且绝缘的容器内，否则电池在高温下容易发生短路。当温度非常高时，可使用电池架。为了避免电池腐蚀，不应让两种不同的金属直接接触。

（11）当组件存在不可避免的振动或因温度循环产生的机械位移时，需固定连接器和接触点，这样可以避免组件生成绝缘的聚合物薄膜。

（12）可变电阻应注意防止振动和机械冲击，否则会导致调节器移位。

11.6 成型

（1）应确认应力敏感器件（如晶振）在成型过程中是否会导致引脚应力腐蚀或镀层破坏。

（2）应避免采用镍作为阻挡层，避免外层为金的铜端子在电镀后进行剪脚。此时剪脚处金属呈铜、镍、金排列，剪脚处的暴露部分会形成电偶腐蚀。在这种情况下，暴露的剪脚处会变得灰暗无光，腐蚀物会从铜向金生长。

（3）在有水和电解质的情况下，金属薄膜和金属表层的电流腐蚀效应会增强。应避免裸露接触的金属之间形成原电池腐蚀。

（4）应确认金属（特别是成型过的焊端）中的机械应力，机械应力可能会导致应力腐蚀或涂覆层的不连续。为避免这些问题，金属在成型后应进行退火处理，随后再涂覆涂层。

11.7 清洗

1. 清洗剂

某些塑料材料（如聚碳酸酯和聚苯乙烯）对清洗剂较为敏感，如果溶剂中含有二氯甲烷，则会加剧塑料的溶解和软化。在清洗这类塑料时，建议先在不显眼的地方进行测试，以确保所选的清洗剂不会对塑料造成损害。

2. 超声波清洗

在超声波清洗的过程中，开放空腔的集成电路键合线可能会因疲劳失效。当键合线的线弧共振频率与超声波发生器频率接近时，疲劳失效尤为明显。被塑封材料填满的器件（非空腔）通常不会出现此类问题。此外，清洗液体的振动可能会导致焊点的侵蚀和器件外部连接的疲劳失效，尤其是在超声波能量密度较高时，这种疲劳失效尤为明显。当器件焊端系统的机械共振点与超声波发生器的频率接近时，连接点或器件焊端的疲劳和断裂风险会增加。某些器件的焊点更容易受到这种影响，如 LED 和 SOT23 器件，这可能与器件的焊端形状有关。相比之下，SOIC 器件封装的铜引脚较细且延展性更好，更不容易发生疲劳断裂。

3. 极性溶剂与非极性溶剂

非极性溶剂适用于清洗包裹有水溶性污染物的有机物，极性污染物可用极性溶剂或去离子水进行清洗。如有必要，可通过表面绝缘电阻测试验证清洗方法的效果。

4. 清洗可电解物质

在电子产品涂覆前，尤其是使用水溶性助焊剂时，必须彻底清洗 PCB 表面的可电解物质。否则，在高湿度环境下，可能会导致阻焊和涂覆层出现起泡与白斑。

5. 湿气藏匿区域

应尽量避免器件内部存在湿气藏匿区域，避免组装后的器件本体与其下的裸导体间隙过小。可在器件本体下的裸导线表面涂覆阻焊层或涂覆层，或增加器件与导体的间隙以便清洗。避免使用内部有空腔且用聚合物密封的器件。

6. 含有卤素的溶剂与化学物质

在电子产品的清洗过程中，应避免使用含有卤素的溶剂与化学物质，防卤素扩散至橡胶封口内部并引起腐蚀。例如，铝电解电容通常采用环氧树脂进行密封，这种材料具有良好的耐化学腐蚀性能和机械保护性能。然而，某些旋转或滑动器件（如分压器、开关等）所使用的橡胶封口在回流焊接温度下可能会发生变形或退化，导致液体在高压或高速清洗下进入封口内部。因此，在清洗旋转或滑动器件时，需选择合适的清洗剂和工艺，避免对器件造成损害。

7. 慎重使用清洗工艺的情况

（1）溶剂被聚合物密封体吸收，含卤素的溶剂（如 CFC）会对铝电解电容器产生腐蚀。

（2）某些导线的绝缘漆、标识油墨和标签黏结剂可能会溶解，进而污染清洗设备，导致导线的绝缘性能下降或标识丢失。

（3）硅橡胶部件和密封件会吸收 CFC 并发生变形。

（4）可变电阻在振动和冲击条件下，可能导致调节器移位。

（5）在厚膜导体上使用银时，若清洗过程中水通过 O 形密封圈渗入器件，则可能会产生树枝状结晶或导致短路。

（6）铸模或涂覆若密封不良，则可能在焊接和清洗过程中吸收水分与助焊剂污染物，尤其是在焊端和涂覆层连接部位更易吸收水分与助焊剂污染物。

（7）在使用在线清洗工艺且必须用工具调节数值的场合，应使用封口可变电阻。

（8）绝缘体表面吸收水分，加上水解性污染物的溶解，会导致表面绝缘电阻降低。

（9）某些清洗溶剂（如氯代烃和酒精）可能会损害阻焊层和涂覆层，甚至使阻焊层和涂覆层膨胀。

11.8 质量控制

（1）部分企业在执行功能测试时，会采用电动或气动活塞拍打 PCBA 的方式，以检测冷焊点或干焊点。

（2）3D 光学检测系统或 X 射线检测系统可用于检测焊点的 Open 类缺陷。

（3）细间距表贴器件对 PCB 可焊性的质量控制要求更为严格。由于细间距表贴器件的焊盘远小于通孔插装（THT）焊盘，在 THT 焊接中，焊盘上面积为 0.125mm×0.25mm 的区域可焊性差，可视为非缺陷性问题；但在 SMT 焊接中，该区域可能是一个焊盘，会直接影响器件的焊接质量。

（4）控制焊点缺陷的重点是防止焊点出现不完全润湿现象。即使焊点的外形不符合相关要求，只要焊点的润湿性良好，也不会因质量问题而导致可靠性问题。

（5）应尽量减少使用特殊性能、规格要求严格、小批量定制的器件，因为这些器件的可靠性通常不如标准器件。为满足特殊器件的需求而选择独特工艺更容易出现问题。

（6）环境应力筛选（ESS）不应作为日常检测方法。ESS 应在强烈怀疑工艺存在缺陷时使用。

（7）有效的筛选方法应能使潜在的焊点缺陷失效，即在弱化润湿不充分的焊点的同时，不对高质量焊点造成明显损伤。最佳推荐方法是随机振动（6~10g，10~20min），最好在低温环境（如-40℃）中进行随机振动。此条件不会损伤良好的焊点，同时能破坏较弱的焊点。另外可以采用温度冲击的方法，但可能会对良好焊点造成损伤（尤其是对于较大器件的焊点）。

第 12 篇　电子材料选用

12.1　焊料的使用原则

在焊接焊端含银的器件时，推荐使用含银焊料。多层陶瓷电容、片状电阻、片状电感的焊端镀层通常为烧结银或银钯。由于银成分容易迅速熔化到熔化的焊料中，焊端失去大量银后与陶瓷的结合力会减弱，工艺窗口较小。此外，器件引脚镀层含银且内部焊点含银时，可能导致焊点快速失效，因为这些材料会迅速融入熔融焊锡中，使焊点性能变差。为了避免这一问题，可在银层上镀镍作为阻挡层，再在镍层上镀一层薄薄的银或钯。少量金属间化合物的形成不会对焊点产生决定性影响。

焊点中银成分含量过高会导致焊点失去延展性，因此需要严格控制焊点中的银含量。

12.2　助焊剂的使用原则

要慎重使用水溶性助焊剂。在高湿度运行环境和高直流电压梯度下，应避免使用水溶性助焊剂和含有聚乙二醇的助焊剂，因为这些助焊剂可能加速 CAF 的生成。

如果必须使用活泼的水溶性助焊剂，则应采取以下措施。

（1）对 PCB 背面的过孔和金属化通孔进行阻焊覆盖。

（2）若器件在组装后，器件下方留有很小的间隙，则器件下方不应有金属化通孔和过孔。

（3）应使用锡、环氧树脂、改性阻焊材料、敷形涂覆材料填充过孔和金属化通孔。这可以防止助焊剂残留在孔内而导致孔壁腐蚀，同时可避免因助焊剂残留导致表面绝缘电阻下降。

12.3　清洗剂的使用原则

焊接器件后，清洗剂需与被清洗件相容。焊接后常用的清洗剂包括皂化剂、中和剂、热水、CFC 混合物、HCFC 混合物以及其他含卤素的溶剂。含卤素的溶剂会通过铝电解电容器的橡皮密封圈渗入器件内部，溶剂分解产生的盐酸会腐蚀铝金属箔，从而导致电容失效。解决此问题的方法是选用增强型的密封橡胶圈或环氧密封圈。

清除涂覆层所使用的化学物质需与被清洗件相容，应关注以下注意事项。

（1）在 PCBA 维修前需要清除涂覆层，务必确保溶剂不会对涂覆层造成损害，涂覆层与阻焊层之间的界面是最容易受到损伤的部位。

（2）在潮湿工作环境或存在直流电压的环境中，涂覆层与阻焊层界面之间的空洞可能会产生导电树枝状结晶，从而导致相邻导体短路。

（3）必须彻底清除器件下方藏匿的溶剂，以免破坏阻焊层。特别是当清洗后的混合液中含有酸或其他活泼的催化剂时，需格外注意。可以采用去离子水清洗或烘干等方法清除残留溶剂。

（4）在恶劣的外界环境（如盐雾、剧烈温度循环）下，为确保产品的可靠运行，可能需要采用灌封或密封措施，而不仅仅是简单的敷形涂覆。在选择防护方式时，需考虑以下因素：温度范围、环境腐蚀性、化学物质接触情况、通风程度。此外，防护外壳的设计也会影响产品的防护效果，例如，风冷的防护外壳与密封、内部充满干燥氮气的防护外壳在防护性能上存在显著差异。

在设计时，应尽量选择不易被污染的器件，并确保产品便于清洗。特别在使用水溶性助焊剂进行组装时，应避免使用间隙过小的器件。此外，不应在器件下方加垫片，因为这会增加缝隙。不过，器件下方允许存在胶点。

12.4 涂覆工艺的使用原则

如果产品在温度变化的环境下工作，则产品可能发生冷凝，此时对产品进行保护性涂覆是必要的。保护程度取决于涂覆材料的类型和涂覆方法。

1. 涂覆注意事项

（1）散热影响

涂覆时需注意避免覆盖 PCB 板边或板边空白区，因为这些区域通常用于与散热器配合，若这些区域被涂覆层覆盖，则可能导致 PCB 散热效果减弱，结温上升。

（2）焊点可靠性

某些涂覆层可能会显著影响表面贴装焊点的可靠性。例如，帕利灵和有机硅树脂涂覆层已被证实可提高表贴焊点的疲劳寿命，但在热冲击条件下，某些有机硅树脂涂覆层可能会减少焊点的热冲击寿命。

（3）涂覆层应力影响

涂覆层可能会引入高 CTE 的物质，从而在热循环过程中对器件和焊点产生应力。这种影响在涂覆层渗入器件下方、填充器件与 PCB 之间的缝隙时尤为显著。

（4）Tg

涂覆层在温度低于 Tg 时可能变得较硬，这会在热循环过程中对器件和焊点产生额外应力。

（5）低温环境的影响

在低温环境下，阻焊层和其他涂覆层可能会因应力和温度变化而破裂。这种破裂会影响涂覆层的保护性能，甚至导致涂覆层失效。因此，在低温环境中，需选择具有低温性能的涂覆材料。

2. 涂覆工艺建议

（1）在涂覆前必须清洗 PCBA，尤其是在使用水溶性助焊剂时，清洗 PCBA 尤为重要，否则在高湿度环境下可能导致阻焊层和涂覆层出现起泡或白斑缺陷。固化过程需控制得当，以形成稳固、无裂纹、无空洞、无夹杂物的涂覆保护膜。

（2）应向涂覆材料供应商索取材料的 CTE、弹性模量、Tg 等数据。在进行热应力设计时，需充分参考这些数据，以评估设计的合理性。

（3）在进行涂覆前，必须确保 PCBA 和器件表面清洁，无残留物（包括水溶性物质、残留离子、油脂或其他颗粒）。这些残留物可能影响涂覆材料的附着力，甚至藏匿湿气，进而导致涂覆层起泡、产生白斑，或在相邻导体间形成树枝状结晶。

（4）某些涂覆材料在高温和高湿环境下可能不稳定，甚至会重新变成凝胶状。可选择不易逆变的聚氨酯类涂覆材料。帕利灵易被氧气侵蚀，且在长期处于 125℃ 以上时会发生开裂。有机硅树脂可能被某些溶剂侵蚀，其污渍还可能干扰后续的压焊和喷涂操作。丙烯酸树脂可被大多数清洗溶剂去除。因此，如果涂覆产品需要耐溶剂清洗，则不宜选择丙烯酸树脂作为涂覆材料。

（5）涂覆前应确保待涂覆表面无水溶性物质，以避免产生白斑、起泡或树枝状结晶。

（6）应提供一个无溶剂、油脂、微粒及其他污染物的洁净表面，以确保涂覆层的附着力（可防止分层和金属结晶树生长）。超声波可用于清除悬浮颗粒，也可用于清除裂缝中的污染物。

（7）卤代烃和酒精等清洗溶剂可能会损害阻焊层和涂覆层，甚至使其膨胀。

（8）所有涂覆材料都具有一定的吸水性，关键在于如何防止湿气在相邻导体表面聚集。如果涂覆层与基材表面之间失去黏附性，则湿气会在二者之间聚集。失去黏附性的原因主要包括：①热应力；②污染物。污染物可能藏匿潮气，导致涂覆层起泡。起泡后形成的空隙会为腐蚀的发生创造条件。湿气与污染物的混合物可能是电的良导体，进而在相邻导体之间形成电解池，导致导体腐蚀。此外，涂覆层还可防止相邻导体短路。

3. 阻焊层和涂覆层的应力要求

设计时应确保起绝缘防潮作用的阻焊层和涂覆层在高温、紫外线照射、臭氧环境下不会产生应力。某些特殊的热固化层在低温时可能会开裂，这一特性也应在设计中予以考虑。

第 13 篇　电子产品可靠性试验与筛选

13.1　可靠性试验

当可靠性实验的温度超过 PCB 的 Tg 时，实验结果不能用于预测产品的实际使用时间。这是因为超过 Tg 后，材料的失效机理会发生改变。然而，此类实验仍可鉴别替代材料的性能，帮助评估材料在高温环境下的适用性。

13.1.1　过孔可靠性试验

当需要迅速有效地评估通孔的完整性以及多层板内层连接的可靠性时，可以采用 IST（互连应力测试）。在 PCB 加工、焊接组装以及产品运行环境中，不断升温、降温的循环作用会使通孔因内应力而产生裂纹，从而导致内层线路和孔壁电阻值变化。IST 通过模拟产品运行环境，实时测量待测陪片经冷热冲击后的内层线路和孔壁电阻变化量，以此判定通孔的可靠性。

在 IST 中，将直流电流加于与内层相连的孔组成的菊花链网络电路上，使待测陪片在 3min 内加热到设定的目标温度。通过开关电流，使待测陪片温度在设定的目标温度和室温之间不断变化，加速通孔和内层接点的循环疲劳应变，并暴露潜在缺陷。

> **注意**
> **1. 热冲击测试的适用条件**
> 只有在产品实际使用中会遇到热冲击的情况下，才适合采用热冲击测试来评估 PWA（印刷电路组件）过孔的可靠性。热冲击测试的目的是测试 PCB 在剧烈温度变化下的物理承受能力。
> **2. 热冲击测试的必要条件**
> 热冲击测试的必要条件是温度变化率须达到或超过 30℃/min。

13.1.2　焊点可靠性试验

（1）对于焊点的可靠性测试，推荐采用随机振动（6～10g，持续 10～20min），最好在低温环境（如-4℃）中进行。这种载荷条件不会损伤良好的焊点，但能破坏较弱的焊点。

（2）盐雾试验用于考核材料及其防护层的抗盐雾腐蚀能力，也可用于相似防护层的工艺质量比较，以及某些产品抗盐雾腐蚀能力的考核。

（3）其他环境试验方法详见《电工电子产品环境试验设备国家标准汇编（第三版）》一书。

（4）对器件可靠性的评价已从试验验证逐渐转向对器件结构和工艺的质量认证。半导体器件的可靠性试验主要在研究开发阶段和大量生产阶段进行。在研究开发阶段，可靠性试验用于评价设计质量、材料和工艺；在大量生产阶段，可靠性试验用作质量保证试验或定期管理试验。器件的可靠性是通过设计和制造实现的。随着技术的进步，器件的失效率不断降低，通过试验验证器件失效变得越来越困难（需要更大的样本量和更长的时间）。目前，业界大型公司已将器件可靠性的评价重点从试验验证转向对器件结构和工艺的质量认证。

13.2 筛选试验

1. 有效的筛选方法

有效的筛选方法能使有潜在缺陷的焊点失效，且不会对高质量焊点造成明显的损伤。

2. 应力筛选的强度控制

应力筛选应保证不对设计良好的 PWA 造成损害，需谨慎选择筛选强度。

3. 随机振动应力筛选的应用

为探测或促成焊点裂纹，需要进行随机振动的应力筛选。推荐的最佳方法是随机振动（6~10g，持续 10~20min），最好在低温环境（如-40℃）中进行。此载荷条件不会损伤良好的焊点，但能够破坏较弱的焊点。

13.2.1 老化

1. 老化测试

在进行老化测试时，需要考虑其对产品可靠性的影响。老化测试可以发现可能引起产品提前失效的潜在缺陷，但同时也会对性能良好的组件产生负面影响。老化测试的剧烈程度决定了其对产品可靠性的损害程度。

2. 老化测试条件的设定

老化测试的条件应随着产品运行环境的不同而进行调整。老化测试通常应模拟一个完整的测试环境，包括产品可能经历的最差的运行环境。

3. SMT（表面贴装技术）焊点

在组件的各元素中，受老化影响最大的通常是 SMT 焊点。大范围的 SMT 焊点温度循环会显著消耗焊点的寿命，因此应尽量减少 SMT 焊点的温度循环。

4. 测试组件焊点的人工老化

为确保测试时焊点的晶粒结构与实际产品相近，需对测试组件的焊点进行人工老化。虽然初始晶粒结构可能会使循环寿命提高两个数量级，但焊锡的粒状结构不稳定，会随着时间推移而生长，高温和循环加载会加速这一过程。因此，对于大多数产品来说，细致的初始晶粒结构并不能显著提升疲劳寿命，故需通过人工老化来模拟实际使用中的老化效果。

5. PCB 老化的意义

在部件级场景下，PCB 无须进行老化。因为 PCB 老化对焊点的筛选作用有限，且器件的老化通常已由供应商完成，PCB 老化的意义不大。

6. 整机老化的重要性

产品应进行整机老化。整机老化能模拟实际工作情况，验证产品的结构、接触、散热等方面是否存在问题，因此整机老化是确保产品可靠性的重要环节。

13.2.2 ESS

ESS 能发现可能引起产品提前失效的潜在缺陷，但同时也会对正常的组件产生负面影响，不能作为日常的检测方法。ESS 的剧烈程度决定了其对产品可靠性的损害程度。应仅在强烈怀疑产品存在缺陷时，有针对性地设计 ESS，以促使组件中最薄弱的部分失效。

13.2.3 高加速寿命试验（HALT）和高加速应力筛选（HASS）

HALT 和 HASS 主要用于整机测试。HALT 是一种探索性试验，旨在通过施加逐级递增的环境应力，快速发现产品设计和制造过程中的潜在缺陷，是设计工作的重要组成部分。

HALT 是探索和优化设计的过程，是设计工作的重要组成部分。采用 HALT 方法设计的产品在投入批量生产后，不再需要传统的筛选应力和试验设备进行筛选，而应采用 HASS。HASS 的筛选应力远高于产品正常环境中遇到的应力，HASS 可通过加速应力的方式快速激发出潜在缺陷。

对于研制阶段的产品，HALT 和 HASS 应作为一个整体进行规划。只有完成 HALT 的产品，才允许进行 HASS。

HALT 并非模拟实际使用环境，而是通过施加步进应力，在远大于技术条件规定的应力水平下快速进行试验。HALT 的核心在于将产品的潜在设计缺陷快速激发出来，并通过改进设计和验证改进措施，逐步提升产品的可靠性和环境适应性。HALT 的最终目标是使产品设计达到现有技术水平的极限，从而为产品的最终定型提供可靠依据。

相较传统试验方法设计的产品，通过 HALT 设计出的产品具有更高的安全性和更强的环境适应性。这是因为 HALT 能在产品开发早期阶段快速发现并解决潜在的薄弱环节，从而显著提升产品的可靠性。

HASS 是一种生产筛选技术，迅速揭示产品的生产过程或生产流程的缺陷，使用远高于产品正常工作时所能承受的应力。这里的应力可以是环境应力，也可以是工作负载产生的应力，或是这两种应力的结合。

产品设计规范中规定的最高应力通常是基于寿命期内遇到的最高环境应力，而 HASS 所应用的应力远高于这一水平，表明其不再遵循模拟极端环境试验的原理，而是基于激发潜在缺陷使其快速显现为故障的原理。

HASS 对应力的唯一要求是能激发在正常使用（包括运输）条件下可能暴露的缺陷，使其快速转变为可检测到的故障并予以排除。通过这种方式，筛选后的产品剩余疲劳寿命将远高于正常使用条件下所要求的疲劳寿命，从而具备更大的安全余量。

13.3 环境应力筛选方案设计

13.3.1 设计原则

环境应力筛选方案的设计原则是使筛选应力能激发出因潜在设计缺陷、制造缺陷或器件缺陷所引起的故障。所施加的应力无须模拟产品规定的寿命剖面、任务剖面或环境剖面，但在试验中应模拟设计所规定的各种工作模式。

根据具体条件和必要性，确定采用常规筛选或定量筛选。根据不同阶段及产品的特征，制订相应的筛选方案。

1．研制阶段的筛选

研制阶段一般依据经验采用常规筛选方法，其主要作用包括：①收集产品中可能存在的缺陷类型、数量、筛选方法效果；②在可靠性增长和工程研制试验之前进行常规试验，节省试验时间和资金，同时有利于设计出成熟且高效的研制试验方法。

研制阶段的筛选为生产阶段的定量筛选收集数据，为定量筛选做好准备，便于设计定量筛选的总体方案。

2．生产阶段的筛选

生产阶段的筛选主要是指实施研制阶段设计的定量筛选大纲，并通过记录缺陷析出量与设计估计值，提出调整筛选和制造工艺的措施，通过经验数据，完善或重新制订定量筛选大纲。这些经验数据主要包括如下内容。

- 故障率高的器件和组件型号。
- 故障率高的产品供货方。
- 以往的筛选和测试记录。
- 可靠性增长试验记录。
- 其他试验记录。

13.3.2 设计依据

13.3.2.1 依据产品缺陷确定筛选应力

1．影响产品缺陷数量的因素

产品在设计和制造过程中引入的缺陷主要包括设计缺陷、工艺缺陷、器件缺陷等。这些缺陷可以归纳为两种类型：一是固有缺陷，即存在于产品内部的缺陷，如材料缺陷、外购元器件缺陷、设计缺陷；二是诱发缺陷，即在生产或修理过程中人为引入的缺陷，如虚焊、连接不良等。

2．影响产品缺陷数量的主要因素

（1）产品的复杂程度。产品越复杂，包含的器件类型和数量越多，接头类型和数量也越多，设计和装焊的难度随之增大，设计与制造过程中引入缺陷的可能性也越高。此外，复杂的产品结构还会增加环境防护设计的难度。

（2）器件质量水平。器件质量是产生产品缺陷的主要原因之一，器件质量水平包括质量等级和缺陷率指标两个方面，其中缺陷率指标通常以 ppm（百万分率）为单位，一般生产厂家会在说明书中明确标注。器件质量水平是定量筛选方案设计的重要依据。

3．影响产品缺陷数量的主要因素

（1）产品的复杂程度。产品越复杂，产品所包含的器件类型和数量越多，接头类型和数量越多，设计和装焊的难度越大，设计制造中引入缺陷的可能性越大，环境防护设计的难度也越大。

（2）器件质量水平。器件质量水平是装备缺陷的主要来源之一，器件质量水平包括质量等级和缺陷率指标两个方面，一般生产厂家要在说明书中标明相关数据，这是定量筛选方案设计的重要依据。

（3）组装密度。组装密度高，器件排列拥挤，装焊操作难度大，易碰伤器件，散热条件差，易引发工艺缺陷。

（4）设计和工艺成熟程度。设计和工艺成熟程度的提高可以大大减少产品的设计缺陷和工艺缺陷。一般来说，在结构设计定型之前，设计缺陷占主导地位。在生产阶段，设计缺陷减少，器件缺陷和工艺缺陷比例增加，并且随着设计的改进和工艺的不断成熟，器件缺陷将占据主导地位。

（5）制造过程控制。制造过程控制主要是质量控制，包括采用先进的工艺质量控制标准和管理制度，制造过程控制得越严格，引入缺陷的机会就越少。

4．环境应力对缺陷的影响

环境应力是促使缺陷发展为故障的主要因素。产品只有受到等于或大于其阈值的环境应力时，某些缺陷才会转变为故障。在温和的环境应力下，许多缺陷并不会发展为故障。因此，只有选择能暴露潜在缺陷的应力作为筛选条件，才能有效达到筛选的目的。据统计，温度应力可筛选出约 80% 的缺陷，振动应力可筛选出约 20% 的缺陷。

温度应力可筛选出如下缺陷。
- 器件参数漂移。
- PCB 开路、短路。
- 器件安装不当。
- 错用器件。
- 密封失效。
- 导线束端头缺陷。
- 夹接不当。

振动应力可筛选出如下缺陷。
- 粒子污染。
- 压紧导线磨损。
- 晶体缺陷。
- 混装。
- 邻近板摩擦。

- 相邻器件短路。
- 导线松脱。
- 器件黏接不良。
- 机械性缺陷。
- 大质量器件紧固不当。

温度应力与振动应力结合时，可发现如下缺陷。

- 焊接缺陷。
- 硬件松脱。
- 器件缺陷。
- 紧固件使用不当。
- 器件破损。
- PCB 蚀刻缺陷。

13.3.2.2 根据缺陷分布确定筛选等级

1. 缺陷分布

在装备研制生产的不同阶段，缺陷的类别和分布呈现动态变化。因此，在制订筛选策略时，需依据产品缺陷的分布情况确定筛选等级。

在研制阶段，设计缺陷占据最大比例。进入生产初期，设计缺陷比例逐渐下降，工艺缺陷比例上升并成为主要缺陷类型。至生产成熟阶段，设计与工艺趋于稳定，人员操作熟练度提高，此时器件缺陷比例显著增加。在此阶段，设计缺陷通常占比不超过 5%，工艺缺陷占比低于 30%，而器件缺陷占比可超过 60%。

表 13-1 展示了不同产品的筛选故障比例，该表反映了故障的分布情况。

表 13-1 不同产品的筛选故障比例

项　目	筛选组装等级	温度筛选故障	振动筛选故障
飞机发电机	单元	55%	45%
计算机电源	单元	88%	12%
航空设备计算机	单元	87%	13%
舰载计算机	单元	93%	7%
接收处理机	单元	71%	29%
惯性导航装置	单元	77%	23%
接收系统	单元	87%	13%
机载计算机	模块	87%	13%
控制指示器	单元	78%	27%
接收机、发射机	模块	74%	26%

2. 筛选组装等级的选择

（1）为了保证基本消除装备的早期故障，建议在各装配等级上均实施环境应力筛选。需注意的是，任何筛选措施均无法替代更高一级装配等级上的筛选。尽管高一级筛选可替代低一级筛选,但其筛选效率将降低,且筛选成本相应增加。

(2) 装备通常划分为四个级别:设备或系统级(包括电缆和采购的单元)、单元级(包括采购的组件和布线)、组件级(包括 PCB 和布线)以及器件级。

(3) 根据多数单位的情况来看,设计筛选通常选择组件级和单元级的情况较多。

(4) 组件级筛选的优势在于单次缺陷检出成本较低,且组件尺寸较小,便于在不通电条件下实施批量筛选,从而提升筛选效率。此外,组件热惯性较低,能承受更高温度变化率的筛选条件,从而增强筛选效果。然而,筛选过程中不通电,难以全面检测组件性能,导致故障查找效率相对较低。若采用通电筛选检测,则需专门设计筛选设备,导致成本显著增加。

(5) 单元级筛选的优势在于其筛选过程便于安排通电监测,检测效率较高,通常无须专门设计检测设备。单元中各组件的接口部分也能得到筛选,能检测出组件级缺陷。然而,由于单元级筛选的热惯性较大,温度变化速率不能过高,温度循环时间需要延长。单元级筛选包含了多种部件的筛选,温度变化范围相对较小,会降低筛选效率。此外,单次缺陷检测成本较高。

3. 根据检测效率确定定量筛选目标

检测效率是环境应力筛选工作中的关键因素。通过对产品施加应力,将潜在缺陷转化为明显故障后,能否准确定位并消除这些故障主要取决于检测手段及其能力。

当选择较高的组装等级时,有可能充分利用现有的测试系统或机内检测系统。选择较高的组装等级的优势在于能更准确地模拟各种功能接口,并便于制订合理的验收准则,从而进一步提升检测效率。

表 13-2 列出了不同组装等级的检测效率,表 13-3 列出了不同测试系统的检测效率,可用于计算析出量的估计值。综合利用各种检测系统能提高检测效率。

表 13-2 不同组装等级的检测效率

组 装 等 级	测 试 方 式	检测效率(%)
组件	生产线工序间合格测试	85
组件	生产线电路测试	90
组件	高性能自动测试	95
单元	性能合格鉴定测试	90
单元	工厂检测测试	95
单元	最终验收测试	98
系统	在线性能检测测试	90
系统	工厂检测测试	95
系统	订购方最终验收测试	99

表 13-3　不同测试系统的检测效率

类　型	负载板短路测试	电路分析仪	电路测试仪	功能板测试仪
数字式电路	45%~65%	50%~75%	85%~94%	90%~98%
模拟式电路	35%~55%	2%~70%	90%~96%	80%~90%
混合式电路	0%~40%	0%~60%	87%~94%	83%~95%

4．器件缺陷率的确定

确定环境应力筛选的定量目标时，必须明确产品的器件缺陷率。器件缺陷率可通过以下方法确定。

（1）查表法

① 国产器件的质量等级依据《电子设备可靠性预计手册》（GJB/Z 299C—2006）进行规定。当产品选定某一质量等级的器件后，可根据使用环境条件，从《电子产品定量环境应力筛选指南》（GJB/Z 34—1993）附录 A 的相关表格中，查询不同质量等级及不同使用环境下各类电子元器件的缺陷率数据。

② 进口器件的情况较为复杂，难以直接获取每个国家每种器件的缺陷率数据。通常可先参考 CMTBF 标准确定其质量等级，随后根据《电子产品定量环境应力筛选指南》（GJB/Z 34—1993）中的相关数据，查询进口器件的缺陷率。

（2）实验验证法

当所使用的器件质量等级无法从手册中直接查得缺陷率数据时，可依据《电子产品定量环境应力筛选指南》（GJB/Z 34—1993）提供的方法，对器件进行抽样筛选。通过对试验数据的处理，可获得该器件的缺陷率。

13.3.3　试验剖面的确定

1．应力类型

定量环境应力筛选通常选用温度循环和随机振动应力。这两种应力能有效模拟电子产品在实际使用中可能遇到的环境条件，从而加速暴露潜在缺陷，满足大多数电子产品的筛选需求。对于某些具有特殊要求的产品，可根据其特定应用场景选择其他筛选应力。

2．应力组成

温度循环和随机振动应力各自激发的缺陷类型不同，因此不能互相取代。然而，它们在激发缺陷的能力上可以互相补充。例如，由振动加速发展的缺陷可能在温度循环中以故障的形式暴露出来，同样，由温度循环加速发展的缺陷也可能在振动中以故障形式暴露出来。

因此，环境应力筛选的试验剖面应将温度循环和随机振动组合起来，形成复合应力筛选剖面。常见的组合方式包括"随机振动-温度循环-随机振动"或"温度循环-随机振动-温度循环"。这种组合方式可以更全面地暴露潜在缺陷，提高筛选效率。

相关标准可参考《电子产品环境应力筛选方法》（GJB 1032A—2020），该标准对环境应力筛选的流程、方法和组合应力的应用提供了详细指导。

3. 应力量值

筛选应力的量值应以不超过产品的设计极限为原则，同时能激发潜在缺陷且不损坏产品中完好的部分，具体要求如下。

- 采用加电检测性能的筛选方案时，温度循环的上下限温度不应高于设计的最高工作温度，也不应低于设计的最低工作温度。
- 采用非加电检测性能的筛选方案时，温度循环的上下限温度不应高于产品贮存的高温，也不应低于产品贮存的低温。
- 采用只在上限（或下限）温度加电和检测性能的筛选方案时，温度循环的上限温度不应高于设计的最高工作温度，另一侧的温度不应低于贮存温度。

这些原则确保筛选应力既能有效暴露潜在缺陷，又不会对产品造成不必要的损伤。

在对组件进行筛选时，需找出组件中各分组件（器件）的最高工作温度、最低工作温度、贮存温度。温度循环的上下限温度应以这些高温中的最低者和低温中的最高者为依据，参照上述原则进行设计。为了提高筛选效率，有时会适当扩大温度变化幅度，使其更接近设计的极限温度。下面举个例子。某组件由 5 个分组件组成，其设计的各项温度如表 13-4 所示，该表列出了组件环境应力筛选温度。

表 13-4 组件环境应力筛选温度

分组件序号	设计工作高温/℃	设计工作低温/℃	设计贮存高温/℃	设计贮存低温/℃
1	80	-40	100	-55
2	90	-45	100	-50
3	100	-50	120	-40
4	110	-30	150	-55
5	60	-50	80	-55

根据表中的数据，筛选的工作温度组为 60℃（最高工作温度中的最低值）和-30℃（最低工作温度中的最高值）；贮存的温度组为 80℃（最高贮存温度中的最低值）和-40℃（最低贮存温度中的最高值）。

因此，该组件的定量环境应力筛选温度范围如下。

- 工作温度：-30～+60℃。
- 贮存温度：-40～+80℃。

4. 温度循环参数的选择

（1）确定温度循环的上下限温度

（2）确定温度变化速率

温度变化速率对筛选效果影响极大，应尽可能加快温度变化速率。设备或部件筛选的温度变化速率不应低于 5℃/min。

由于筛选产品本身的热惯性，产品的实际温度变化速率通常远低于试验箱内的空气温变平均速率。因此，在设计筛选方案时，应根据试验箱的能力尽量提高温度变化速率，以确保筛选效果。

不具备相关条件时，可采用两箱法进行温度冲击筛选。在定量环境应力筛选过程中，可根据定量要求和观察到的故障数，对已选定的温度变化速率进行调节，以保证实现定量目标。

（3）确定上、下限温度的持续时间

在温度循环中，上、下限温度的持续时间应根据产品在该温度下达到稳定的时间以及检测性能所需的时间来确定。具体可通过以下方法确定上、下限温度的持续时间。

- 对产品进行热测定，确定产品在极限温度下达到热平衡所需的时间。
- 对试验箱的温度稳定时间进行测定，确保试验箱能在目标温度下保持稳定的温度条件。
- 结合上述测试结果，确定上、下限温度的持续时间，以确保产品在极限温度下能充分暴露潜在缺陷，同时满足检测性能的要求。

（4）确定温度循环次数

温度循环次数决定了筛选的持续时间。根据电子设备早期故障通常在交付的前 50～100h 内暴露的规律，温度循环次数应与产品的复杂程度相匹配。一般情况下，初始筛选和单元级筛选可采用 10～20 个循环，组件级筛选可采用 20～40 个循环。

通过合理确定温度循环的次数，可以在保证筛选效果的同时，优化筛选效率，避免过度筛选对产品造成不必要的损伤。

5．振动应力的选择

（1）筛选的振动量值

筛选的振动量值以确保不损坏产品为原则，通常低于产品环境鉴定试验的合格值。常规筛选的随机振动量值一般可采用 $0.04g^2/Hz$。对于特性尚不明确的产品，可通过测定摸清其对振动的响应特性，从低到高逐步调整振动量值，最终确定合适的振动量值。

（2）确定随机振动频谱

随机振动频谱范围通常为 20～2000Hz，在少数情况下可缩小至 100～1000Hz。在筛选过程中，应对受筛选产品进行振动测定，以确定其共振频率和优势频率。对于产品响应较大的频率段，应适当减少振动输入；反之，对于响应较小的频率段，可适当加大振动输入，以确保在不损坏产品的前提下，实施规定的振动量值筛选。

（3）确定轴向和时间

随机振动一般应在三个轴向上进行，每个轴向振动 5～10min，最少不少于 5min。如果产品中多数 PCB 呈同一方向排列，则可在垂直于 PCB 的方向进行 10min 的随机振动。正弦振动也应在三个轴向上进行，一般进行 30min，不超过 60min。

加速度均方根值、振动量值和等效时间对照表如表 13-5 所示。

表 13-5 加速度均方根值、振动量值和等效时间对照表

加速度均方根值	振动量值/（g^2/Hz）	等效时间/min
6.06	0.04	20
5.2	0.03	47
4.24	0.02	160
3	0.01	1280

6．加电和性能检测时间

（1）一般原则

为了保证筛选效果，筛选过程中应尽量进行加电和性能检测，以便发现间歇性故障和电应力缺陷。从可行性和经济性出发，一般仅在高装配等级的筛选中进行间歇性加电和性能检测。低装配等级的筛选可能不具备性能检测的条件，专门设计制造一套检测仪表的费用较高，因此在筛选时可不进行加电和性能检测。

（2）温度循环的加电和性能检测

为避免影响降温速率，降温过程中一般不加电。但在必要时，为了发现间歇性故障，也可适当加电。在其他温度段应尽量加电，并尽可能频繁地进行性能检测，以便及时发现故障并节省筛选时间。

（3）随机振动的加电和性能检测

在振动过程中，应加电并进行性能检测，以确保及时发现故障，避免造成间歇性故障。若故障出现后不影响加电和检测，则可在振动结束后进行修理。

13.3.4 无故障筛选

无故障筛选是环境应力筛选的一个重要步骤，应在完成暴露缺陷的筛选试验之后进行，要求在后续试验中不再发生因缺陷引起的故障，其目的是证明已经达到筛选目标，暴露的故障已被排除，并能在规定的置信度下满足定量筛选的要求。因此，无故障筛选也被称为无故障验收筛选试验。在试验过程中，若发生缺陷型故障，则需重新进行试验，以确保在规定时间内不出现缺陷性故障。

第 14 篇　DFX 工具实战演练

14.1　系统登录

（1）访问望友 DFX 设计执行系统。望友 DFX 设计执行系统服务器部署于企业内部的服务器中，确保电脑能与服务器通信，在浏览器中输入服务器 IP，访问望友 DFX 设计执行系统。望友 DFX 设计执行系统的登录界面如图 14-1 所示。

图 14-1　望友 DFX 设计执行系统的登录界面

（2）账号设置。望友 DFX 设计执行系统（简称"系统"）部署完成后，登录管理员账号，后续可通过管理员账号自行添加其他账户。

（3）输入用户名和密码后，即可进入主界面，如图 14-2 所示。

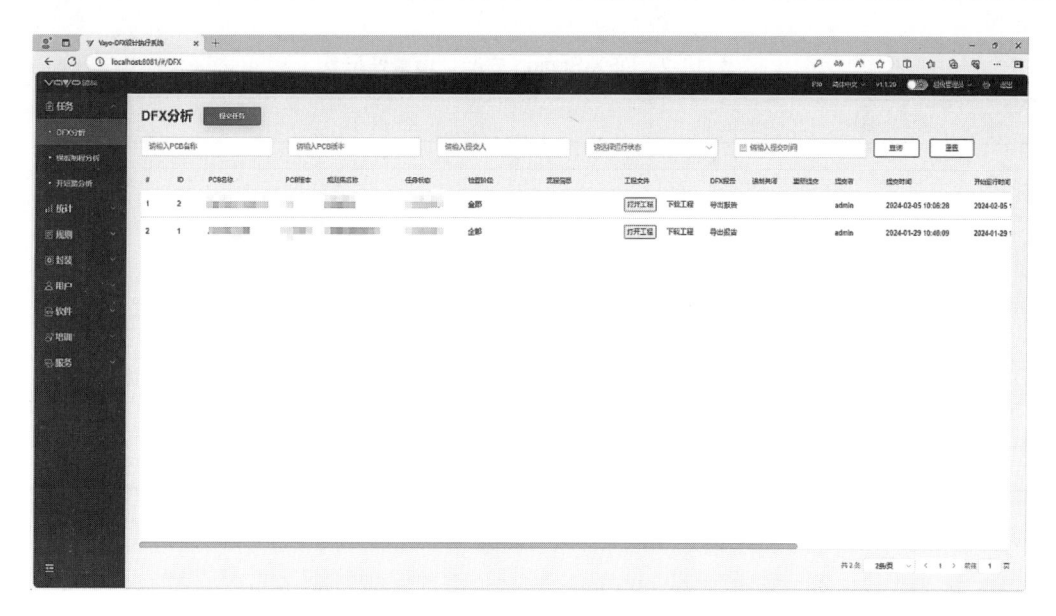

图 14-2　主界面

14.2　DFX Station

14.2.1　适用范围

DFX Station 可将 DFX 审查结果和 EDA 软件交互定位，便于使用 EDA 软件进行高效设计。DFX Station 可完成 CAM 软件的工作，如查看图纸、比较不同版本的图纸等。在打开工程文件时，会调用 DFX Station 客户端，并向用户展示工程数据和分析结果。

14.2.2　配置要求

表 14-1 为 DFX Station 推荐的安装环境。

表 14-1　DFX Station 推荐的安装环境

项目	配置描述
硬件	• 类型：工作站、桌面型、笔记本； • 内存：8GB； • CPU：4 核，3GHz； • 存储空间：100GB； • 显示器分辨率：1920×1080，推荐双屏显示器
操作系统	Windows 10，64bit
浏览器	Google Chrome、Microsoft Edge
安装权限	本机管理员权限
网络	局域网

DFX Station 安装环境最低配置如表 14-2 所示。

表 14-2 DFX Station 安装环境最低配置

项　目	配　置　描　述
硬件	• 类型：桌面型、笔记本； • 内存：4GB； • CPU：酷睿 i5； • 存储空间：20GB； • 显示器分辨率：1600×900
操作系统	Windows XP
浏览器	Google Chrome、Microsoft Edge
安装权限	本机管理员权限
网络	局域网

14.2.3　系统登录

使用已获取的账号登录系统。如果没有系统地址、账号和密码信息，则联系管理员获取。

14.2.4　DFX Station 安装

在安装 DFX Station 客户端后，其安装目录默认位于当前 Windows 用户目录下。采用如下任何一种安装方式，安装程序均会自动完成与局域网内服务器的连接配置，无须用户进行额外的设置。

14.2.4.1　安装方式一

本安装方式适合初次安装。如果本机已安装过旧版本的 DFX Station 客户端，且需要安装新版本的 DFX Station 客户端时，请参考安装方式二进行安装。

（1）如图 14-3 所示，登录系统，在左侧菜单中选择"DFX 分析"选项，在右侧窗格中选择一个已经完成分析的任务，单击"打开工程"按钮，即可打开工程。如果没有完成任何分析任务，则单击"提交任务"按钮，如图 14-4 所示。

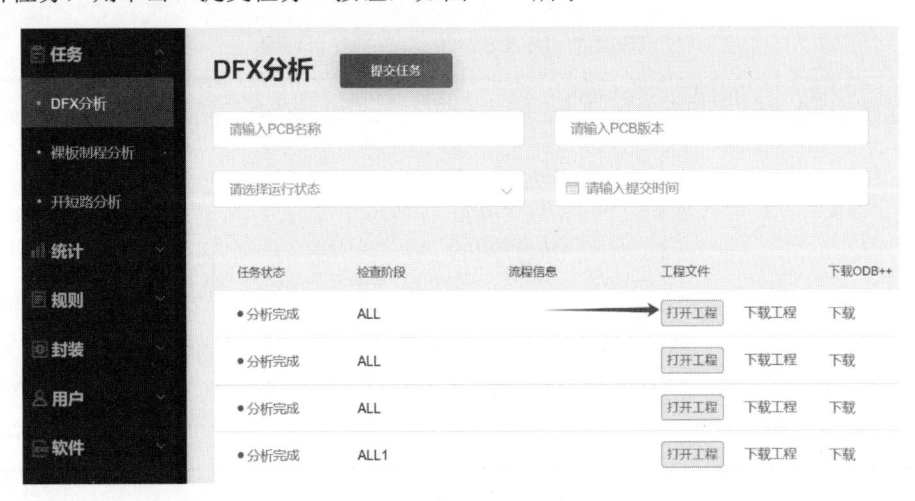

图 14-3　"打开工程"按钮

图 14-4 "提交任务"按钮

（2）调用本机的 DFX Station 客户端。如果弹出如图 14-5 所示的"提示"对话框，则表示本机还未安装 DFX Station 客户端，单击"安装"按钮，即可安装 DFX Station 客户端。

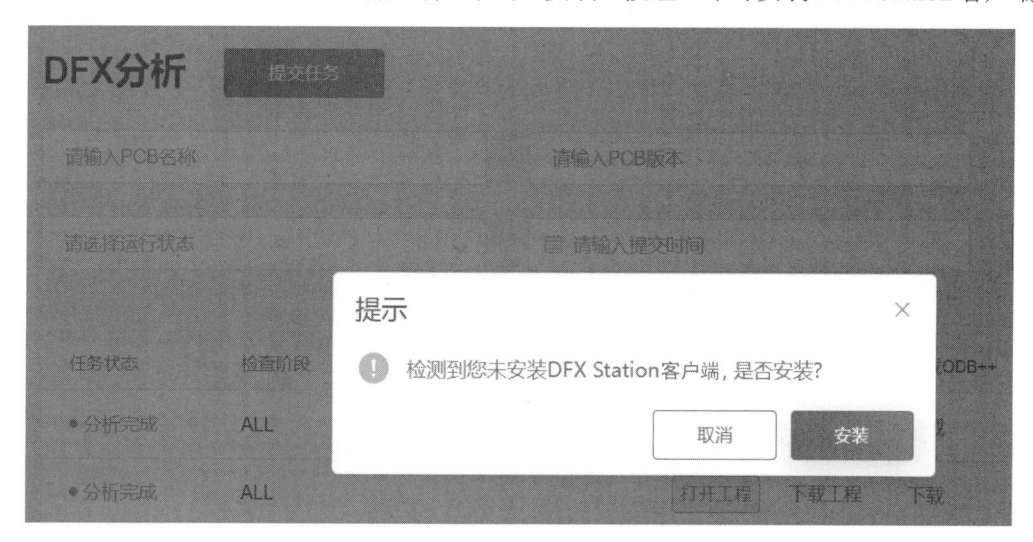

图 14-5 "提示"对话框

（3）浏览器自动从内网服务器下载"vayoinstaller.exe"文件，此时会弹出"新建下载任务"对话框，如图 14-6 所示，单击"下载"按钮，即可下载文件。完成下载后，双击如图 14-7 所示的"vayoinstaller.exe"文件进行安装，推荐使用 Google Chrome 浏览器进行安装。

图 14-6 "新建下载任务"对话框

图 14-7 "vayoinstaller.exe"文件

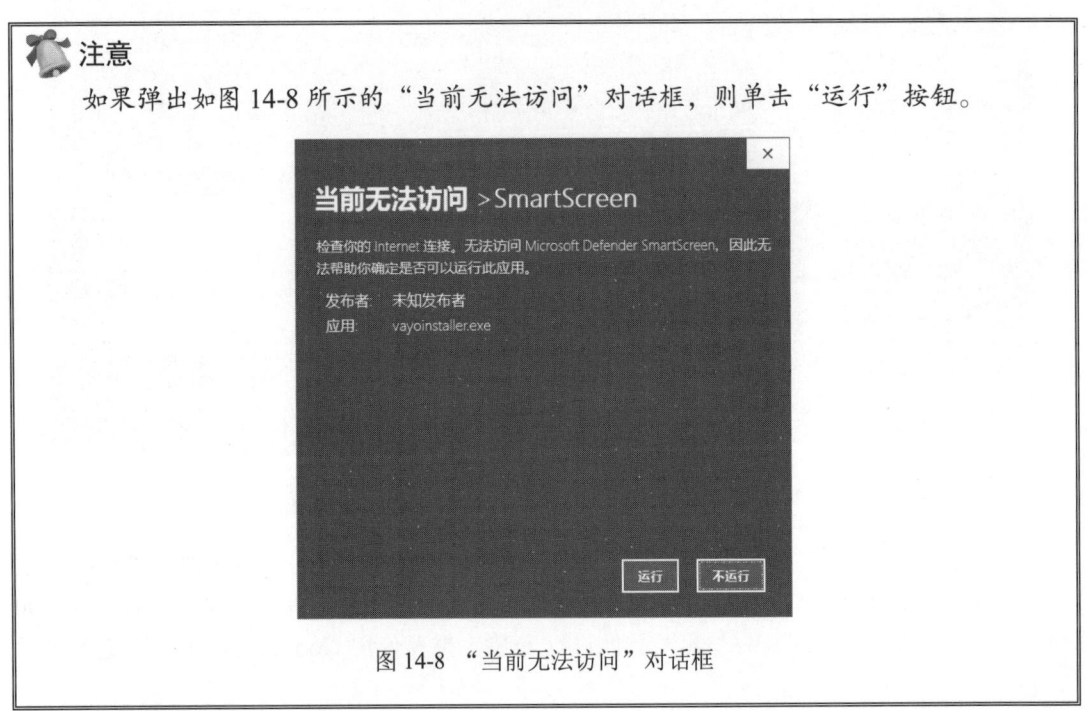

> **注意**
> 如果弹出如图 14-8 所示的"当前无法访问"对话框，则单击"运行"按钮。
>
> 图 14-8 "当前无法访问"对话框

（4）下载"vayoinstaller.exe"文件时，会弹出如图 14-9 所示的"Vayo Installer"对话框，并显示安装进度。

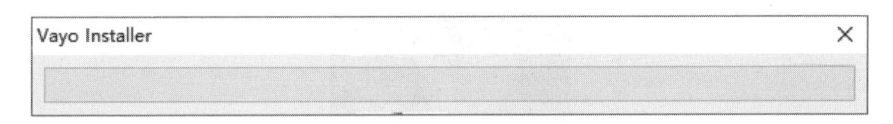

图 14-9 "Vayo Installer"对话框

14.2.4.2 安装方式二

如果本机已经安装 DFX Station 客户端且需要重新安装新版本时，则应采用本安装方式，软件将自动覆盖旧版本的 DFX Station 客户端。

（1）如图 14-10 所示，在左侧菜单中选择"软件→产品"选项，进入"软件列表"页面，找到软件名称为"DFX_Station"的软件，单击"下载"按钮。

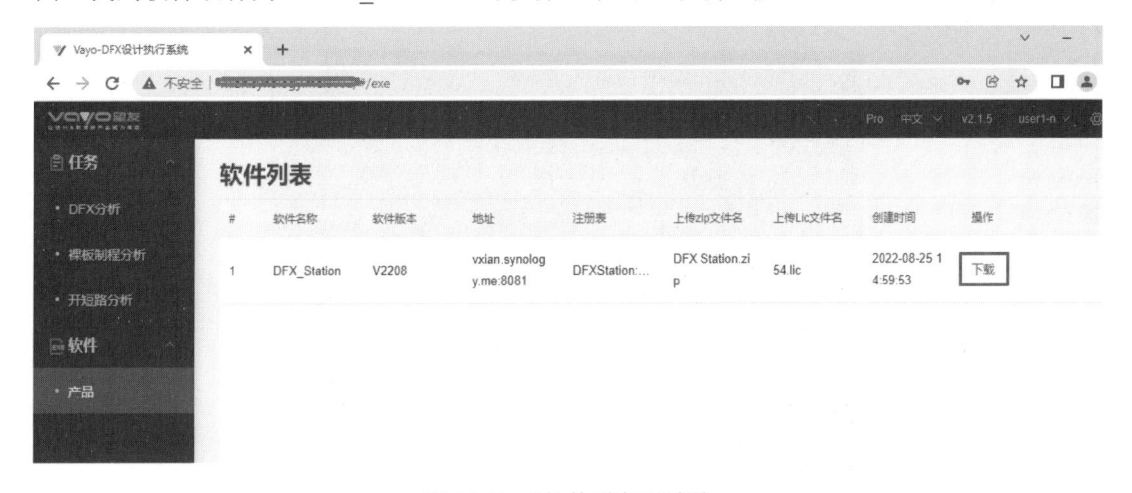

图 14-10 "软件列表"页面

（2）浏览器自动从内网服务器下载"vayoinstaller.exe"文件，此时会弹出"新建下载任务"对话框，如图 14-11 所示，单击"下载"按钮，即可下载文件。完成下载后，双击如图 14-12 所示的"vayoinstaller.exe"文件进行安装，推荐使用 Google Chrome 浏览器进行安装。

图 14-11 "新建下载任务"对话框

图 14-12 "vayoinstaller.exe" 文件

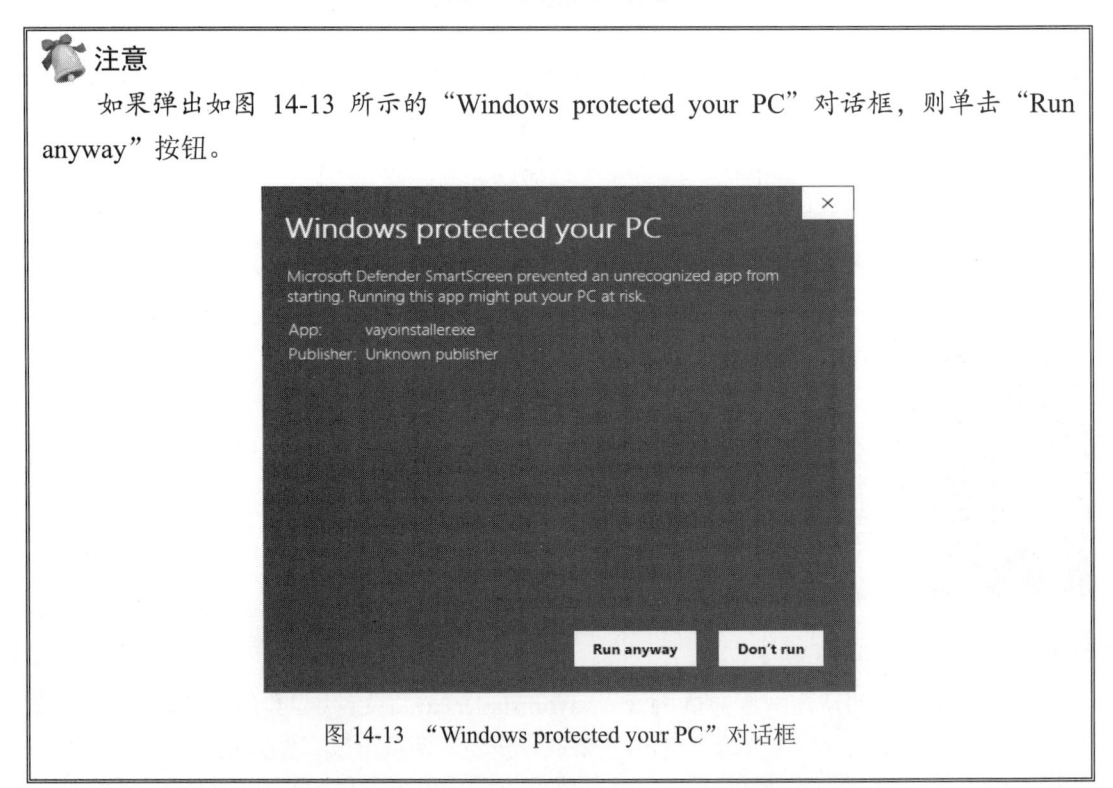

> **注意**
> 如果弹出如图 14-13 所示的 "Windows protected your PC" 对话框，则单击 "Run anyway" 按钮。
>
> 图 14-13 "Windows protected your PC" 对话框

（3）下载 "vayoinstaller.exe" 文件时，会弹出如图 14-14 所示的 "Vayo Installer" 对话框，并显示安装进度。

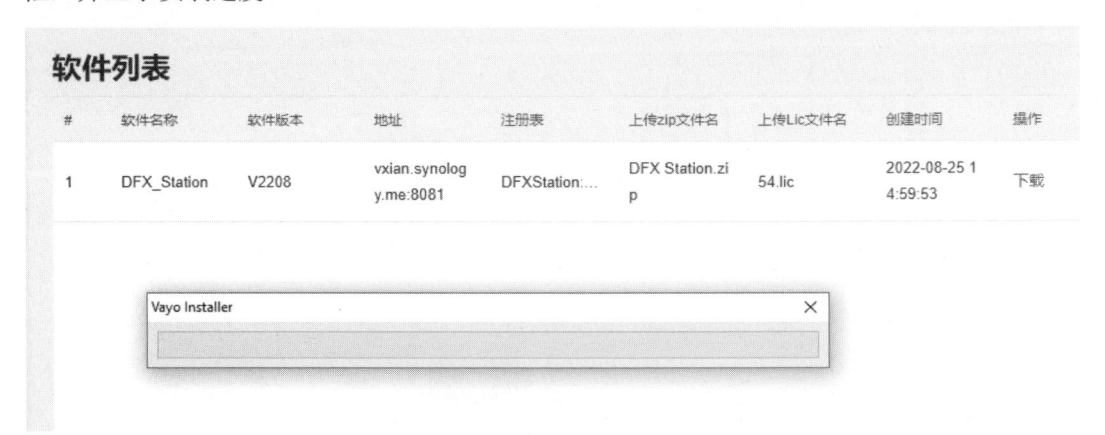

图 14-14 "Vayo Installer" 对话框

（4）如图 14-15 所示，提示"install successfully"，表示安装完成，单击"OK"按钮，此时已成功安装 DFX Station 客户端。

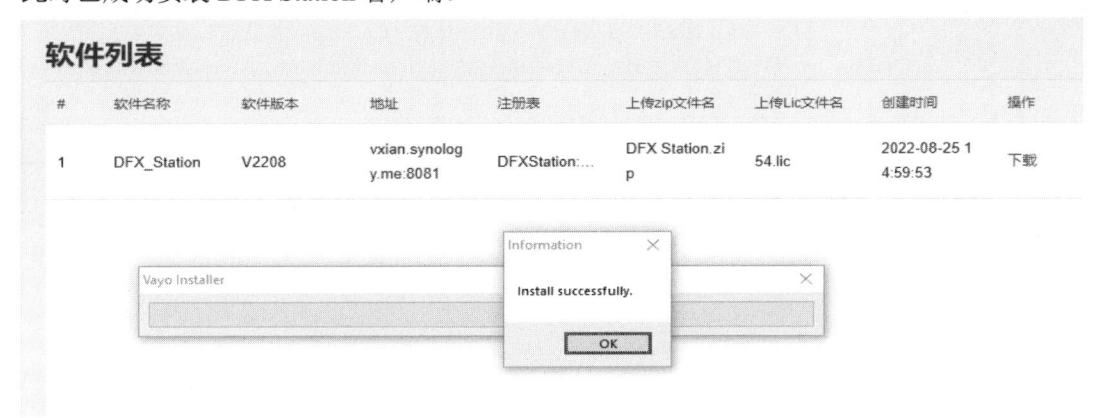

图 14-15 提示"install successfully"

14.3 任务目标

DFX 在 PCB 和 PCBA 设计中扮演着至关重要的角色。DFX 是一种综合方法，旨在确保产品设计符合多种标准，其中 X 包括可制造性、可测试性、可维修性、可装配性、可靠性、成本可控等方面。对于 PCB 设计来说，DFX 是一种确保设计方案能顺利进入生产，并在整个产品生命周期内保持高效的关键策略。

应用系统执行 DFX 任务分析，主要依托系统化的解决方案，实现人工审查任务多种缺陷的弥补和替代。DFX 所进行的任务分析可应用于产品全生命周期，可在研发阶段发现相关问题，缩短产品试产次数、研制周期，并降低成本，更好地满足市场需求，优化产品性能。

使用 DFX 开展实际的分析操作有助于企业在激烈的市场竞争中取得竞争优势，满足数字化转型需求。

14.4 数据要求

表 14-3 列出了 DFX 工具对输入数据的格式要求。

表 14-3 DFX 工具对输入数据的格式要求

序 号	文 件 类 型	说 明
1	PCB CAD	根据 PCB Layout 团队使用的 PCB 设计软件类型，确定一种数据类型，后续统一使用该数据类型。 • Cadence Allegro: val（需安装望友提供的插件）、ipc2581（.xml）、odb++（.tgz）； • Altium Design: asci pcb（.pcbdoc）、ipc2581（.xml）、odb++（.tgz）； • Pads: odb++（.tgz）； • Mentor Expedition: odb++（.tgz）； • Zuken CR8000：ipc2581（.xml）、odb++（.tgz）；

续表

序号	文件类型	说明
1	PCB CAD	在确定数据类型后，建议额外准备一份 PCB CAD 数据的指引文档。该文档应详细说明输出数据的操作流程，并解释相关输出选项的具体使用方法，以确保数据输出的准确性和一致性
2	BOM（非必须）	该数据为可选项，根据使用目的进行选用。可以采用企业内部统一的 BOM 标准格式

建议将 PCB CAD、BOM 文件压缩至一个 zip 文件中，命名格式为：<PCB 名称>_V<PCB 版本>.zip，便于系统自动识别 PCB 的名称和版本。例如，文件名为 board1_VA.zip，其中 board1 为 PCB 名称，A 为 PCB 版本。

14.5 提交 DFX 任务

14.5.1 进入页面

打开浏览器，登录系统，在左侧菜单中选择"DFX 分析"选项，进入"DFX 分析"页面，如图 14-16 所示。

图 14-16 "DFX 分析"页面

14.5.2 上传数据

在"DFX 分析"页面中，单击"提交任务"按钮，即可上传文件。

1. 上传 zip 文件

根据页面提示，拖动 zip 文件或选择文件进行数据上传，上传 zip 文件的操作页面如图 14-17 所示。文件成功上传后，页面下方会显示文件名。如果文件上传错误，则单击文件名右侧的"×"按钮，即可删除文件。

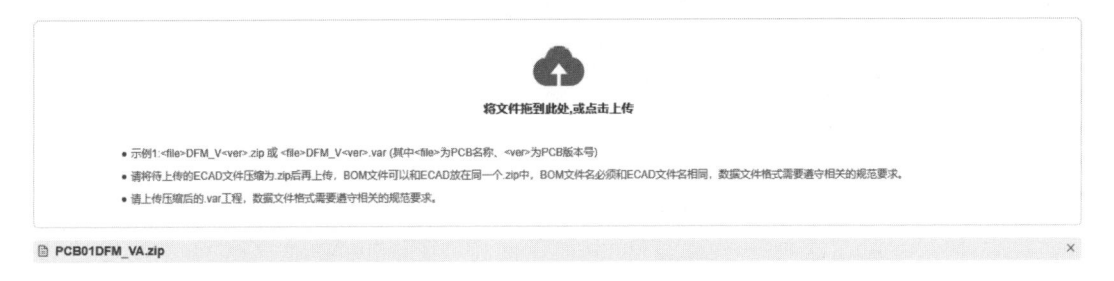

图 14-17　上传 zip 文件的操作页面

2. 上传 PCB CAD 文件

页面支持上传 PCB CAD 文件，可直接拖动文件上传，上传 PCB CAD 文件的操作页面如图 14-18 所示。

图 14-18　上传 PCB CAD 文件的操作页面

3. EDA 软件上传

EDA 软件上传是指从 EDA 软件中直接提交数据，该数据将自动传入系统中。

以 Allegro 为例，在安装交互插件后，菜单栏中增加了"Vayo-DFX"选项卡，如图 14-19 所示。

图 14-19　"Vayo-DFX"选项卡

单击"Vayo-DFX"选项卡，从下拉列表中选择"Export Vayo DFX.zip file"选项，弹出如图 14-20 所示的"Vayo-DFX 数据包 V2.0"对话框，根据实际设计需求，填写相关信息，单击"压缩并上传"按钮，即可完成文件上传。

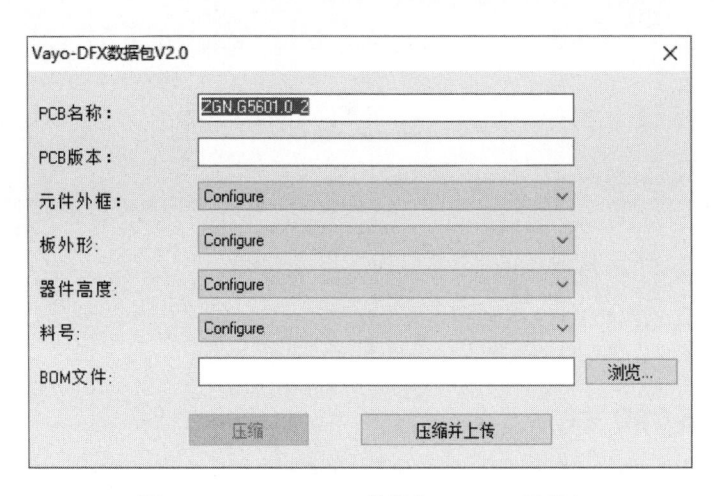

图 14-20 "Vayo-DFX 数据包 V2.0"对话框

14.6 填写 PCB 信息

在上传文件后，会显示"提交任务"页面，在"提交任务"页面中填写 PCB 设计信息，PCB 设计信息示例如图 14-21 所示。

图 14-21 PCB 设计信息示例

在"提交任务"页面中填写 PCB 工艺信息，PCB 工艺信息示例如图 14-22 所示。

图 14-22 PCB 工艺信息示例

14.7 选择规则集和检查对象

如图 14-23 所示，在"提交任务"页面中，填写 DFX 规则检查模块，根据产品类别填写对应的规则集名称。

图 14-23　填写 DFX 规则检查模块

如图 14-24 所示，在"提交任务"页面中选择检查对象，首先选择分析阶段（布局、布线、全部），然后勾选该阶段要分析的检查对象。

图 14-24　选择检查对象

14.8　提交任务

如图 14-25 所示，单击"提交任务"页面最下方的"检测/提交任务"按钮，检查数据和页面设置。如无其他异常，则此时该任务将进行自动化分析。

图 14-25　"检测/提交任务"按钮

14.9　导出报告

在左侧菜单中选择"DFX 分析"选项，即可看到已经完成分析的任务，单击任务右侧的"导出报告"按钮，即可导出该任务对应的报告，如图 14-26 所示。

图 14-26 "导出报告"按钮

> **注意**
> 如果本机未安装 DFX Station 客户端，则在导出报告时，页面将提示安装相应的客户端，用户可参考本章"DFX Station 安装"的相关内容进行安装。如果安装异常，则需联系管理员进行处理。

14.10 查看工程

1. 查看工程

在左侧菜单中选择"DFX 分析"选项，即可看到已经完成分析的任务，单击任务右侧的"打开工程"按钮，此时会自动调用本机的 DFX Station 客户端，并打开工程，如图 14-27 所示。

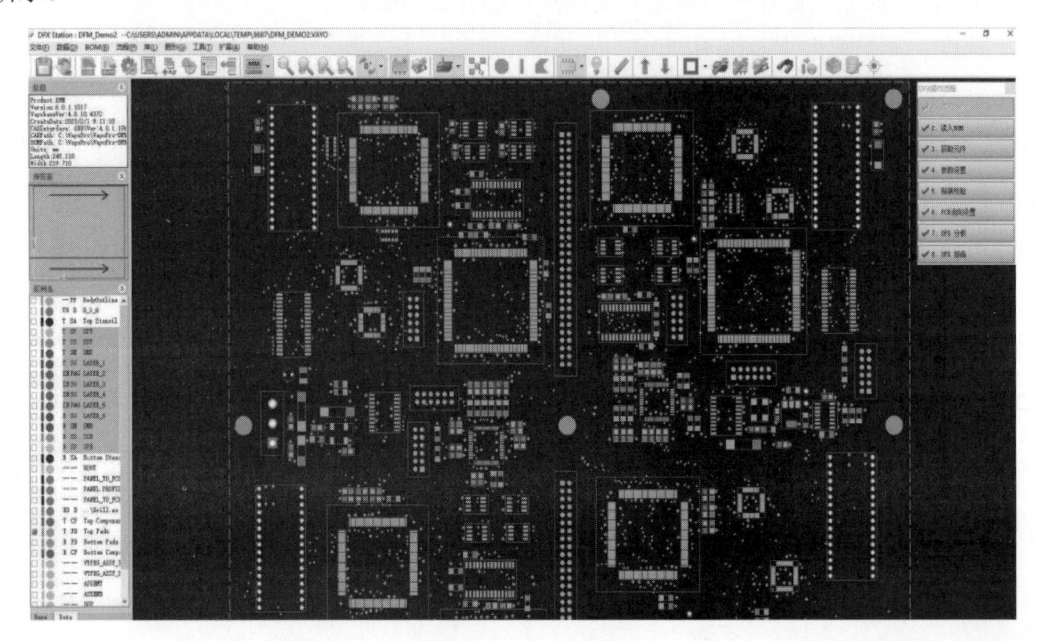

图 14-27 打开工程

PCB 设计人员可通过 DFX Station 客户端和 EDA 软件进行交互，查看设计问题，并在 EDA 软件中进行便捷修改。

2．查看审查结果

如图 14-28 所示，在右侧的"DFX 操作流程"列表框中选择"DFX 报告"选项。

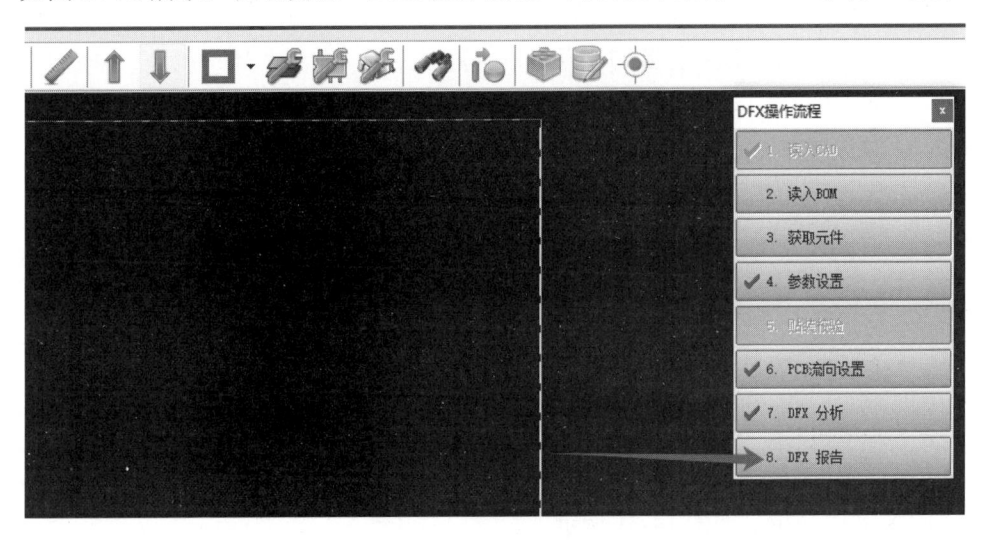

图 14-28 "DFX 报告"选项

如图 14-29 所示，弹出"DFX 报告"对话框，查看 DFX 审查结果。

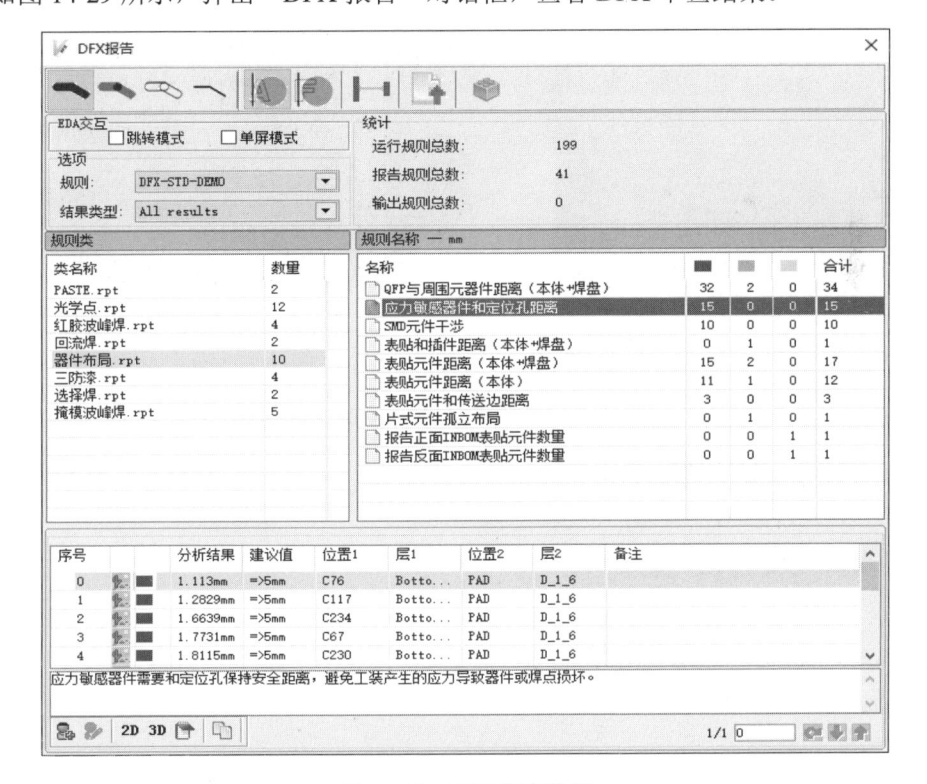

图 14-29 DFX 审查结果

DFX 审查结果说明如下。
- EDA 交互：如果选择跳转模式，则问题点可跳转至 EDA 软件对应位置。如果选择单屏模式，则会临时关闭 DFX Station 客户端，只保留"DFX 报告"对话框。
- 规则类：表明问题所属的规则类型。
- 规则名称：描述规则的具体问题。

3. DFX 与 EDA 实现并行实时交互

在传统的 DFX 设计中，PCB 设计与生产是脱节的，需要经过多轮试样来确定存在的可制造性问题，试样会反过来指导设计，从而在批量生产前解决可制造性设计问题。电子产品传统串行设计流程如图 14-30 所示。

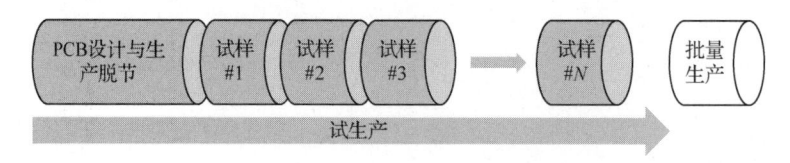

图 14-30　电子产品传统串行设计流程

随着 DFX 理念和技术的深入发展，目前已经实现 DFX 与 EDA 的并行实时交互，能有效进行 DFX 实时分析，如图 14-31 所示。

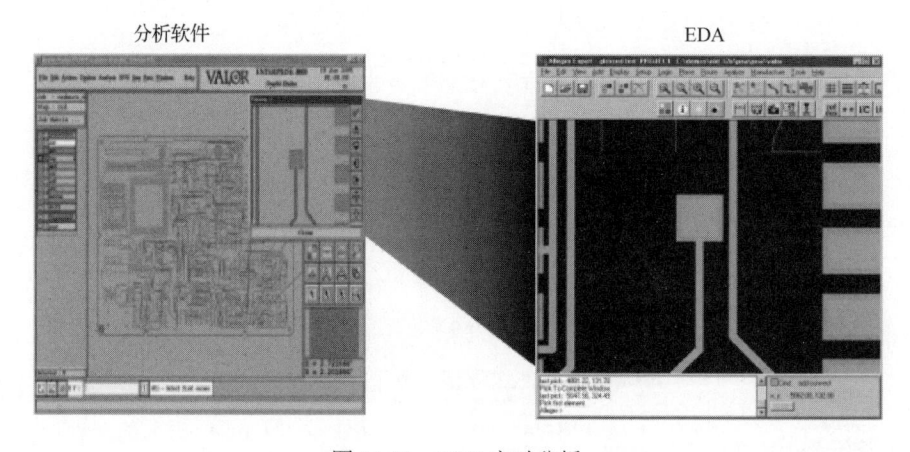

图 14-31　DFX 实时分析

14.11　DFX 规则集说明

DFX 规则库架构如图 14-32 所示。

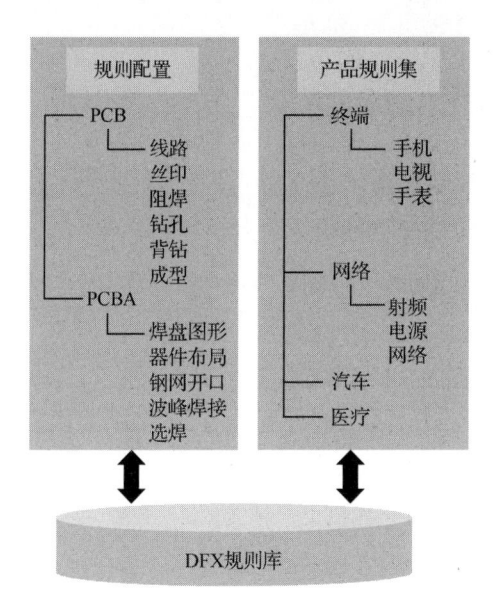

图 14-32　DFX 规则库架构

系统在初始阶段会将规则集导入规则池中，如图 14-33 所示，同时在系统中管理规则集，如图 14-34 所示。

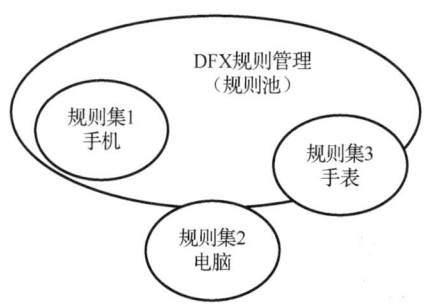

图 14-33　将规则集导入规则池中

#	规则集名称	规则集大类	规则集小类	规则数量	状态	创建人	创建时间	适合产品	操作
1	STD-DFT_v2.0	NA	NA	63	●	jxliu	2024-05-07 16:1...	做测试点分析	复制 下载rlm 下载规则
2	EMS代工_v1.0	NA	NA	329	●	jxliu	2024-05-07 11:0...	一般类产品，满...	复制 下载rlm 下载规则
3	光伏逆变器_v2.0	光伏	逆变器	582	●	jxliu	2024-05-07 10:2...	光伏逆变器	复制 下载rlm 下载规则
4	服务器_v2.0	服务器	所有	506	●	jxliu	2024-05-07 10:0...	数据中心，服务器	复制 下载rlm 下载规则
5	新能源汽车_v2.0	汽车	新能源汽车	508	●	jxliu	2024-05-07 09:4...	汽车电子，新能...	复制 下载rlm 下载规则
6	STD_验证_v1.0	NA	NA	624	●	jxliu	2024-05-06 15:2...	测试验证用	复制 下载rlm 下载规则
7	NPI工艺_v2.2	NA	NA	373	●	jxliu	2024-04-30 09:2...	NPI工艺，通用...	复制 下载rlm 下载规则
8	TEST1	NA	NA	4	●	jxliu	2024-04-06 20:3...		复制 下载rlm 下载规则
9	手机平板_v1.8	NA	NA	205	●	jxliu	2024-04-02 15:0...	手机，PAD类	复制 下载rlm 下载规则
10	SI-PI-EMC_v2.1	NA	NA	34	●	jxliu	2024-03-07 09:1...	硬件研发SI/PI/E...	复制 下载rlm 下载规则

图 14-34　管理规则集

14.12 DFX 规则类说明

每条规则都有自己所属的类别，这些类别被称为规则类。系统支持用户自定义规则类，也可以进行规则管理，规则管理示意图如图 14-35 所示。

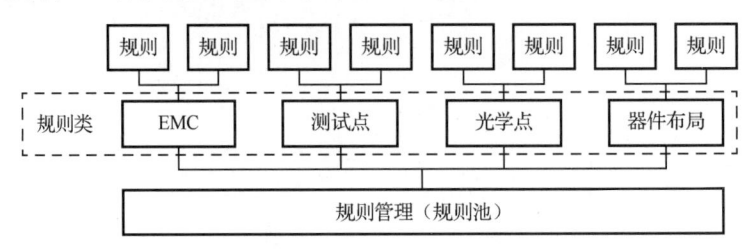

图 14-35 规则管理示意图

默认的规则类如表 14-4 所示。

表 14-4 默认的规则类

规则类	示例	定义
焊盘图形库	插件 Pitch 与封装库 Pitch 百分比 插件孔与插件引脚间隙 片式器件焊盘前端长度与根部长度之比 BGA 焊盘与锡球直径比	主要审查器件的封装设计正确性和实物模型的匹配性等问题
红胶波峰焊接	焊接面有热焊盘器件，无法点红胶 焊接面有细间距器件 焊接面焊盘到板边距离	主要审查使用红胶波峰焊接工艺的生产问题
掩膜波峰焊接	插件焊盘排列方向和传送方向不一致 插件焊盘和表贴器件焊盘距离 插件引脚伸出 PCBOTTOM 面长度	主要审查使用掩膜波峰焊接的生产问题
回流焊接	QFN 热焊盘没有通孔 二次回流面器件质量和焊盘接触面积比 器件耐温小于 260℃	主要审查回流焊接的工艺问题，如二次回流面易掉件、器件回流耐温等问题
PCB 表层线路	线宽 线距 布线夹角 表贴连接器与相邻焊盘布线直连	主要审查 PCB 表层布线的设计问题以及工厂制造能力等相关问题
PCB 内层线路	GND 线路宽度瓶颈 VCC 线路宽度瓶颈 孔直径占线宽百分比	主要审查 PCB 内层布线的设计以及工厂制造能力等相关问题

续表

规则类	示　例	定　义
PCB 钻孔	钻孔厚径比	主要审查 PCB 钻孔设计以及工厂制造能力等相关问题
	孔到板边距离和板厚比	
	钻孔密度	
	孔到板边距离和板厚比	
PCB 阻焊	焊盘缺少阻焊开窗	主要审查 PCB 阻焊设计以及工厂制造能力等相关问题，如阻焊暴露铜箔，短路风险等
	阻焊桥宽度	
	走线露铜	
PCB 丝印	文字压阻焊开窗	主要审查 PCB 丝印设计以及工厂工艺能力等相关问题，如丝印位号的位置摆放导致器件安装错误等
	位号摆放错误	
	文字在板框以外	
器件布局	应力敏感器件与应力器件背贴	主要审查器件间距、应力、热敏、维修、器件布局以及 SMT 制造风险等相关问题
	插件二极管布局方向不一致	
	器件干涉	
测试点	试点中心距	主要审查测试点的布局、覆盖情况，以及测试等相关问题
	Net 无测试点	
	Net 测试点覆盖率（除去 NC net）	
	测试点被器件本体覆盖	
光学点	光学点不在 PCB 对角位置	主要审查光学点的布局、识别风险、尺寸设计等相关问题
	光学点半径 3mm 内有相似 PAD	
	光学点外形尺寸不一致	
	光学点对称设计	
PASTE	表贴器件焊盘缺少 PASTE 图形	主要用于审查 PASTE 设计问题以及 SMT 制造风险等相关问题
	PASTE 图形无阻焊开窗	
	PASTE 图形位置无焊盘	
热设计	插件焊盘与铜箔连接周长百分比（未采用隔热设计）	主要审查器件的热设计（立碑、偏移、虚焊等设计因素）以及 PCB 翘曲等问题
	PCB 各层残铜率	
	PCB 叠层上下对称层残铜率差异	
	插件焊盘热设计的热辐条宽度与长度	
器件选型	大器件的小焊端	主要审查器件选型不合适带来的 SMT 制造相关风险
	表贴器件宽高比	

14.13　DFX 工具典型案例

案例一　PCB 裸板 DFX 分析案例（见图 14-36）

（a）阻焊桥宽度　　（b）阻焊开易暴露铜箔　　（c）铜间距

（d）焊盘宽边出线　　（e）IC 相邻焊盘布线直连　　（f）表贴器件焊盘缺少 PASTE

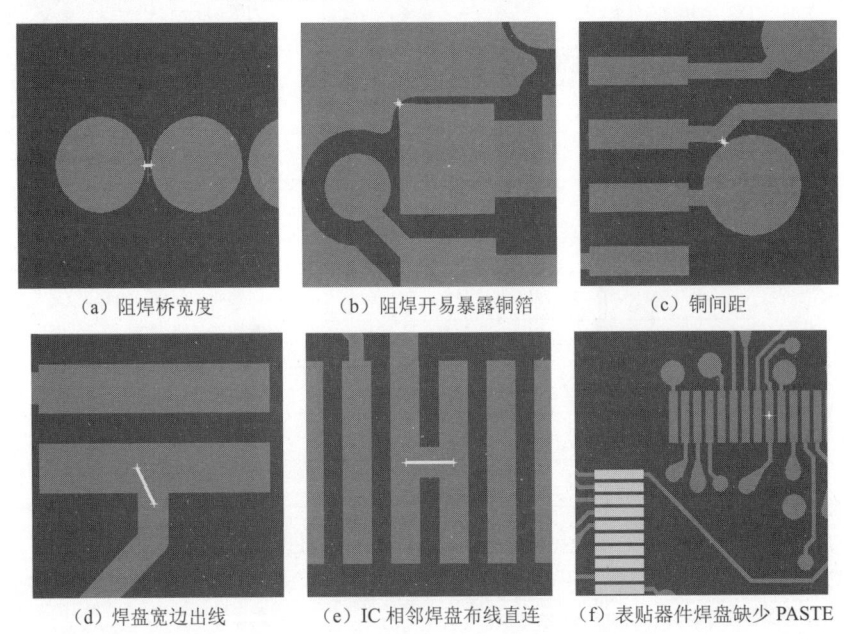

图 14-36　PCB 裸板 DFX 分析案例

案例二　PCB 可组装性分析案例（见图 14-37）

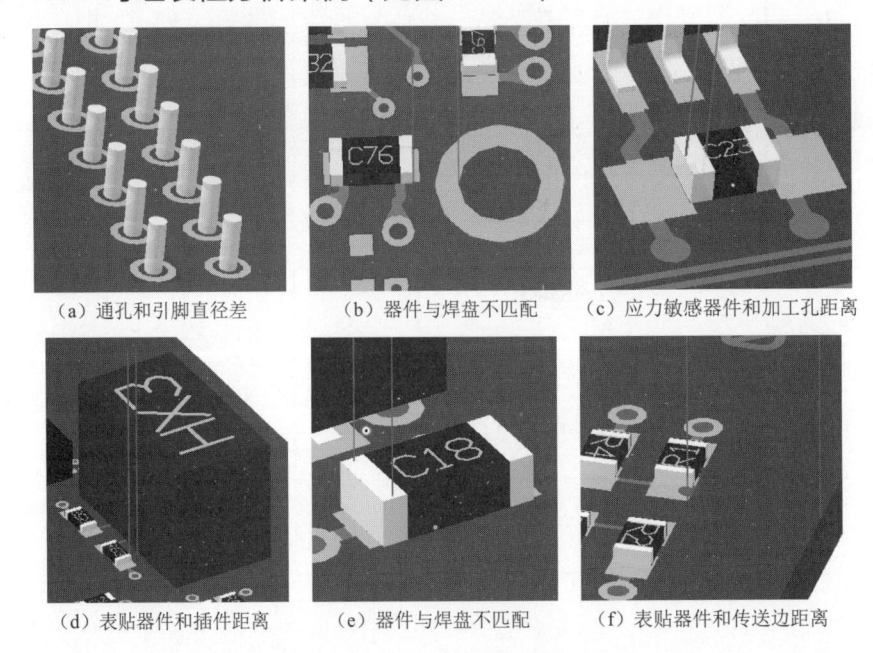

（a）通孔和引脚直径差　　（b）器件与焊盘不匹配　　（c）应力敏感器件和加工孔距离

（d）表贴器件和插件距离　　（e）器件与焊盘不匹配　　（f）表贴器件和传送边距离

图 14-37　PCB 可组装性分析案例

案例三　PCB 信号质量分析

1．断头线

如图 14-38 所示，断头线是一种潜在的设计错误，表现为部分残留的短小伸出线头，其形状类似于天线，可能导致信号反射或干扰。

2．相邻层走线重合

在相邻线路层中，如果走线与相邻层的走线存在重合（部分重合或完全重合），且重合部分过长，则会导致信号间串扰。由于此类信号分量较强，可能引发辐射干扰和功能损伤，甚至导致信号失效，如图 14-39 所示。

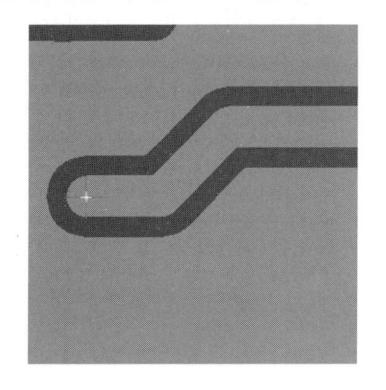

图 14-38　断头线　　　　图 14-39　相邻层走线重合

3．信号跨分割

信号跨分割会导致信号不完整，阻抗不连续，从而导致信号反射和衰减，可能对产品性能造成不利影响。为避免此类问题，需要重新规划跨分割走线，尽量确保每根走线都位于一个完整的参考平面内。信号跨分割如图 14-40 所示。

4．走线未包地、包地不完整、包地不合理

走线未包地如图 14-41 所示。包地不完整或不合理的设计会引入额外的噪声和干扰，可能导致与其他信号线之间串扰，进而引发信号线交叉干扰，甚至影响信号线的阻抗特性。此外，这种设计还可能产生较多的电磁辐射，干扰周围电路或设备的正常运行。

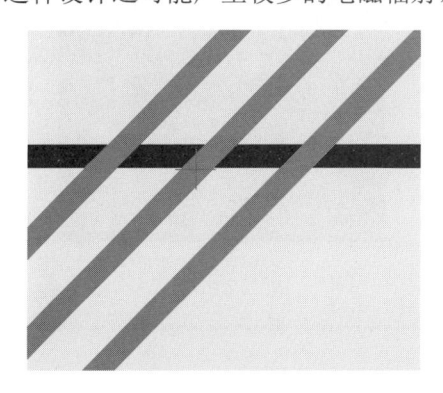

图 14-40　信号跨分割　　　　图 14-41　走线未包地

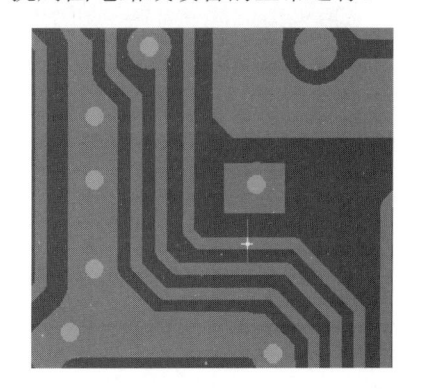

5. 走线宽度变化（见图 14-42）

6. 平行走线长度过长

如图 14-43 所示，平行走线过长容易导致信号串扰，因此在走线过程中应避免过长的平行走线。

图 14-42　走线宽度变化 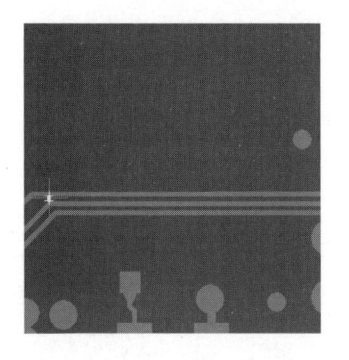　　　　图 14-43　平行走线过长

7. 线距不满足 3W 规则

过长的平行布线可能引发信号串扰，导致信号质量不达标，或产生电磁干扰（EMI）问题（如辐射等），严重时可能造成产品功能失效。在设计时，针对重要信号和高频信号，建议采用 3W 规则，即相邻走线中心间距至少为线宽的 3 倍，以规则驱动走线距离。当走线不满足 3W 规则时，需对整根线进行调整；若多段走线不满足 3W 规则时，则全部进行修改。线距不满足 3W 规则示意图如图 14-44 所示。

8. 信号过孔数量超过 3 个

信号过孔会引入寄生电容，从而影响信号质量。因此，对于重要信号线的换层操作，需严格控制信号过孔的数量，信号过孔不应超过 3 个。信号过孔超过 3 个示意图如图 14-45 所示。

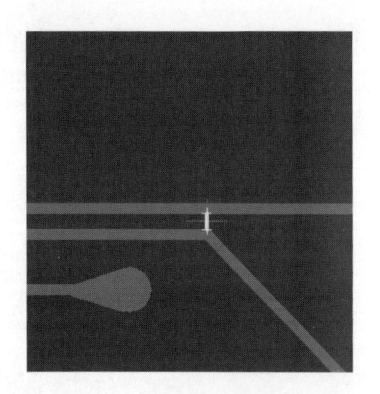

图 14-44　线距不满足 3W 规则示意图 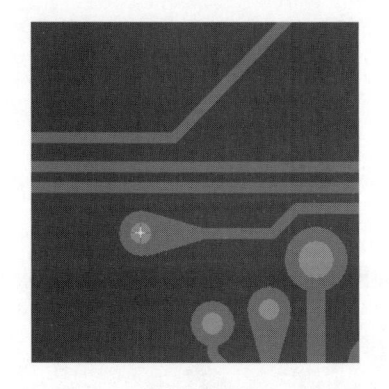　　　　图 14-45　信号过孔超过 3 个示意图

> **说明**
>
> 图 14-46 展示了电源和地层的分析结果。通过该分析，可以对隔离带设计、花盘设

计、隔离盘误删以及 Pitch 等进行全面评估,从而有效避免低级错误和潜在故障的发生。这种分析在人工检查中几乎无法实现,凸显了自动化分析工具的重要性。

现象A:
连续的隔离盘形成隔离带。
后果:
由于花盘被堵,导致信号被隔离,形成开路现象。

现象B:
花盘被部分隔离盘堵住。
后果:
花盘只有一处能正常导电,影响此线路的导电性。

现象C:
误删隔离盘。
后果:
由于隔离盘被删,导致线路短路。

现象D:
两焊盘间距太小。
后果:
线宽过小,目前的加工工艺无法进行制作。

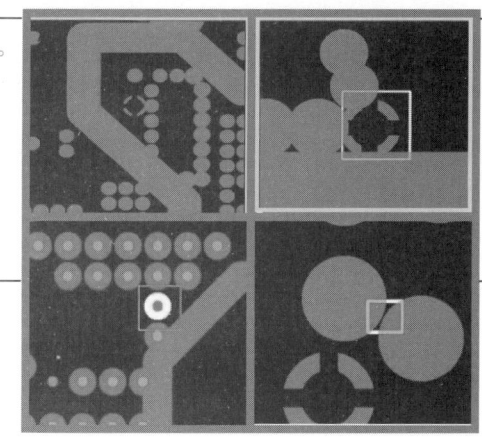

图 14-46 电源和地层的分析结果

14.14 DFX 工程设计助力电子行业高质量发展

2023 年 4 月,NEPCON China 2023(第三十一届中国国际电子生产设备暨微电子工业展)在上海隆重开幕。作为展会的一大亮点,第三届"望友杯"全国电子制造行业 PCBA 设计大赛如期举行,吸引了来自全国各地的专家评审和参赛选手齐聚上海。图 14-47 展示了第三届"望友杯"全国电子制造行业 PCBA 设计大赛合影。

图 14-47 第三届"望友杯"全国电子制造行业 PCBA 设计大赛合影

在第三届"望友杯"全国电子制造行业 PCBA 设计大赛现场,《PCB007 中国在线杂志》邀请到此次大赛的评委、原华为技术有限公司 DFX 系统工程首席专家黄春光,下面展示部分采访内容。

记者:目前,中国电子制造行业需要宣传规范的设计理念,提升研发人员在 PCBA 设计环节对于技术与艺术方面的理解与重视程度。您如何看待设计环节对于电子制造产业的重要性?

黄春光:中国改革开放以来,全球电子产业链逐渐向亚太地区转移,中国已成为制造大国。然而,要实现从制造大国向制造强国的转变,走高质量发展之路,必须在产品开发初期加强 DFX 工程设计。传统的电子产品设计采用"段到段"的串行开发模式,类似于"接力赛"。例如,开发一款手机时,通常先完成功能设计,待功能调试完成后再考虑可制造性、可测试性、可装配性、可靠性等性能优化。这种串行开发模式往往耗时较长,且需要多次迭代。

通过在产品开发前期引入并实施 DFX 工程设计的思想,将产品开发从"段到段"的串行开发模式转变为"端到端"的多领域协同模式,可实现硬件工程设计的成功。例如,20 多年前,华为在引入 IBM 的 IPD(集成产品开发)体系之前,也采用串行开发模式,硬件产品的改版次数最多达 13 版。然而,自 2003 年 IPD 在华为大范围推行并同步实施 DFX 工程设计后,到 2006 年,华为基本实现了所有硬件产品的一次成功。通过 DFX,华为实现了可制造性、可测试性、可靠性等性能的同步优化,避免了硬件多次改版,降低了研发成本,PCB 直通率超过 98%,并将产品开发周期缩短 40% 以上。

通过在行业内举办本次大赛,各参赛选手得以取长补短,交流可制造性设计方法与优秀实践经验,从而为行业赋能。同时,这一赛事也将 DFX 思想传播至整个行业,并将相关方法与工具引入产品开发前端,助力中国电子制造业实现高质量发展,推动行业不断迈向更强。

记者:目前,国内对于优秀的 PCBA 行业设计人才,市场需求情况如何?在人才培养上,需要在学校、企业设置哪些课程,并如何做好衔接?在课程设置上,还有哪些欠缺的地方需要弥补?

黄春光:现在市场存在人才供需之间的矛盾,一方面,大量大学毕业生找不到工作,另一方面,电子制造行业招不到人,这之间的缺口很大,其原因之一是学校教授的课程与企业的岗位需求有差距。例如,电子制造业的 DFX 知识与技能涉及的学科范围非常广,包含机械、电子、光学、电磁场、材料学、物理学、力学,而 PCB 制造还包括化学、高分子材料等,还需要掌握 DFX、EDA、CAD、CAM 各类工程设计工具。

再以当下热门的汽车电子为例,其设计寿命通常长达 15 年,而汽车运行环境应力极为复杂,典型场景包括高温、高湿、盐雾、沙尘等。例如,安装在发动机舱的电子部件需要承受 -40℃~+150℃ 的温度。因此,在汽车电子设计中,必须进行车规级器件或材料的选型、设计失效模式影响分析、可靠性 CAE 仿真预测,以及温度循环、振动、跌落、CAF 等各类车规可靠性试验,同时还需实施环境应力筛选等严格测试。

目前,国家大力推进新工科教育,这一方向与电子制造行业的需求高度契合。试点高校在新工科教育中强调理论与实践相结合,要求学生在学习理论知识的同时,动手完成实际项目,如某款电子产品的开发与验证,或结合企业需求,由导师带领学生深入企业解决实际工程难题，真正实现产学研融合。

在高职类院校中，各地也在积极推进产教融合的新型组织形态，针对生产制造、测试装调、试验试制、现场管控、设备运维等一线岗位，重点培养精操作、懂工艺、会管理、善协作的具备工匠精神的工程师。

在DFX工程学科的培养上，需要增加一些工程方法方面的训练，如运用六西格玛、精益生产、质量圈等工程方法，来帮助企业解决实际问题。此外，结合技能实训，掌握项目管理知识，在实训项目开展过程中融会贯通各学科知识，更好地与企业实际需求结合。

记者：您参与了大赛的整个评审环节，有哪些设计或参赛队伍让您眼前一亮？

黄春光："望友杯"全国电子制造行业PCBA设计大赛已经举办了三届，我觉得今年在华东赛场的确有很多亮点。一是选手非常年轻，且都很有朝气、很好学，这是中国电子制造未来走向强国的重要基石。我每年都去美国参加IPC APEX峰会，在那里你会发现从事电子行业基本上没有年轻人了。二是今年有2支队伍连续参加了3届比赛，通过大赛互动交流、向优秀标杆学习，各团队的硬件工程技术能力提升明显，尤其是DFM能力，相信这些团队也会将比赛经验带回企业内部。三是业界同仁都逐渐认识到工具的重要性，通过DFX方法、工具有效介入到产品开发前期，产品实现提质降本增效，并加快产品由试制到量产、快速推向市场。

第 15 篇　案例：挑战硬件工程三高极限

15.1　新员工成长实践

21 世纪初，随着通信业务的高速发展，华为研发部门急需大量人力支持，新员工占比超过 60%。公司为新员工的发展提供了以下措施。

在部门经理的引导下，建立了"新秀地带"，这是一个新员工互助组织，旨在帮助新员工快速融入团队。新员工参与讨论并定义了"新秀地带"的组织目标、工作重点（见图 15-1），以及干部轮值和分组竞争的运作体系。通过研讨、辩论、培训、与新老员工交流等活动，为新员工提供了一个展示才能和公平竞争的平台。

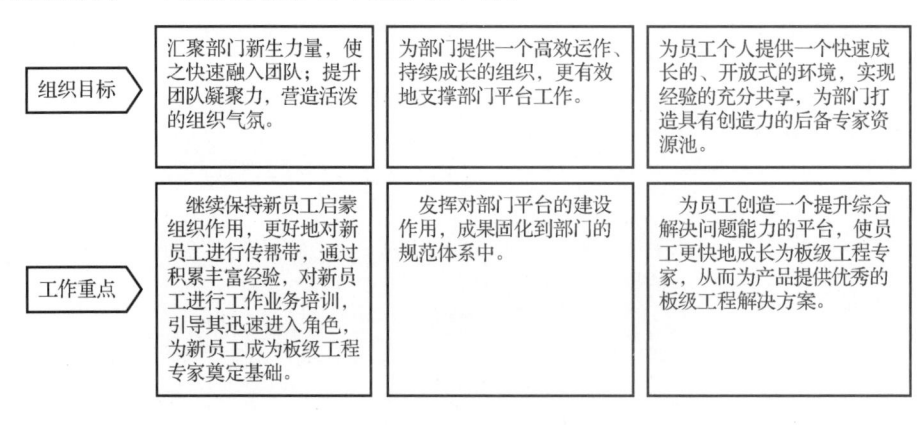

组织目标	汇聚部门新生力量，使之快速融入团队；提升团队凝聚力，营造活泼的组织气氛。	为部门提供一个高效运作、持续成长的组织，更有效地支撑部门平台工作。	为员工个人提供一个快速成长的、开放式的环境，实现经验的充分共享，为部门打造具有创造力的后备专家资源池。
工作重点	继续保持新员工启蒙组织作用，更好地对新员工进行传帮带，通过积累丰富经验，对新员工进行工作业务培训，引导其迅速进入角色，为新员工成为板级工程专家奠定基础。	发挥对部门平台的建设作用，成果固化到部门的规范体系中。	为员工创造一个提升综合解决问题能力的平台，使员工更快地成长为板级工程专家，从而为产品提供优秀的板级工程解决方案。

图 15-1　"新秀地带"的组织目标、工作重点

1. 班级制度

（1）决策机制："新秀地带"实行民主集中制，班级内事务需经投票表决，超过半数有效票即为通过。对于争议较大的议题，需上报上级领导请示。

（2）知识培训：与工作相关的知识培训定于每周三晚上进行。

（3）工作方法研讨：每月最后一个周六下午安排工作方法的讨论与沟通。

（4）培训讲师：培训讲师由班主任或指定的专家或领导担任。

（5）课堂纪律：提前 5min 到达上课地点，手机调至振动模式，课堂内禁止接听电话。

2．自习团队组织架构图（见图15-2）

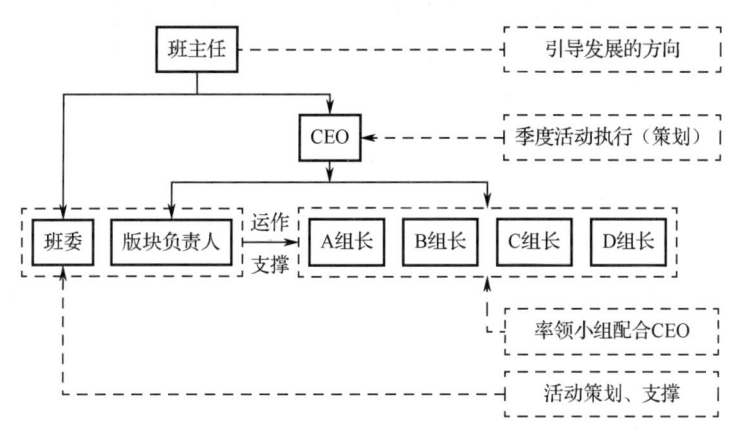

图15-2　自习团队组织架构图

3．双导师制度

新员工的导师通常是部门骨干，业务工作繁忙。因此，特设双导师制，可减轻思想导师的日常事务负担，并培养潜在的接班人。导师需要指导新员工的日常工作，确保试用期培训计划的顺利完成，帮助新员工提升基本技术技能，并总结输出相关案例。

4．新员工手册

根据新员工入职第一天、第一周、前三个月在工作、生活、流程等方面的切身感受和心得体会，汇编了新员工手册。该手册采用 HTML 格式制作，新员工只需单击关注的问题，即可快速获取相关信息。新员工手册如图 15-3 所示。

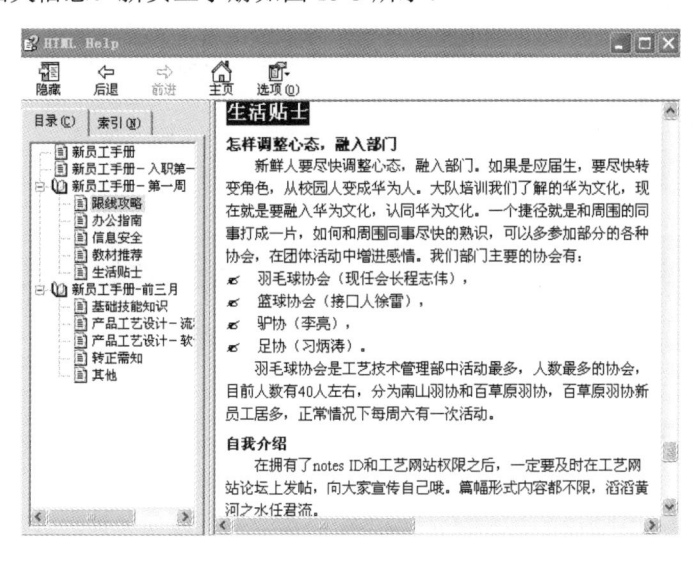

图15-3　新员工手册

15.2 高密用户板：DFX 工程打造高质量低成本"印钞机"

C&C08 交换机于 1993 年在浙江义乌首次开局，随后迅速扩展至各种恶劣环境，但由于环境适应性不足，导致 PCB 批量返还。在老专家陈普养的带领下，华为从材料开发到工艺摸索，成功研发出一种新型涂覆材料（其配方后来成为商业机密）。这种新材料的使用寿命从 8h 延长至 12h，流平性能显著提升，喷涂系统不再堵塞，且成本仅为同类产品的十分之一。通过喷涂这种"三防漆"，有效解决了因腐蚀断线导致的高返还率问题，部分 PCB 还采用了手工刷涂的方式。陈普养及其团队因此成为华为最早的材料开发团队，负责早期电子材料的技术评估与认证。

同期，华为大力推广 IPD（集成产品开发）体系，吸收行业先进经验，构建了电子装联四大规范体系，并将 DFM 思想融入 IPD 流程，实现了正向标准化设计。这一举措不仅提升了产品的可靠性，还显著增强了成本效益，为华为后续的产品开发奠定了坚实基础。

陈普养及其团队深入研究了产品环境适应性问题，从离子迁移、腐蚀断路到试验设备和方法，向中国科学院、浙江大学、马里兰大学等国内外专家请教，开创性地建立了通信产品防护理论基础模型。2003 年，团队进一步推进整机风道设计，并实施了三防 DFX 工程设计、板级器件布局与布线等 DFX 基线落地措施。2007 年，通信接入层产品成功实现板级免涂覆设计，PCB 返还率持续下降，团队因此荣获接入网产品线总裁奖（见图 15-4）。

图 15-4 接入网产品线总裁奖

15.3 高复杂线卡：挑战 PCB "三高"硬件工程极限

2000 年我刚到北研所时，数通产品尚处于起步阶段，硬件条件艰苦。我和团队一起，不放过板子上任何细节的优化与改进，从 10G 线卡到 400G，再到单槽位 2T，历经 20G、40G、100G、200G 等多代线卡的硬件工程打磨，最终在 2013 年实现 400G 反超友商，并以高质量实现零返还。这一路走来，见证了华为数通从落后到引领的奋斗历程。

数通等骨干网带宽速度需求超越摩尔定律，整机、线卡、关键芯片模块、链路速度发展之差逐渐拉大。为满足线卡容量需求，我们从 PCB 平面堆叠芯片到空间布局想尽办法，如子卡扣装、CBB 电路模块化、PCB 埋入等。同时，在线卡上平衡布局、布线、散热等冲突，开发高导热材料，挑战 PCB 物理规格极限，攻克 BGA 焊点蠕变、PCB 树脂裂纹等难题，大幅提升焊点密度。

15.4 数字化 PCB：探索工业大数据 AI，走向智能

数通与无线 5G PCB 面临"10 万级焊点数"的高度复杂挑战，构建加工质量困难重重。传统的做法是技术人员凭借经验调控工艺参数，判断依据单一，问题易反复。由于缺乏现场加工实时状态记录，设备、工艺变更、来料等因素引发深层次技术难题，难以依靠传统的 TOPN、QCC 等工程方法攻克这些难题。

为此，我们联合制造、IT 等多部门，率先于电子行业依循"工业 4.0"理念打造智造样板线。研发端将 PCB 数据精细打标签至工序、工艺单元、器件位置号乃至器件引脚层级；生产端根据设备类型编制白皮书，历经三年技术协作等多元路径，达成整条产线不同加工设备间的协议互联互通。从加工数据实时采集、机器学习各类模型训练，到云端 AI 算法优化调制、指令实时下发至设备执行工艺参数，任一环节"掉链子"都会干扰产线运转。联调期间，协同设备商、IT 团队扎根实验室，突破时延障碍，紧要关头借助手机搭建空中路由，与韩国设备原厂商远程沟通调整参数，实现从单台设备到整线的无缝联调。

置身第四次工业革命浪潮，工业机理与数据科学深度融合，工业大数据成为新兴"富矿"。高复杂线卡工程团队创新地将人员技能经验通过软件定义嵌入闭环工艺逻辑算法，赋予印刷+SPI、贴片+AOI、多点照合等软件微闭环逻辑自适应、自调整、自学习与可追溯特性。依据各工序不同缺陷类型的特征与规律，运用工业大数据 AI 剖析不同工序间的缺陷影响因素，严控所有过程参数波动，保障加工质量。

附录 A 术语和定义

（1）PCB：印制电路板。

（2）背板：安装在插框（机盒）背面、中间位置的组件，在产品中的主要作用为：①为各 PCB 提供电源通路；②为各 PCB 提供互连信号线；③为不同框间信号互连提供接口；④为各 PCB 提供机械支撑和导向。

（3）柔性印制板：用挠性基材制成的印制板，可以有或无挠性覆盖层，又称挠性印制板。

（4）刚柔印制板：利用挠性基材，并在不同区域与刚性基材结合制成的印制板。在刚柔结合区，挠性基材与刚性基材上的导电图形通常要进行互连，又称刚挠印制板。

（5）槽位：背板上用于插入 PCB 的位置。

（6）横、竖插板：水平、垂直插入插框（机盒）的 PCB。

（7）前、后插板：从背板前、后面插入的 PCB。

（8）左、右插板：PCB 插入背板时，以插入方向为前方，若 TOP 面（主器件面）朝左，则为左插板；若 TOP 面朝右，则为右插板。左、右插板示意图如图 A-1 所示。

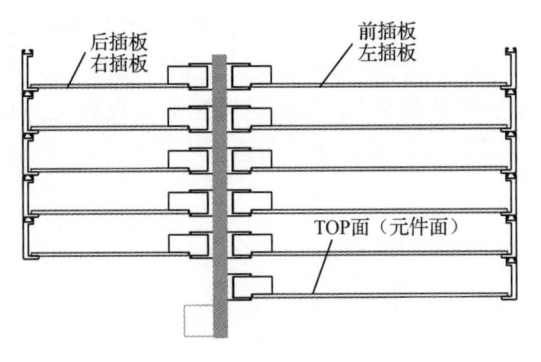

图 A-1 左、右插板示意图

（9）导向销：在 PCB 插入时提供导向或防止误插的金属销，安装在背板上，可单独使用或与连接器配合安装在背板上。

（10）导向套：与导向销配合使用，安装在 PCB 边缘，为 PCB 提供导向作用的器件。

（11）扣板：平行装配于主板上，具有相对独立的功能且可拆卸。

（12）JEDEC：一个制定电子设备和组件标准的国际组织。

（13）导热系数：表明材料热传导性能的参数，表示在单位时间、单位面积、单位负温度梯度下传导的热量大小。

（14）黑度：物体辐射接近绝对黑体辐射力的程度，用于描述物体的辐射特性。

（15）热阻：反映介质或介质间传热能力的参数，数值越大，传热能力越弱。

（16）温度稳定：设备在工作状态下，发热器件表面温度每小时波动范围小于 1℃，表明设备温度已达到稳定状态。

（17）设备外部环境温度：设备达到稳定温度时，距离设备各主要表面几何中心 80mm 处的空气温度，按各表面积的加权平均值计算得出。

（18）机柜表面温度：设备达到稳定温度时，设备各外表面几何中心点上温度的平均值。

（19）热点：器件、散热器和冷板上局部表面温度最高的位置。

（20）温升：器件表面温度与设备外部环境温度之间的差值。

（21）结温：芯片上硅单晶片的温度。

（22）热耗：器件的散热功耗，通常可近似取用器件的功耗值。

（23）壳温：器件的表面温度。

（24）温度降额比：器件工作温度应力与其极限温度应力之比。

（25）温度降额比离差：温度降额比的标准差，反映了温度降额比偏离平均降额比的程度，其值越小，说明温度降额比的均匀性越好。

（26）NEBS：网络设备构建系统。电子通信设备进入美国市场必须通过 NEBS 认证。

附录 B 机械冲击的实验条件

根据产品毛重、包装盒质量以及是否配备垫板或托盘，将产品包装要求划分为两类：A 类为不满足 B 类条件的产品，其包装需承受自由落体冲击；B 类为产品毛重≥100kg，或产品毛重≤100kg 且包装盒具有托盘或垫板的产品，其包装需承受自由降落、角落冲击以及作用于包装外部的表面冲击。

表 B-1 展示了 A 类集装箱包装设备振动标准，表 B-2 展示了 B 类集装箱包装设备振动标准。

表 B-1 A 类集装箱包装设备振动标准

集装箱质量/kg	跌落高度/mm	操 作 方 式
<10	750	一人投掷
≥10 且<25	600	一人搬运
≥25 且<50	525	两人搬运
≥50 且<100	450	两人搬运

表 B-2 B 类集装箱包装设备振动标准

集装箱质量/kg	跌落高度/mm
<450	300
≥450	150

附录 C 机械振动的实验条件

机械振动的实验曲线图如图 C-1 所示，机械振动的实验条件表如表 C-1 所示。在满足图 C-1 和表 C-1 的条件下，产品不能产生任何破坏或功能失常。

（1）把已经包装好的设备安全放置在振动台上。

（2）用合适的传感器测试输入加速度。

（3）根据预期的运输模式，按照单一的正弦旋曲线（图 C-1 中的曲线 1 或曲线 2）振动。根据振动台的能力，按照设定的频率曲线连续或断续振动。例如，如果包装在 60Hz 时突然分离，那么最高振动频率为 60Hz。

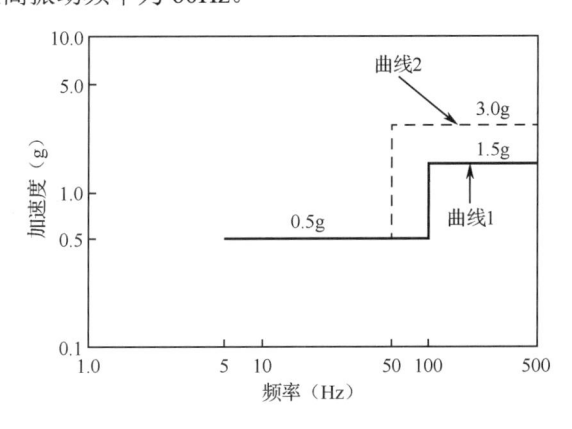

图 C-1 机械振动的实验曲线图

表 C-1 机械振动的实验条件表

振动源	曲线	频率范围/Hz	扫描速率（倍频程/min）
商业运输（铁路、卡车、轮船、喷气式飞机）	1	50～100	0.1
		100～500	0.25
商业运输（铁路、卡车、轮船、喷气式飞机、涡轮螺旋桨飞机）	2	5～50	0.1
		50～500	0.25

附录 D 空气污染等级

表 D-1 为户外污染等级，表 D-2 为户内污染等级。在设备的整个服务生命期中，在表 D-1 和表 D-2 所列出的年平均污染等级的情况下，将设备安装在有环境控制的空间内，设备应当可靠工作。

表 D-1 户外污染等级

污 染 物	浓 度
空气传播的微粒（TSP-Dichot 15）[①]	90g/m³
粗微粒	50g/m³
细微粒	50g/m³
盐雾	30g/m³
硫酸盐	30g/m³
亚硝酸盐	12g/m³
挥发性有机化合物（沸点>30℃）	400ppb[②]
二氧化硫	150ppb
氢化硫	40ppb
氨气	50ppb
一氧化氮	500ppb
二氧化氮	250ppb
硝酸	50ppb
臭氧	250ppb
气态氯（氯化氢、氯气）	6ppb

注：① TSP 是指空气传播的微粒，是悬浮在空气中的固体颗粒和液滴的混合物。这些微粒可以来自自然源（如灰尘、花粉）和人为源（如工业排放、汽车尾气）。Dichot 15 是指一种双通道采样器，用于同时收集不同粒径范围的微粒，以便进行更详细的分析。

② 在科学和工程领域，ppb 表示十亿分之一，这里用于表示极低浓度单位。

表 D-2 户内污染等级

污 染 物	浓 度
空气传播的微粒（TSP-Dichot 15）	20g/m³
粗微粒	<10g/m³
细微粒	15g/m³
盐雾	10g/m³
硫酸盐	10g/m3

附录 D 空气污染等级

续表

污 染 物	浓 度
亚硝酸盐	5g/m^3
挥发性有机化合物（沸点>30℃）	1200ppb
二氧化硫	50ppb
氢化硫	40ppb
氨气	500ppb
一氧化氮	500ppb
二氧化氮	200ppb
硝酸	15ppb
臭氧	125ppb
气态氯（氯化氢、氯气）	5ppb

附录 E 可以承受回流工艺的常用材料

材料的过回流表如表 E-1 所示。

表 E-1 材料的过回流表

可过回流的材料	不可过回流的材料
diallyl phthalate 邻苯二甲酸二烯丙酯	ABS 缩醛聚合物
FEP 氟塑料	Acetal polymer
Nylon 6/6 尼龙 6/6	Acrylic 丙烯酸树脂
PFA	CAB 醋酸丁酸纤维
Phenolics 酚醛塑料	PBT 聚对苯二甲酸丁二酯
Polyamide-imide 聚酰胺酰亚胺	Polybutylene 聚丁烯
Polyarylsulfone 聚芳砜	Polycarbonate 聚碳酸酯
Polyester-Thermoset 热固性聚酯	Polyethylene 聚乙烯
LCP 液晶聚合物	Polyphenylene 聚苯醚
Polyethylene Terephthalate 聚对苯二甲酸乙二酯	Polyethylene Oxide 缩二醇醚
Polyimide 聚酰亚胺	Polypropylene 聚丙烯
Polysulfone 聚砜	Polystyrene 聚苯乙烯
PTFE 聚四氟乙烯	PVC 聚氯乙烯
Silicone 有机硅树脂	PET
PPS 聚苯硫醚	
Polyetheretherketone 聚醚醚酮	

附录 F 电子装联设备对器件尺寸的限制要求

电子装联设备对器件尺寸的限制要求如表 F-1 所示，PCB 正反面布局限高示意图如图 F-1 所示，贴片设备加工器件尺寸要求如表 F-2 所示。

表 F-1 电子装联设备对器件尺寸的限制要求

项 目	回流焊接设备				常规波峰焊设备/mm
	BTUVIP98N/mm	BTUVIP98/mm	VITRNICS/mm	RF10/mm	
板上（TOP）器件最大高度（h）	76	76	120	5	80
板下（BOTTOM）器件最大高度（m）	50.8	50.8	20	20	4

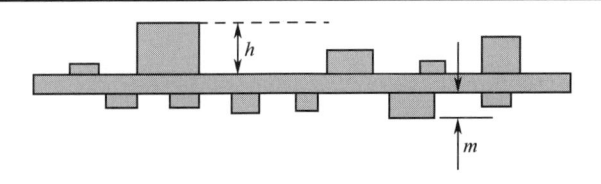

图 F-1 PCB 正反面布局限高示意图

表 F-2 贴片设备加工器件尺寸要求

机器型号	器件高度范围/mm	质量/g	器件尺寸（mm×mm）	器件最小引脚间/mm
UNIVERSAL	0.15～12.7	35	0.5×1.0～50.8×50.8	0.132
ASM	器件高度+板厚≤14	25	0.5×0.5～55×55	0.2

附录 G 不同潮湿敏感等级器件拆封后烘烤要求

不同潮湿敏感等级器件拆封后烘烤要求如表 G-1 所示。

表 G-1 不同潮湿敏感等级器件拆封后烘烤要求

封装本体	等级	烘烤时间					
		在 125℃、RH ≤5%条件下烘烤		在 90℃、RH ≤5%条件下烘烤		在 0℃、RH ≤5%条件下烘烤	
		超出现场寿命>72h	超出现场寿命<72h	超出现场寿命>72h	超出现场寿命<72h	超出现场寿命>72h	超出现场寿命<72h
厚度<0.5mm	2	不要求	不要求	不要求	不要求	不要求	不要求
	2a	1h	1h	2h	1h	12h	8h
	3	1h	1h	3h	1h	22h	8h
	4	1h	1h	3h	1h	22h	8h
	5	1h	1h	3h	1h	23h	8h
	5a	1h	1h	4h	1h	26h	8h
厚度≥0.5mm 且 <0.8mm	2	不要求	不要求	不要求	不要求	不要求	不要求
	2a	4h	3h	15h	13h	4d	3d
	3	4h	3h	15h	13h	4d	3d
	4	4h	3h	16h	13h	4d	3d
	5	4h	3h	16h	13h	4d	3d
	5a	4h	3h	16h	13h	4d	3d
厚度≥0.8mm 且 <1.4mm	2	不要求	不要求	不要求	不要求	不要求	不要求
	2a	8h	6h	25h	20h	8d	7d
	3	8h	6h	25h	20h	8d	7d
	4	9h	6h	27h	20h	10d	7d
	5	10h	6h	28h	20h	11d	7d
	5a	11h	6h	30h	20h	12d	7d
厚度≥1.4mm 且 <2.0mm	2	18h	15h	63h	2d	25d	20d
	2a	21h	16h	3d	2d	29d	22d
	3	27h	17h	4d	2d	37d	23d
	4	34h	20h	5d	3d	47d	28d
	5	40h	25h	6d	4d	57d	35d
	5a	48h	40h	8d	6d	79d	56d

附录 G 不同潮湿敏感等级器件拆封后烘烤要求

续表

封装本体	等级	烘烤时间					
		在 125℃、RH ≤5%条件下烘烤		在 90℃、RH ≤5%条件下烘烤		在 0℃、RH ≤5%条件下烘烤	
		超出现场寿命>72h	超出现场寿命<72h	超出现场寿命>72h	超出现场寿命<72h	超出现场寿命>72h	超出现场寿命<72h
厚度≥2.0mm 且 <4.5mm	2	48h	48h	10d	7d	79d	67d
	2a	48h	48h	10d	7d	79d	67d
	3	48h	48h	10d	8d	79d	67d
	4	48h	48h	10d	10d	79d	67d
	5	48h	48h	10d	10d	79d	67d
	5a	48h	48h	10d	10d	79d	67d
特指 BGA 封装 >17mm×17mm 或者任何堆叠晶片封装	2～5a	96h	根据封装本体厚度和潮湿等级，参考以上要求	不适用	根据封装本体厚度和潮湿等级，参考以上要求	不适用	根据封装本体厚度和潮湿等级，参考以上要求

注：1．对于尺寸大于 17mm×17mm 的 BGA 封装，若基材内没有阻挡湿气扩散的内层，则可根据表格中厚度、潮湿等级要求设置烘烤时间。

2．对于厚度小于 1.4mm 且为 2 级的器件，若暴露车间限制在小于 30℃且小于 60%RH 的条件下，则无须进行烘烤。

3．对于没有阻挡层或堆叠芯片的封装，表格中指定的烘烤时间为保守值，实际烘烤时间可能比表格中要求的时间更长。

4．高温可能导致端子氧化或金属间化合物生长，若过度氧化，可能引发器件虚焊等问题。因此，基于可焊性考虑，必须对烘烤温度和时间加以限制。若供应商未提供额外说明，则温度在 90～125℃的累计烘烤时间不应超过 96h；若烘烤温度不超过 90℃，则烘烤时间不受限制。

附录 H　压接设备的基本性能参数

压接设备示意图如图 H-1 所示。

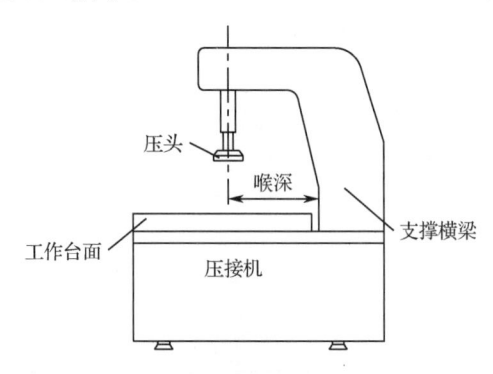

图 H-1　压接设备示意图

压接设备的基本性能参数表如表 H-1 所示。

表 H-1　压接设备的性能参数表

项　目	TOX	HT 604	IMPRESS 500E	HKP16	AR 手动压接机
驱动方式	气-液转换	气-液转换	涡轮-蜗杆伺服驱动	手动	手动
行程的控制与调节	螺纹副	螺纹副	伺服系统	螺纹副	齿轮、齿条
压力的控制与调节	阀体	阀体	压力控制系统	手动	手动
压接头尺寸	100mm×200mm	250mm×140mm	108mm×31mm	90mm×14mm	ϕ40
压接垫板+PCB 厚度/mm	≤40	≤40	≤35	≤50	≤50
可采用的压接模式	定行程	定行程	定行程、压力模式、压力增量模式	无	无
压力保护功能	无，TOX 机的压力设定值为定值	无	有，行程设置错误时，可防止连接器和 PCB 损伤。压力增量模式可显示压力变化曲线	无	无

附录 I 高碳钢、低碳钢对应的常用材料牌号列表

高碳钢、低碳钢对应的常用材料牌号列表如表 I-1 所示。

表 I-1 高碳钢、低碳钢对应的常用材料牌号列表

序 号	材料种类	图纸标注牌号	实际可用的材料牌号	材料规格/mm	材料大类
1	耐指纹电镀锌钢板	DX2	SECC-N2、MSE-CC-U	0.8、1.0、1.2、1.5、2.0、2.5	低碳钢
2	热浸锌板	DX2	GI St02Z		低碳钢
3	覆铝锌板	DX2	CS（TAPE A）		低碳钢
4	耐指纹电镀锌钢板	DX2	SECC		低碳钢
5	磷化镀锌钢板	DX2	SECC-P		低碳钢
6	冷轧钢板	08	SPCC		低碳钢
7	磷化镀锌钢板	08	SECC-P		低碳钢
8	韩国镀锌钢板	08	SECC		低碳钢
9	冷轧钢板	08	08F		低碳钢
10	冷轧钢板	08	08		低碳钢
11	冷轧钢板	08	10F		低碳钢
12	冷轧钢板	08	10		低碳钢
13	冷轧钢板	08	15F		低碳钢
14	热轧钢板	Q235A	Q235A	3.0、4.0、6.0	低碳钢
15	热轧钢板	Q235A	20		低碳钢
16	热轧钢板	Q335A	35		低碳钢
17	热轧钢板	Q235A	25		低碳钢
18	镀锡钢板（马口铁）	E1-T52	SPTE2.8、T-2.5	0.4	低碳钢
19	弹簧钢板（热轧）	65Mn	65Mn	0.1	高碳钢
20	弹簧钢板（热轧）	65Mn	60Si2Mn	0.1	高碳钢
21	不锈钢板（冷轧）	1Cr18Ni9	SUS302	0.2、0.3	低碳钢
22	不锈钢板（冷轧）	1Cr18Ni9	1Cr18Ni9Ti	0.2、0.3	低碳钢
23	不锈钢板（冷轧）	1Cr18Ni9	0Cr18Ni9	0.2、0.3	低碳钢

续表

序　号	材　料　种　类	图纸标注牌号	实际可用的材料牌号	材料规格/mm	材料大类
24	不锈钢带（冷轧）	1Cr17Ni7-Y	SUS301	0.06、0.08、0.1	高碳钢
25	不锈钢带（冷轧）	1Cr17Ni7-Y	0Cr17Ni7Al（沉淀硬化）	0.06、0.08、0.1	高碳钢
26	不锈钢带（冷轧）	1Cr17Ni7-DY	SUS301	0.08	高碳钢
27	不锈钢带（冷轧）	1Cr17Ni7-DY	1Cr17Ni7	0.08	高碳钢
28	不锈钢带（冷轧）	1Cr17Ni7-DY	0Cr18Ni9	0.08	高碳钢